基礎から学んで実力アップ

電験三種 なるほど
電力

深澤一幸 著

Ohmsha

本書を発行するにあたって，内容に誤りのないようできる限りの注意を払いましたが，
本書の内容を適用した結果生じたこと，また，適用できなかった結果について，著者，
出版社とも一切の責任を負いませんのでご了承ください．

　本書は，「著作権法」によって，著作権等の権利が保護されている著作物です．本書の
複製権・翻訳権・上映権・譲渡権・公衆送信権（送信可能化権を含む）は著作権者が保
有しています．本書の全部または一部につき，無断で転載，複写複製，電子的装置への
入力等をされると，著作権等の権利侵害となる場合があります．また，代行業者等の第
三者によるスキャンやデジタル化は，たとえ個人や家庭内での利用であっても著作権法
上認められておりませんので，ご注意ください．

　本書の無断複写は，著作権法上の制限事項を除き，禁じられています．本書の複写複
製を希望される場合は，そのつど事前に下記へ連絡して許諾を得てください．

出版者著作権管理機構
（電話 03-5244-5088, FAX 03-5244-5089, e-mail : info@jcopy.or.jp）

JCOPY ＜出版者著作権管理機構 委託出版物＞

まえがき

　本書は，電験三種受験者のための受験テキスト電験三種なるほどシリーズの電力編として執筆・編集したものです。

　電験三種の電力科目は，各種電気設備の電力系統における役割や，電力系統で起こる異常，故障に関する知識が問われます。このため，変圧器や同期機の知識がある程度必要になると共に，送配電線では電気的特性を理解する上で電気回路の知識も必要です。このことから電力科目の学習は，理論科目及び機械科目の関係分野を学習した後に行うことで，より理解が進むことが期待できます。また，電力科目は，その特徴として実務的な内容を多く含んでいるため，初心者にとって理解しにくい内容も多くあることでしょう。しかし，電験は筆記試験であることから，過去問研究と学習方法に重点をおいた適切な学習プロセスを実践すれば，実務未経験が不利に働くことはありません。

　過去問研究により，電力科目の出題範囲における各学習分野のウエイトと出題内容の傾向がわかるため，実務未経験でも重点的に学習すべき内容がわかります。そして，学習方法にも注意が必要です。それは，電力科目の分野には他科目の知識をベースとしているものが少なくないからです。このため，確認と復習による脳からのアウトプットと脳への再インプットが必要になります。この過程で「なるほど！」，「そういうことか！」という達成感を得ることで，合格につながる確かな実力を身につけることができるでしょう。

　本書はこの要請に応えるべく，過去問研究により重要単元を選抜し，各単元とリンクする電験三種レベルの例題を取り上げ，それを解答するための「問題の考え方・解き方」，その基となる「重要事項・公式」を，原理・法則からわかりやすく解説してあります。本書の学習を通して達成感を積み重ねることで，知識のネットワークを築き，確かな実力を身につけられますことを期待いたします。「ローマは一日にしてならず」，これは国家というシステムの綻びを常にチェックし修繕していく地道な努力の大切さを物語っていますが，電験の学習にも当てはまるのではないでしょうか。知識の綻びは見つけしだい修繕したいものです。電験も一日にしてなるものではないのですから。

　本書が学習の友として十分に活用され，皆様が合格されますことを心より祈念いたします。

　2019年9月

深澤　一幸

本書の構成

本書は，読者の皆さまが「基礎知識の理解」を深め，実践例題による「考え方，解き方の習得」ができるように構成されています。

本書を活用することで，効率よく学習を進め，必ずや合格を勝ち取ってください。

過去問題との関連の深さを表す目安です。

★★★ ⇒ 出題頻度が高く，電験問題の解法には必須の単元

★★☆ ⇒ 出題頻度は中程度で，合格点を確保するのに必要な単元

★☆☆ ⇒ 出題頻度は少ないが役に立つもの，やや難しい単元

各単元で学習する要点をまとめたものです。復習時の要点・公式集としても活用できます。

単元と関連のある電験三種レベルの問題です。独力で例題にチャレンジできるように ヒント を設けてあります。詳細な解答により，問題の考え方，アプローチの仕方が学べるでしょう。

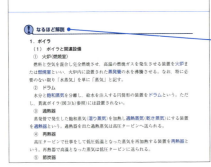

[重要事項・公式チェック]で取り上げた項目について，根拠，原理，式の導出を詳しく解説してあります。式や重要な図は，読者自身が紙とペンで再現できるようにすることで，合格に必要な学力を身につけることができるでしょう。

単元の補足，発展内容，トピック等をコラムとして載せました。関連知識として，雑学として，学習の合間に触れてみて下さい。

単なる単元末問題ではなく，典型的な電験問題の解法を理解するための実践例題集です。問題に続く解答例を理解することで"解き方，考え方"が学習できます。なお，問題のレベルは次のとおりです。

🥕は基本問題，🥕🥕は電験標準問題，🥕🥕🥕は新傾向問題，ややレベルの高い問題です。

キャラクター紹介

本シリーズでは，時折**でん子**と**オーム博士**が「要点」，「ナビゲート」そして「含蓄ある会話」，「よもやま話」などで登場，読者の皆さまの学習をサポートします。

でん子：私，勉強の仕方がよくわからないんだけど…計画倒れで続かないんだよね。どうしたらいいの？

オーム博士：大別して二通りあるかな。

① **正攻法で基礎からじっくり攻略する方法**
"学校的な学習法"だね。時間はかかるけど，基礎から幅広い知識を習得できる。二種，一種までも目標とする人，じっくりしっかり学んで高得点合格を目指したい人向けの学習方法だ。

② **最短合格のための必要知識を合理的に身につける方法**
"予備校的な学習法"だね。出題傾向の高い分野を集中的に学習することで，合格点（**70点程度**）を目標として比較的短期間の合格を目指したい人向けの学習方法だ。

学習は，各自に適した方法で行うことが大切だよ。
本書は②に重点を置いたものだけど，①の参考書としても役立つと思うよ。

v

電験三種出題分野一覧表（本書の単元項目

単 元	年度（平成）	H30	H29	H28	H27	H26	H25	H24	H23	H22
1	水力発電	A	2A	A	A	A	A	A	A	A
2	ベルヌーイの定理と水力発電所の出力					B				
3	有効落差の影響と水車の比速度									
4	水車の種類と特性									
5	揚水式発電所									
6	汽力発電	A	A	A	2A	A	A	2A	2A	A
7	熱サイクル		B	B	B	B	B	B	B	B
8	熱効率の計算									
9	CO_2 排出量の計算									
10	原子力発電	2A	2A	2A	A	2A	3A	2A	2A	3A
11	その他の発電									
12	発電機と並行運転	A		A						
13	変電所	A_1	A_1	2A	A	A	2A	2A	A	A
14	変圧器の百分率インピーダンス降下と並行運転		A_2							A_1 B_1
15	送電方式		A					2A A_1		
16	三相短絡電流の計算	B_1		B_1			B		B	B_1
17	中性点接地と地絡事故	A A_2	A_1	A B_1	A	B	A		2A A_1	A A_2
18	過電流継電器と送配電線の保護方式									
19	誘導障害の原因と対策									
20	架空送電線路	A A_2	2A	A	2A	2A	2A	A		A
21	電線のたるみ							A_1		
22	支線の計算									

との関連による分類）

単元	年度（平成）	H30	H29	H28	H27	H26	H25	H24	H23	H22
23	線路の電圧降下 その1			2A	B	A	A B$_1$	B	B	B
24	線路の電圧降下 その2									
25	送電線で送れる電力	B	B		B		B$_1$	A$_1$	A$_1$	A
26	力率改善と負荷の増設							B		
27	地中電線路	A	A	2A	2A	A	A	2A	A	A
28	ケーブルの問題点		B							A$_2$
29	故障点を探せ！									
30	配電線路	B$_1$	2A	A	3A	3A	A		3A	A
31	単相3線式の計算		A$_2$	B						A$_2$
32	異容量V結線の計算									
33	電気材料の総まとめ	A A$_1$	A		A	A	A	A	A	A
他科目の単元		3A B					A			A$_1$ A$_2$
問題合計（全問解答）		17	17	17	17	17	17	17	17	17

* 問題内容との関係で，複数の関連の深い本書の単元は，まとめて一つの単元としている．
* AはA問題，BはB問題を示し，複数ある場合はアルファベット左側に出題数を記した．
* 一つの問題が複数の単元から出題されている場合，A，B右側の添え字に同じ番号を付した．

この科目は，超マニアック，これぞ電験って感じだ。
私のような電験女子には，たまらないね！

タービンとか…，本物が見たいな～。

発電変電，送電配電の設備や仕組みを学習し，どのように電気が家庭や事業所に届くのかを学習しよう。
計算問題は，考え方さえわかれば難しくないと思うよ。
発電所や変電所が見学できるといいのだけどね…。

vii

基礎から学んで実力アップ

電験三種なるほど電力　Contents

まえがき ……………………………………………………………… iii

本書の構成 …………………………………………………………… iv

電験三種出題分野一覧表（本書の単元項目との関連による分類） … vi

1 水力発電……………………………………（★★★）　1

2 ベルヌーイの定理と水力発電所の出力…………（★★★）　9

3 有効落差の影響と水車の比速度………………（★★★）　19

4 水車の種類と特性………………………………（★★★）　29

5 揚水式発電所……………………………………（★★★）　39

6 汽力発電…………………………………………（★★★）　48

7 熱サイクル………………………………………（★★★）　57

8 熱効率の計算……………………………………（★★★）　67

9 CO_2排出量の計算 ………………………………（★★★）　79

10 原子力発電………………………………………（★★★）　89

11 その他の発電……………………………………（★★★）　98

12 発電機と並行運転………………………………（★★★）108

13 変電所……………………………………………（★★★）118

14 変圧器の百分率インピーダンス降下と並行運転（★★★）129

15 送電方式…………………………………………（★★★）139

16 三相短絡電流の計算……………………………（★★★）149

17 中性点接地と地絡事故…………………………（★★★）161

18 過電流継電器と送配電線の保護方式…………（★★★）172

19 誘導障害の原因と対策…………………………（★★★）182

20 架空送電線路……………………………………（★★★）192

21	電線のたるみ……………………………………	(★★★)	202
22	支線の計算…………………………………………	(★★★)	213
23	線路の電圧降下　その1 …………………………	(★★★)	223
24	線路の電圧降下　その2 …………………………	(★★★)	234
25	送電線で送れる電力………………………………	(★★★)	245
26	力率改善と負荷の増設……………………………	(★★★)	255
27	地中電線路…………………………………………	(★★★)	267
28	ケーブルの問題点…………………………………	(★★★)	276
29	故障点を探せ！……………………………………	(★★★)	284
30	配電線路……………………………………………	(★★★)	293
31	単相3線式の計算 …………………………………	(★★★)	303
32	異容量V結線の計算 ………………………………	(★★★)	313
33	電気材料の総まとめ………………………………	(★★★)	325

※（　）内の★マークは出題ランクを表しています。

よし，いよいよ電験の本丸を攻略だ。何やら一線を越えるときのような緊張感が…。

ここで弱気になって撤退すれば悔いを残すだろうし，学習に突入すれば困難が待っている気がする。ドキドキ…。

その気持ち，我が輩にもわかるよ。少し大げさかもしれないが，かつてローマの将軍ユリウス・カエサル（英名ジュリアス・シーザー）がルビコン川を越えたときの緊張感に通じるものがあるかな。

カエサルも同じように悩んだ。そして言った。「賽(サイコロ)は投げられた。」つまり，「やるっきゃない！」ってね。

ix

> **読者へ,一寸一言**
>
> 電力の計算では次の知識がベースとなります。事前に知っていれば学習がスムーズに進むでしょう。
> ① 直流回路,交流回路の計算
> ② 同期機,変圧器の等価回路とベクトル図
> ③ 百分率インピーダンス降下
> ④ 物理(力学,運動,エネルギー)
> ⑤ 化学(原子,分子,物質量モル)
>
> 初めて電験の学習に挑まれる読者の皆様方にあっては,電力の学習は理論,機械を学習された後に行うことをお勧めします(参考です)。

出題ランク ★☆☆

1 水力発電

水力発電というと、ダムが思い浮かぶんだけど。

水力発電は、高所の水を低所に落として、その位置エネルギーを利用する発電だ。要するに、どうやって落差を得るかだ！

✓ 重要事項・公式チェック

1 落差を得る方法

☑ ① 水路式

河川の上流で取水し、水路(トンネルを含む)で落差を得る。

② ダム式

巨大なダムに貯水し、落差を得る。

③ ダム水路式

ダムと水路を併用し、落差を得る。

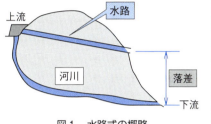

図1 水路式の概略

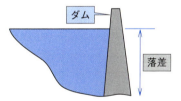

図2 ダム式の概略

2 水の利用方法

☑ ① 流込み式

調整池・貯水池を持たない水路式発電。

② 調整池・貯水池式

軽負荷時の余水を貯水し、ピーク負荷時に利用する。

③ 揚水式

余剰電力で揚水し、ピーク負荷時に発電する。

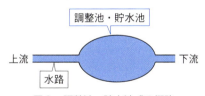

図3 調整池・貯水池式の概略

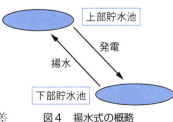

図4 揚水式の概略

3 落差

☑ ① 総落差　上部取水口水面と下部放水口水面の水位差

② 有効落差　電力として利用できる落差

③ 損失落差　総落差から、有効落差を引いた落差

1

例題チャレンジ！

例 題　水力発電に関する記述として，誤っているものを次の（1）～（5）のうちから一つ選べ。

（1）　有効落差とは総落差から損失落差を引いた落差で，実際に発電に利用できる落差である。損失落差には，水路を水が流れる際に生じる摩擦によるエネルギーロスも含まれる。

（2）　落差を得る方法としてダム式，水路式，ダム水路式があるが，どの方式を採用するのかは，降水量や建設する地形等の立地条件を十分に考慮し，最適な方式を採用する必要がある。

（3）　流量の利用として水路の一部に調整池を設ける調整池式では，停止時または軽負荷時の余剰流量を一旦調整池に蓄え，ピーク負荷時に利用するピーク負荷用発電所として運用される。

（4）　流量の利用として貯水池を持つ貯水池式では，調整池よりも大量の水を溜めることができるので，大容量のピーク負荷発電所として運用される。

（5）　揚水式発電所は，深夜などに発生する余剰電力を利用して水車をポンプとして運転し揚水することで，余剰電力を水の位置エネルギーとして蓄えることができる。蓄えた水のエネルギーは，ピーク負荷時に電力に再変換する。

ヒント　貯水池式は，季節によって異なる河川流量を年間を通して調整するための設備であり，豊水時の余水を貯めて渇水時に使用する。

解 答　（1）は正しい。水路のみならず，水のエネルギーロスを伴うものはすべて損失落差として換算される。（2）は正しい。経済性を無視した発電事業はありえない。水力発電では，立地条件に適した方式を採用しなければならない。（3）は正しい。調整池は数時間～数日間の負荷の変化に応じて使用水量の調整を行う。（4）は誤り。貯水池は年間の河川流量の変化の際に生じる余水を有効利用するもので，記述の運用を目的としているわけではない。（5）は正しい。ピーク負荷発電所として運用される。したがって，正解は（4）となる。

なるほど解説

1. 水力発電の元手は雨
（1） 河川流量

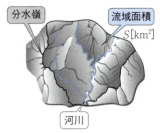

図5　河川の流量

水力発電に使用する水は，雨（降水）が河川に流出することで得られる。降水は，河川への流出以外に一部が地中への浸透，蒸発で失われる。降水量に対する河川に流れ込む水量の比を流出係数 γ といい，山岳の森林地帯では 0.7 程度と見積もられている。

図5に示す分水嶺で囲まれた流域面積 $S[\mathrm{km}^2]$ の土地に，年間 $h[\mathrm{mm}]$ の降水があるとき，その地域から流れ出る河川の年間水量 M は，次式で計算できる。

$$M = S \times 10^6[\mathrm{m}^2] \times h \times 10^{-3}[\mathrm{m}] \times \gamma = Sh\gamma \times 10^3[\mathrm{m}^3] \quad (1)$$

一般に，河川流量は 1[s] 間当たりの容積 $[\mathrm{m}^3/\mathrm{s}]$ で表すので，この河川の年平均流量 Q は次式となる。

$$Q = \frac{M}{365 \times 24 \times 60 \times 60} = \frac{Sh\gamma}{31\,536}[\mathrm{m}^3/\mathrm{s}] \quad (2)$$

（2） 流況曲線

$Q_1[\mathrm{m}^3/\mathrm{s}]$ の流量は 185 日間は確保できるってことだね。また，年間を通して $Q_2[\mathrm{m}^3/\mathrm{s}]$ は確保できそうだね。

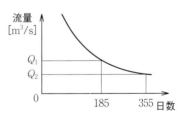

図6　流況曲線の例

降水は季節により異なるのが普通であるから，平均流量が常に確保できるわけではない。そこで図6のように，縦軸に流量を，横軸に流量の大きい日を順に1年分のデータを並べた図を作る。これを流況曲線といい，どの程度の流量がどれほどの期間確保できるかを読み取る資料とする。これは，発電所の使用水量を決定する重要な資料となる。

2．落差を得る方法による分類
（1） 水路式

水路式は，河川上流で取水した水を勾配の緩い水路で導き落差を得る。図7は，調整池を有する水路式発電所の諸設備の概要である（上から見た図）。

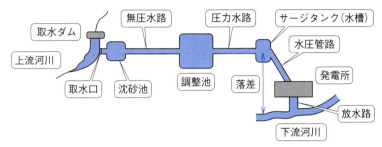

図7　水路式発電所の主な諸設備（調整池を有する例）

① 取水ダムは，取水口から水を取水するための小規模のダム。
② 沈砂池は，水に含まれる土砂を沈めて取り除く水槽。
③ 導水路は，取水口から水槽までの水路を指し，無圧水路と圧力水路に区分される。
④ 無圧水路は，水に圧力が加わらない水路。無圧水路の勾配による落差は，発電に寄与しない損失落差となる。
⑤ 圧力水路は，水路内を水が充満して水に圧力が加わっている水路。圧力水路の勾配による落差は，発電に寄与する有効落差となる。
⑥ サージタンクは，圧力水路の終端に設けられた水槽で，負荷の変動による水圧管路の圧力上昇（水撃作用という）を緩和させるタンク。無圧水路の場合にはヘッドタンク（上水槽）が設けられ，負荷変動の際の流量調整や土砂等の除去を行う。
⑦ 水圧管路は，水路の終端（水槽）から水を落下させ水車に導く。水圧管路の急な勾配による落差は有効落差となる。
⑧ 放水路は，水車で仕事を終えた水を下流河川に放水する水路。放水路の勾配による落差は損失落差となる。

なお，調整池は「水の利用法による分類」を参照されたい。

（2） ダム式

発電用ダムは，取水目的の取水ダム（水路式を参照）と，図8に示す貯水目的の貯水ダムがある（上から見た図）。ダム式は後者であり，貯水面の上昇を利用して

落差を得る。代表的なダムの種類には，自重で水圧を支える**重力式ダム**，深い渓谷の両側にアーチ形のダムを渡し，強固な岩盤で水圧を支える**アーチ式ダム**，岩石を積み上げた**ロックフィル式ダム**などがある。

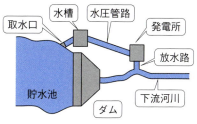

図8　ダム式発電所の主な諸設備

　水圧管路により，ダムから直接発電所内の水車に水を導く。取水口がダムの上部にある場合には，ヘッドタンクが設けられる場合もある（図8参照）。

（3）　ダム水路式

　ダム水路式は，ダムだけでは十分な落差が得られない場合に，水路（圧力水路，サージタンク，水圧管路）を併用して落差を得る。

3．発電に使えるのは有効落差

　取水口の水面と放水口の水面の水位差を**総落差**という。一方，水路を水が流れると，水路との間に摩擦を生じエネルギー損失となる。また，無圧水路では水路に圧力が加わらないので，水車を駆動する圧力エネルギーが生じず，無圧水路の勾配による落差もエネルギー損失となる。このようなエネルギーの損失を落差に換算したものを**損失落差**または**損失水頭**という。したがって，総落差のうち損失落差を差し引いた分が，水車で仕事をする落差となる。これを**有効落差**という。

　補　足　**反動水車**（単元4「水車の種類と特性」を参照）では，水車と放水面間に**吸出し管**を設けることで，その間の落差を有効落差とすることができる。

4．水の利用法による分類

（1）　流込み式

　調整池などの河川流量を調節する設備を持たない水路式発電所で，発電量が河川流量に左右される。また，河川流量が多いときは，余水が発電に利用できない。ベース負荷用発電所として運用される。

（2） 調整池式

無負荷時または軽負荷時の余水を調整池に溜め込み，その水を電力需要が多い時間帯の発電に利用する。数時間から数日程度の需要の変化に応じて発電量を調整運用できる。ピーク負荷用発電所として運用される（法規編：単元21「調整池式水力発電と太陽電池発電の運用原理と計算」を参照）。

（3） 貯水池式

流況曲線が示すように，河川流量は季節により変化する。そこで，大規模の貯水設備を利用して年間を通して余水を貯水することで，水力資源の有効活用を図るよう運用される。

（4） 揚水式

軽負荷時に生じる余剰電力を使いポンプで揚水して，需要が多い時間帯にその水を利用して発電する方式である。詳細は単元5「揚水式発電所」を参照されたい。

電気が余るんだったら，原子力や火力発電所の出力を下げればいいんじゃない？

理屈はそうなんだが，これらの発電所は，出力がバカでかいから小回りがきかない，つまり，負荷変動に素早く対応できない。それに，一定出力の高効率で運転しないと経済性が悪くなる。だから，出力を下げないで運転し続けるんだよ。

電気は，生産と消費が同時に起こるから，余剰電気を水の位置エネルギーとして蓄える揚水式は，"持って来い"の発電所と言えるね。

豆知識

電力需要の時間変化と各種発電所のコンビネーション

電気の1日の時間的な使用状況を示すグラフを日負荷曲線という。

図9はその概要を示したものであり，深夜には需要が低下し，日中には高まる。また，季節によっても電力需要は変化する。この需要に応じて電力を発電しないと，周波数が一定の質の高い電力を供給できなくなるため，各種の発電所の個性を生かした総合的な運用

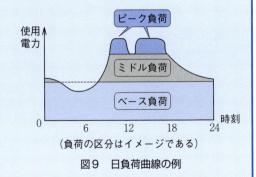

図9 日負荷曲線の例

が成される。

　負荷は，その持続時間の長さで次の三つに分けられる。持続時間が長い部分を**ベース負荷**，短い部分を**ピーク負荷**，その中間を**ミドル負荷**という。各種の発電所はそれぞれの負荷を，発電所の個性に応じて次のように役割分担している。

電力を最も使うのはいつなの？

かつては夏の甲子園決勝の辺りで，気温が最高潮となる時期だったが，近年は冬の暖房用電力需要が大きく伸びたので，真夏の午後と真冬の夜にピークが現れる。普段から，行き過ぎた冷暖房には注意したいね。大切なエネルギーだから。

　ベース負荷には，大容量で高効率運転に適した原子力発電所，大容量火力発電所，流込み式水力発電所などが担当する。

　ピーク負荷には，負荷の変動に応じて起動停止が迅速にできる揚水式や調整池式・貯水池式水力発電所，コンバインドサイクル発電所，ガスタービン発電所などが担当する。

　ミドル負荷には，出力調整の容易な中容量の石炭・石油・天然ガス火力発電所などが担当しており，燃料費が最小となるように運用されている。

実践・解き方コーナー

問題1 🥕 ある河川の流域面積が 320 km²，年間降水量が 1 200 mm であるとき，この河川の年平均流量[m³/s]の値として，最も近いものを次の(1)～(5)のうちから一つ選べ。ただし，流出係数を 0.7 とする。

　（1）2.40　　（2）3.77　　（3）7.54　　（4）8.52　　（5）14.2

解答　この河川に流入する年間の水量 M は，

$$M = 320 \times 10^6 \times 1\,200 \times 10^{-3} \times 0.7 = 2.688 \times 10^8 \,[\text{m}^3]$$

年平均流量 Q は，

$$Q = \frac{2.688 \times 10^8}{365 \times 24 \times 60 \times 60} \fallingdotseq 8.52\,[\text{m}^3/\text{s}]$$

したがって，正解は(4)となる。

問題2 🔋 水路式水力発電所において，取水口から放水路までの水の経路にある主な諸設備を順に示したものとして，正しいものを次の（1）～（5）のうちから一つ選べ。ただし，下記の設備の順序のみを考慮する。

（1） 取水口→水槽→水圧管路→沈砂池→水車→放水路
（2） 取水口→水圧管路→水車→沈砂池→水槽→放水路
（3） 取水口→水槽→沈砂池→水圧管路→水車→放水路
（4） 取水口→沈砂池→水圧管路→水車→水槽→放水路
（5） 取水口→沈砂池→水槽→水圧管路→水車→放水路

解答 本文図7を参照。したがって，正解は（5）となる。

問題3 🔋🔋 水力発電に関する記述として，誤っているものを次の（1）～（5）のうちから一つ選べ。

（1） 取水口水面と放水口水面の水位差を総落差というが，実際に発電に利用できる落差は，総落差から損失落差を差し引いた有効落差である。水路式，調整池式発電所では，無圧水路の勾配による落差は損失落差となる。
（2） 水力発電所には，一般的に短時間で起動・停止ができる，耐用年数が長い，エネルギー変換効率が高いなどの特徴がある。
（3） 水力発電は昭和30年代前半までは我が国の発電の主力であった。現在では，国産エネルギー活用の意義はあるが，発電電力量の比率が小さいために，水力発電の電力供給面における役割は失われている。
（4） 河川の1日の流量を年間を通して流量の多いものから順番に配列して描いた流況曲線は，発電電力量の計画において重要な情報となる。
（5） 水力発電所は落差を得るための土木設備の構造により，水路式，ダム式，ダム水路式に分類される。

(平成20年度改)

解答 （1）は正しい。損失落差には無圧水路の高低差の他に，水路と水の摩擦によるエネルギー損失を落差に換算した損失水頭も含まれる。（2）は正しい。記述は水力発電の優れた特徴であり，ピーク負荷用の発電設備としての役割は重要である。（3）は誤り。現在，発電電力量の比率は小さいが負荷の変動に素早く対応できるため，安定した電力供給面での貢献は大きい。（4）は正しい。流量の種別として次のようなものがある。豊水量：95日はこれを下らない流量，平水量：185日はこれを下らない流量，低水量：275日はこれを下らない流量，渇水量：355日はこれを下らない流量。（5）は正しい。本文参照。したがって，正解は（3）となる。

8

出題ランク ★★☆

2 ベルヌーイの定理と水力発電所の出力

起こせる電力の計算は難しいのかな？

水の塊が持つ位置エネルギーから求められるよ。理科で学んだ力学計算を使えばいいんだ。

✓ 重要事項・公式チェック

1 ベルヌーイの定理

✓ 速度水頭 + 圧力水頭 + 位置水頭 = 一定

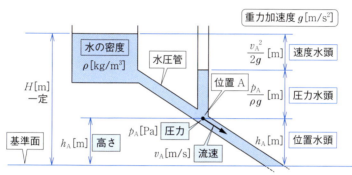

図1　ベルヌーイの定理

2 連続の定理

✓ $Q = Sv \, [\mathrm{m^3/s}] = $ 一定

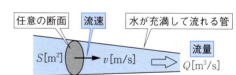

図2　連続の定理

3 水力発電所の出力

✓ $P = 9.8 \, Q H_e \eta_w \eta_g \, [\mathrm{kW}]$

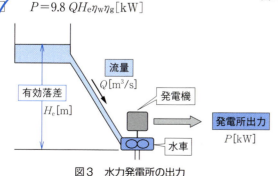

水車効率 η_w
発電機効率 η_g
とする

図3　水力発電所の出力

例題チャレンジ！

例題1 断面が円形の水圧管内を水が充満して流れている。位置 A の管の内径は 2.5 m であり，これより 30 m 低い位置 B の管の内径は 2.0 m である。位置 A の流速が 4.0 m/s，圧力が 25 kPa であるとき，次の（a）及び（b）の問に答えよ。ただし，水の密度を 1 000 kg/m³，重力加速度を 9.8 m/s² とする。

（a） 位置 B における流速[m/s]の値として，最も近いものを次の（1）～（5）のうちから一つ選べ。

（1） 3.84　　（2） 5.00　　（3） 6.25　　（4） 8.12　　（5） 10.3

ヒント 管内を水が充満して流れているので流量は一定となり，連続の式から，流速が求められる。

（b） 位置 B における圧力[kPa]の値として，最も近いものを次の（1）～（5）のうちから一つ選べ。

（1） 307　　（2） 366　　（3） 412　　（4） 450　　（5） 483

ヒント ベルヌーイの定理を使う。位置 A と B でそれぞれ求めた位置水頭，速度水頭，圧力水頭の和が等しいと置き，方程式を解く。

解答 （a） 連続の定理より，任意の位置における管内の断面積とその地点の流速の積（流量）は一定なので，位置 B における流速を v_B[m/s]とすると次式が成り立ち，v_B が求められる。

$$\left(\frac{2.0}{2}\right)^2 \pi \times v_B = \left(\frac{2.5}{2}\right)^2 \pi \times 4.0$$

$$v_B = \left(\frac{2.5}{2.0}\right)^2 \times 4.0 = 6.25 \text{[m/s]}$$

したがって，正解は（3）となる。

（b） 位置 B の高さを基準面とすると，位置水頭 $h_B = 0$[m]。位置 B における圧力を p_B[kPa]とすると，圧力水頭 h_{pB}，速度水頭 h_{vB} はそれぞれ次式で表される。

$$h_{pB} = \frac{p_B \times 10^3}{1\,000 \times 9.8} = \frac{p_B}{9.8} \text{[m]}, \quad h_{vB} = \frac{6.25^2}{2 \times 9.8} \text{[m]}$$

同様に，位置 A における位置水頭 h_A，圧力水頭 h_{pA}，速度水頭 h_{vA} は，

$$h_A = 30 \text{[m]}, \quad h_{pA} = \frac{25 \times 10^3}{1\,000 \times 9.8} = \frac{25}{9.8} \text{[m]}, \quad h_{vA} = \frac{4^2}{2 \times 9.8} \text{[m]}$$

と表されるので，ベルヌーイの定理より次式が成り立ち，p_B が求められる。

$$0 + \frac{p_B}{9.8} + \frac{6.25^2}{2 \times 9.8} = 30 + \frac{25}{9.8} + \frac{4^2}{2 \times 9.8}$$

$$p_B = 30 \times 9.8 + 25 + \frac{4^2 - 6.25^2}{2} \fallingdotseq 307 [\text{kPa}]$$

したがって，正解は（1）となる。

例題2 水平距離で 2.7 km，勾配 1/1 500 の無圧水路を有する水路式発電所がある。取水口水面と放水口水面の高低差が 160 m，水路と水の摩擦による損失落差を 2 m，水車と放水口水面間の損失落差を 1.5 m とする。この発電所の最大使用水量が 30 m³/s であるとき，発電所の最大出力[MW]の値として，最も近いものを次の（1）～（5）のうちから一つ選べ。ただし，水車と発電機を合わせた効率を 0.82 とし，上記以外の損失落差は無視できるものとする。

（1） 8.3　　（2） 10.6　　（3） 32.8　　（4） 37.3　　（5） 40.3

ヒント 有効落差を求める場合，無圧水路の勾配による落差は損失落差となることに注意。

....

解 答 無圧水路の損失落差は $2\,700 \times (1/1\,500) = 1.8 [\text{m}]$ なので，損失落差の合計は $1.8 + 2 + 1.5 = 5.3 [\text{m}]$ となる。総落差は 160 m なので有効落差 H_e は，

$$H_e = 160 - 5.3 = 154.7 [\text{m}]$$

となり，発電所の最大出力 P は，

$$P = 9.8 \times 30 \times 154.7 \times 0.82 \fallingdotseq 37\,300 [\text{kW}] = 37.3 [\text{MW}]$$

となる。したがって，正解は（4）となる。

なるほど解説

1．ベルヌーイの定理はエネルギー保存の法則

（1）　水のエネルギーと水頭

　高低差のある水圧管内を流れる水はエネルギーを持つので，水車に対して仕事をさせることで機械エネルギーを得ることができる。水の持つエネルギーは，位置エネルギー，圧力エネルギー，速度エネルギーに分類できる。これらのエネルギーを，位置エネルギーの "高さ"[m]に換算して表したものを水頭という。

図1において，基準面からの高低差が h_A[m]である位置 A の圧力が p_A[Pa]，流速が v_A[m/s]であるとする。水の密度を ρ[kg/m³]，重力加速度を g[m/s²]とするとき，位置 A にある水 V[m³]の持つエネルギーを調べてみよう。

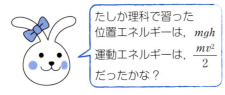

（2） 位置エネルギーと位置水頭

水の質量 M は $M=\rho V$[kg]なので，基準面に対する位置エネルギーは，
$$Mgh_A = \rho V g h_A \ [\text{J}]$$
となる。これはすでに位置エネルギーなので，h_A がそのまま位置水頭を表し，

位置水頭 $= h_A$ [m]　　　　　　　　　　　　　　　　　　　　（1）

と表すことができる。

（3） 圧力エネルギーと圧力水頭

位置 A における圧力エネルギーは，位置 A から垂直に上部に伸びるパイプ内に水を押し上げる。この水柱の高さが，圧力エネルギーを位置エネルギーに換算した圧力水頭を表す。なお，ここで扱う圧力は，大気圧を基準(0)とした相対的な圧力(これをゲージ圧という)である。

位置 A の圧力 p_A[Pa]は，この水柱によって生じる面積1m²当たりの力[N]と等しい。圧力 p_A により押し上げられた水柱の高さを h_{pA}[m]（これが圧力水頭に相当する），パイプ内側の断面積を S[m²]とすると，水柱の質量は $\rho S h_{pA}$[kg]なので A に加わる力は $\rho S h_{pA} g$[N]となる。これをパイプ内側の断面積 S[m²]で割ったものが p_A[N/m²=Pa]と等しい。

$$p_A = \frac{\rho S h_{pA} g}{S} = \rho h_{pA} g \ [\text{Pa}]$$

これより，圧力 p_A[Pa]の圧力水頭は次式で表される。

圧力水頭 $= h_{pA} = \dfrac{p_A}{\rho g}$ [m]　　　　　　　　　　　　　（2）

なお，圧力 p_A は，位置 A にある水が水圧管側面を押し広げようとする圧力である。

博士！圧力エネルギーって初めて聞くような気がするけど…？

気がついちゃったか。圧力エネルギーは説明しにくいエネルギーなので，圧力水頭を算出するときの計算ではエネルギーを使わなかったんだ。「豆知識」に補足を載せたので，それを読んでおくれ。

（4） 速度エネルギーと速度水頭

位置 A にある体積 $V[\text{m}^3]$ の水が $v_A[\text{m/s}]$ で運動するときの速度エネルギー（運動エネルギー）は，$\frac{1}{2}\rho V v_A{}^2[\text{J}]$ である。

一方，位置エネルギーに換算した速度水頭を $h_{vA}[\text{m}]$ とすると，位置エネルギーは $\rho V g h_{vA}[\text{J}]$ となるので次式が成り立つ。

$$\rho V g h_{vA} = \frac{1}{2}\rho V v_A{}^2$$

これより，速度 $v_A[\text{m/s}]$ の速度水頭は次式で表される。

$$\text{速度水頭} = h_{vA} = \frac{v_A{}^2}{2g}[\text{m}] \tag{3}$$

（5） ベルヌーイの定理

図1の水圧管に水を流したとき，水槽の水面が一定で管内の水の摩擦による損失がないものとすると，エネルギー保存の法則よりどの位置においても，位置エネルギー，圧力エネルギー及び速度エネルギーの和は一定となる。これを水頭で表すと次式となる。なお，各水頭の総和を全水頭という。

　　位置水頭 ＋ 圧力水頭 ＋ 速度水頭 ＝ 全水頭 ＝ 一定

これを位置 A の水頭で表すと

$$h_A + \frac{p_A}{\rho g} + \frac{v_A{}^2}{2g} = H = \text{一定} \tag{4}$$

と表すことができる（H は全水頭）。これをベルヌーイの定理という。

補足 損失を水頭で表したものを損失水頭といい，損失落差と同意である。損失水頭を考慮した場合のベルヌーイの定理は次式となる。

　　位置水頭 ＋ 圧力水頭 ＋ 速度水頭 ＋ 損失水頭 ＝ 全水頭 ＝ 一定

2．連続の定理は質量保存の法則

図4のように，管の断面積 $S[m^2]$ を貫き速度 $v[m/s]$ で連続して流れる水は，1[s] 間に $v[m]$ 移動するので，断面を通過する 1[s] 間当たりの水量は $Sv[m^3/s]$ である。

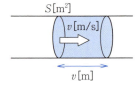

図4　1[s]間当たり断面を通過する水量

一方，水の湧き出し，漏れがない限り，1[s]間当たり断面を通過する水の質量は質量保存の法則により一定なので，水の密度が一定であれば管内の流量 $Q[m^3/s]$ は一定となる。これを連続の定理といい，次式で表すことができる。

$$Q = Sv[m^3/s] = 一定 \tag{5}$$

3．水力発電所の出力

発電に使える落差が有効落差 $H_e[m]$ であることはすでに学んだ。図5のように，水の密度を $\rho = 1\,000$ [kg/m³] とすると，有効落差 $H_e[m]$ の上部にある体積 $V[m^3]$ の水の質量は $\rho V[kg]$ なので，重力加速度を $g = 9.8[m/s^2]$ とすれば水の持つ位置エネルギー W は，

$$W = \rho V g H_e = 1\,000 V \times 9.8 H_e [J]$$

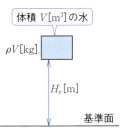

図5　水の位置エネルギー

である。この水を $t[s]$ 間一定量で落下させ水車を駆動するとき，エネルギー保存則よりすべての位置エネルギーが水車入力となるので，その仕事率 P_0 は，

$$P_0 = \frac{W}{t} = 9.8 \frac{V}{t} H_e \times 1\,000 [W] = 9.8 \frac{V}{t} H_e [kW]$$

となる。式中の V/t は 1[s] 間当たりの流量（使用水量または単に流量などともいう）$Q[m^3/s]$ を表すので，P_0 は，

$$P_0 = 9.8 Q H_e [kW] \tag{6}$$

と表すことができる。これを理論水力という。

水車出力は発電機入力と等しく，P_0 に水車効率 η_w をかけ算すると求められる。発電所出力 P は，さらに発電機効率 η_g をかけ算すると得られる。

$$P = 9.8 Q H_e \eta_w \eta_g [kW] \tag{7}$$

圧力エネルギーって何物？

圧力の単位[Pa]は，面積 1 m²当たりに働く力[N/m²]を意味する。ここで，単位に注目して圧力に体積[m³]をかけ算した量を考えると，その単位は[N·m]＝[J]となり，なんとエネルギーの単位となることがわかる。このことから，「圧力とは，単位体積当たりのエネルギー」と見ることもできる。このように考えると，図1の位置 A にある体積 V[m³]内に含まれる圧力エネルギーは，$p_A V$[J]と表すことができる。これを水頭で表すために，体積 V[m³]の水が h_{pA}[m]上方にあるときの位置エネルギーと等しいと置くと，

$$p_A V = \rho V g h_{pA} \quad \rightarrow \quad h_{pA} = \frac{p_A}{\rho g} \text{[m]}$$

となり，圧力水頭が求められる。

つまり圧力エネルギーなるものは，「ある体積の中に内在するシャイなエネルギーで，状態変化などの条件が整ったとき力学的エネルギーに変化して顔をだすもの」と表現することができる。

ベルヌーイの定理で流速を測れ！(ピトー管の原理)

図6のように，水平に設置された水管に二つのパイプ A，B が垂直に立てられている。B の水位 h_B は圧力水頭を表す。一方，A の水位 h_A は，圧力水頭に加え運動エネルギーである速度水頭も含んだ水頭である。したがって，水位差 $h = h_A - h_B$ は速度水頭を表すことになるので，次式より管内の流速 v を求めることができる。

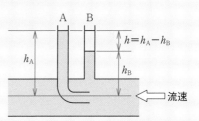

図6　ピトー管の原理

$$h = \frac{v^2}{2g} \quad \rightarrow \quad v = \sqrt{2gh} \text{[m/s]} \tag{8}$$

図6の装置はピトー管と呼ばれる。流体を空気とするピトー管は，航空機の速度計などに応用されている。

実践・解き方コーナー

問題1 図のように,基準面と水槽水面の高低差 h[m]が一定であるとき,基準面の高さに設置されたノズルから放出する流速[m/s]を表す式として,正しいものを次の(1)〜(5)のうちから一つ選べ。ただし,管路,ノズルの損失は無視できるものとし,水の密度を ρ[kg/m³],重力加速度を g[m/s²],大気圧を p_0[Pa]とする。

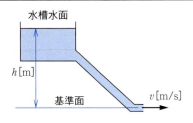

(1) $\sqrt{2gh}$　(2) $\sqrt{2gp_0h}$　(3) $\dfrac{\sqrt{2h}}{\rho g}$　(4) $\dfrac{\sqrt{p_0 h}}{2g}$　(5) $\dfrac{\sqrt{2gh}}{\rho g}$

解答 水槽水面における圧力(ゲージ圧)は 0 Pa,流速は 0 m/s なので,水槽水面の位置水頭,圧力水頭,速度水頭の和である全水頭は次式となる。

$$h + \frac{0}{\rho g} + \frac{0^2}{2g} = h \text{[m]}$$

一方,ノズルにおける位置水頭は 0 m,圧力(ゲージ圧)は 0 Pa なので,流速を v[m/s]とすると全水頭は次式となる。

$$0 + \frac{0}{\rho g} + \frac{v^2}{2g} = \frac{v^2}{2g} \text{[m]}$$

管路等の損失がないので,ベルヌーイの定理より両者は等しい。

$$h = \frac{v^2}{2g}$$

これより $v = \sqrt{2gh}$ [m/s]と求められる。したがって,正解は(1)となる。

補足 ゲージ圧に大気圧 p_0 を加えた圧力を絶対圧という。絶対圧を用いると,水槽水面とノズルにおける全水頭はそれぞれ,

$$h + \frac{p_0}{\rho g} + \frac{0^2}{2g} \text{[m]}, \quad 0 + \frac{p_0}{\rho g} + \frac{v^2}{2g} \text{[m]}$$

と表されるので,ベルヌーイの定理より,

$$h + \frac{p_0}{\rho g} = \frac{p_0}{\rho g} + \frac{v^2}{2g} \quad \to \quad h = \frac{v^2}{2g} \quad \to \quad v = \sqrt{2gh}$$

となり,同じ結果を得る。工業関連の計算では,圧力は一般にゲージ圧を用いるのが普通である。

問題2 ペルトン水車を1台持つ水力発電所がある。図に示すように,水車の中心線上に位置する鉄管のA点において圧力 p[Pa]と流速 v[m/s]を測ったところ,それ

それぞれ3 000 kPa, 5.3 m/sの値を得た。また，このA点の鉄管断面は内径1.2 mの円である。

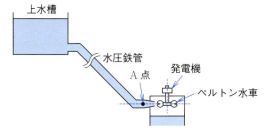

次の(a)及び(b)の問に答えよ。ただし，A点における全水頭H[m]は位置水頭，圧力水頭，速度水頭の総和として$h+\dfrac{p}{\rho g}+\dfrac{v^2}{2g}$より計算できるが，位置水頭$h$はA点が水車中心線上に位置することから無視できるものとする。また，重力加速度はg=9.8[m/s^2]，水の密度はρ=1 000[kg/m^3]とする。

（a）ペルトン水車の流量の値[m^3/s]として，最も近いものを次の(1)～(5)のうちから一つ選べ。
(1) 3　　(2) 4　　(3) 5　　(4) 6　　(5) 7

（b）水車出力の値[kW]として，最も近いものを次の(1)～(5)のうちから一つ選べ。ただし，A点から水車までの水路損失は無視できるものとし，また水車効率は88.5 %とする。
(1) 13 000　　(2) 14 000　　(3) 15 000　　(4) 16 000　　(5) 17 000

（平成26年度）

解 答　（a）　A点の水圧鉄管の断面積Sは，
$$S=\left(\dfrac{1.2}{2}\right)^2\pi\fallingdotseq 1.13[\text{m}^2]$$
なので，流量Qは，
$$Q=Sv=1.13\times 5.3=5.99[\text{m}^3/\text{s}]\ \rightarrow\ 6\,\text{m}^3/\text{s}$$
となる。したがって，正解は(4)となる。

（b）　管路損失を無視できるので，有効落差は上水槽水面と水車中心線（基準面）の高低差H_e[m]となる。上水槽水面では圧力，流速ともに0なので，全水頭はH_e[m]である。
　一方，A点の全水頭は，速度水頭と圧力水頭の和であり次式となる（位置水頭は題意より0 m）。
$$\dfrac{p}{\rho g}+\dfrac{v^2}{2g}=\dfrac{3\,000\times 10^3}{1\,000\times 9.8}+\dfrac{5.3^2}{2\times 9.8}\fallingdotseq 307.6[\text{m}]$$

ベルヌーイの定理よりH_e=307.6[m]となるので，水車効率をη_wとすれば水車出力

P_w は，

$P_w = 9.8 Q H_e \eta_w = 9.8 \times 6 \times 307.6 \times 0.885 \fallingdotseq 16\,000 [\mathrm{kW}]$ となる．したがって，正解は（4）となる．

|補 足| 問題文中には大気圧についての特記事項がないことから，圧力はゲージ圧と考えてよい．

問題3 水力発電所において，有効落差 100 m，水車効率 92 %，発電機効率 94 %，定格出力 2 500 kW の水車発電機が 80 % 負荷で運転している．このときの流量 [m³/s] の値として，最も近いものを次の（1）〜（5）のうちから一つ選べ．

（1） 1.76　　（2） 2.36　　（3） 3.69　　（4） 17.3　　（5） 23.1

(平成 21 年度)

....

|解 答| 発電機の出力は，$2\,500 \times 0.8 = 2\,000 [\mathrm{kW}]$ であり，このときの流量を $Q[\mathrm{m^3/s}]$ とすると次式が成り立ち，Q が計算できる．

$2\,000 = 9.8 \times Q \times 100 \times 0.92 \times 0.94$

$Q = \dfrac{2\,000}{9.8 \times 100 \times 0.92 \times 0.94} \fallingdotseq 2.36 [\mathrm{m^3/s}]$

したがって，正解は（2）となる．

出題ランク ★★☆

3 有効落差の影響と水車の比速度

有効落差と出力は前回学習したね。また、やるの？それに比速度って何？

今回は、有効落差が変わるとどうなるかを見てみよう。比速度は水車を比較するための数値だよ。

✓ 重要事項・公式チェック

1 有効落差に対する水車の流量，回転速度及び出力の関係

① $Q \propto H^{\frac{1}{2}}$

② $N \propto H^{\frac{1}{2}}$

③ $P \propto H^{\frac{3}{2}}$

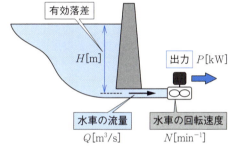

図1 有効落差と諸量の関係

2 水車の比速度

$$N_S = N \frac{P^{\frac{1}{2}}}{H^{\frac{5}{4}}} [\text{m} \cdot \text{kW}]$$

幾何学的に相似な水車が，1mの落差で1kW発生するための回転速度N_Sを，水車の比速度という。

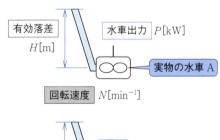

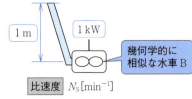

図2 水車の比速度

19

例題チャレンジ！

例題1 有効落差が 110 m，最大出力が 15 000 kW のダム式水力発電所がある。ダムの水位が低下して有効落差が 90 m となったときの最大出力 [kW] の値として，最も近いものを次の（1）～（5）のうちから一つ選べ。ただし，案内羽根の開度及び水車，発電機の効率は一定であるとする。

（1） 9 000　　（2） 11 000　　（3） 12 000　　（4） 13 000

（5） 14 000

ヒント 案内羽根は，水車に流入する流量を調整するためのもので，開度が一定であることから，流量は有効落差によって決まる。

‥‥‥‥‥‥‥‥‥‥‥‥‥‥‥‥‥‥‥‥‥‥‥‥‥‥‥‥‥‥‥‥‥‥‥‥

解答 発電所出力の式より，出力 P は有効落差 H と流量 Q の積に比例する。また，流量 Q は，ベルヌーイの定理より有効落差の 1/2 乗に比例するので，P と H の関係は次式となる。

$$P \propto QH \propto \sqrt{H}\,H = H^{3/2}$$

この関係より，比例定数 k，有効落差 90 m における出力を P' とすると，次の関係式が成り立つ。

$$15\,000 = k \times (110)^{3/2}, \quad P' = k \times (90)^{3/2}$$

これより，

$$P' = 15\,000 \times (90/110)^{3/2} \fallingdotseq 11\,100\,[\text{kW}] \quad \rightarrow \quad 11\,000\,\text{kW}$$

となる。したがって，正解は（2）となる。

‥‥‥‥‥‥‥‥‥‥‥‥‥‥‥‥‥‥‥‥‥‥‥‥‥‥‥‥‥‥‥‥‥‥‥‥

例題2 有効落差 81 m，水車出力 20 000 kW の発電所を計画するとき，比速度 220 m·kW の水車を使用することとした。比速度の計算式より算出されるこの水車の回転速度 [min⁻¹] の値として，最も近いものを次の（1）～（5）のうちから一つ選べ。なお，$3^4 = 81$ の関係を計算に使用してもよい。

（1） 226　　（2） 268　　（3） 293　　（4） 345　　（5） 378

ヒント 比速度の計算式に代入して計算する。このとき，指数の計算は次のように工夫するとよい。

$$3^4 = 81 \quad \rightarrow \quad (81)^{1/4} = 3$$

$$(81)^{5/4} = (81)^{4/4+1/4} = (81)^{1+1/4} = (81) \times (81)^{1/4} = 81 \times 3 = 243$$

‥‥‥‥‥‥‥‥‥‥‥‥‥‥‥‥‥‥‥‥‥‥‥‥‥‥‥‥‥‥‥‥‥‥‥‥

解答 比速度の計算式より水車の回転速度 N は，

20

$$N = 220 \times \frac{(81)^{5/4}}{\sqrt{20\,000}} \fallingdotseq 378\,[\mathrm{min}^{-1}]$$

となる。したがって，正解は（5）となる。

なるほど解説

1．有効落差に対する水車の流量，回転速度及び出力の関係
（1） 有効落差と水車の流量の関係

有効落差 $H[\mathrm{m}]$ における水車入口の流速 v は，ベルヌーイの定理より $v=\sqrt{2gH}$ $[\mathrm{m/s}]$ となることを学んだ。しかし，実際には水の粘性，表面張力により若干小さな値となる。理論値に対する実際値の比を定数 k で表すと，次式となる。

$$v = k\sqrt{2gH}\,[\mathrm{m/s}]$$

上式中の $k\sqrt{2g}$ は定数なので，$k\sqrt{2g} = K$ と置けば，

$$v = K\sqrt{H} = KH^{1/2}\,[\mathrm{m/s}]$$

$$v \propto H^{1/2} \qquad\qquad\qquad (1)$$

を得る。

流量 Q は，流速 $v[\mathrm{m/s}]$ とその位置の管路内側の断面積 $S[\mathrm{m}^2]$ との積で求められるので，

$$Q = Sv = KS\sqrt{H} = KSH^{1/2}\,[\mathrm{m}^3/\mathrm{s}]$$

$$Q \propto H^{1/2} \qquad\qquad\qquad (2)$$

となる。

（2） 有効落差と水車の回転速度の関係

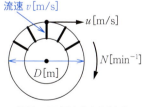

図3　回転速度と周速度

図3のように，水車周辺の速度（**周速度**という）$u[\mathrm{m/s}]$ と回転速度 $N[\mathrm{min}^{-1}]$ の間には比例関係が成り立つ。また，流速 v により水車は回転するので，u と v は比例関係にあると考えられることから，次の関係式が得られる。

$$N \propto u \propto v \propto H^{1/2}$$
$$N \propto H^{1/2} \tag{3}$$

だけど博士，Nが変わると発電機の周波数も変わってしまい，発電機の同期運転ができなくなりそうだけど…。

鋭い疑問だね。だから，Nが一定になるように同期化力(単元12「発電機と並行運転」を参照)が働き，水車(発電所)出力が変化する。例えば，Hが低下すると出力も低下するので，水車が軽くなりNは変わらずに運転できる。

また，(2)式と(3)式より次の関係式も成り立つ。
$$Q \propto N \quad \text{または} \quad N \propto Q \tag{4}$$

（3） 有効落差と出力の関係

出力Pは，流量Qと有効落差Hの積に比例する。また，(2)式よりQは$H^{1/2}$に比例するので，次の関係式が成り立つ。
$$P \propto QH \propto H^{1/2}H = H^{3/2}$$
$$P \propto H^{3/2} \tag{5}$$

2．水車の比速度

（1） 比速度は水車(ランナ)特性を表す指標

水車の構成部品のうち，水を受けて回転する部分をランナという。ランナの形状は，有効落差，流量，回転速度によりさまざまなものがある。しかし，一般に幾何学的に相似なランナは，寸法の大小に無関係にほぼ同じ特性を持つことがわかっている。このため，ランナの形状や特性を表す指標として，比速度が用いられている。

（2） 比速度の定義

図2のように，ある実物の水車A(回転速度N[min^{-1}]，有効落差H[m]，出力P[kW])と幾何学的に相似な仮想水車を考える。この水車を1mの落差で相似な状態で運転する。相似な状態での運転とは，ランナの周速度$u = k_u\sqrt{2gH}$ [m/s]のk_uと，流速$v = k_v\sqrt{2gH}$ [m/s]のk_vが，両水車で等しいことをいう。

このとき，出力が1kW発生するような寸法の仮想水車Bの回転速度N_sを，水車Aの比速度という。

水車の比速度 N_S は，有効落差 H[m]，水車出力 P[kW]，回転速度 N[min^{-1}] で運転する場合，次式で計算することができる。

$$N_S = N \frac{P^{1/2}}{H^{5/4}} \ [\text{m}\cdot\text{kW}] \tag{6}$$

ただし，出力 P はペルトン水車ではノズル1個当たり，反動水車ではランナ1個当たりの出力である。

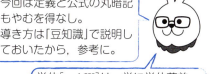

（3） 比速度と水車の選定

一般に，水車と回転速度の選定手順（概略）は次のように行われるが，その中で比速度が用いられる。

① 水力発電所を計画する場合，得られる落差 H[m] と使用できる流量 Q[m^3/s] は，最も重要かつ基礎的な条件となる。これより，水車出力 P[kW] が算出

できる。

② 次に，水力エネルギーを機械エネルギーに変換する水車を選定することになる。一般に，水車の回転速度を高く設定すると効率も高まるとともに，水車や発電機が小型にでき建設費を安価に抑えられる。しかし，高速回転に耐えられる機械的強度や，水車の大敵である**キャビテーション**（水中に発生する泡が消滅するときにランナ面を腐食する等の現象）が起こりやすくなるので，回転速度には限度がある。そこで，各水車の特徴と適応可能な落差から，比速度の限度範囲で最高効率となるような水車を選定し，できるだけ高い比速度を仮定する。その比速度と初期条件としての P と H を（6）式に代入して，水車の回転速度を算出する。

③ 水車に直結する発電機は周波数 50 Hz または 60 Hz と決められているので，極数から得られる同期速度となり，かつ，比速度が水車の限界値以下となるよう水車の回転速度を決める。

例 題 有効落差が 200 m，最大使用水量が 25 m³/s の水力発電所を計画する。水車は立軸フランシス水車を採用し，フランシス水車の比速度 N_S の限界は，有効落差を $H[\mathrm{m}]$ として次式で与えられるものとする。

$$N_S \leqq \frac{33\,000}{H+55} + 30\,[\mathrm{m \cdot kW}] \quad (\text{JEC 4001 2018 による計算式})$$

この水車に周波数 60 Hz の三相同期発電機を直結して発電するとき，発電機回転速度をできるだけ高くして運転するための発電機の極数を求めよ。ただし，水車の効率を 90 % とする。

答 水車出力 P は次式で計算できる。

$$P = 9.8 \times 25 \times 200 \times 0.9 = 44\,100\,[\mathrm{kW}]$$

比速度の限界値 N_S は与えられた式より計算できる。

$$N_S = \frac{33\,000}{200+55} + 30 \fallingdotseq 159.4\,[\mathrm{m \cdot kW}]$$

これより，比速度の式である（6）式から水車の回転速度 N を求める。

$$N = N_S \frac{H^{5/4}}{P^{1/2}} = \frac{159.4 \times 200^{5/4}}{\sqrt{44\,100}} \fallingdotseq 570.9\,[\mathrm{min^{-1}}]$$

$$(200^{5/4} = 200 \times 200^{1/4} = 200 \times (200^{1/2})^{1/2} = 200 \times \sqrt{\sqrt{200}} \fallingdotseq 752.1)$$

N は発電機の同期速度であるから，極数と同期速度と周波数の関係式（単元 12「発電機と並行運転」，機械編：単元 16「同期発電機の構造と誘導起電力」を参照）

を満たす必要がある(ただし,同期速度の記号 N_S は比速度と同じ記号なので混同に注意)。これより極数 p を求めると,

$$p = \frac{120 \times 60}{570.9} \fallingdotseq 12.6 \quad \left(\text{極数} = \frac{120 \times \text{周波数}}{\text{同期速度}}\right)$$

となるが,極数は偶数であり,$p=12$ とすると回転速度が比速度の限界値を超えてしまうので,計算値以上で直近の偶数値 $p=14$ とする。このときの発電機(水車)の回転速度(同期速度)は $N = 120 \times 60/14 \fallingdotseq 514.3 < 570.9 [\text{min}^{-1}]$ となる。

比速度を導出してみよう

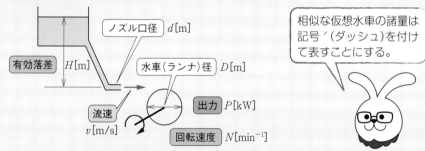

図4 実物水車の諸量

図4は,ノズルから出る水流により水車(ランナ)の羽車を回転させる水車(衝動水車という)の原理図であり,これを例に考えることにする。流速 v は $v = KH^{1/2}$ なので,仮想水車の流速 v' は,「相似な状態での運転」条件より $v' = KH'^{1/2}$ となり,次式が成り立つ。

$$\frac{v}{v'} = \left(\frac{H}{H'}\right)^{1/2}$$

流量 Q はノズルの流速と断面積の積で表されるので,

$$\frac{Q}{Q'} = \frac{v(d/2)^2}{v'(d'/2)^2} = \left(\frac{H}{H'}\right)^{1/2} \times \left(\frac{d}{d'}\right)^2$$

と表される。これより,出力 P と P' の比は次式となる。

$$\frac{P}{P'} = \frac{QH}{Q'H'} = \left(\frac{H}{H'}\right)^{3/2} \times \left(\frac{d}{d'}\right)^2 \tag{7}$$

一方,ランナの回転速度Nと周速度uの関係は$N=(60/\pi)(u/D)$。また,「相似な状態での運転」条件より$u/u'=v/v'$,相似な水車であることから$d/d'=D/D'$となるので,回転速度NとN'の比は次式となる。

$$\frac{N}{N'}=\frac{u}{u'}\times\frac{D'}{D}=\frac{v}{v'}\times\frac{D'}{D}=\left(\frac{H}{H'}\right)^{1/2}\times\frac{D'}{D}=\left(\frac{H}{H'}\right)^{1/2}\times\frac{d'}{d} \quad (8)$$

(8)式からd'/dを求め,(7)に代入して消去すると次式を得る。

$$\frac{P}{P'}=\left(\frac{H}{H'}\right)^{3/2}\times\left\{\left(\frac{H}{H'}\right)^{1/2}\times\frac{N'}{N}\right\}^2=\left(\frac{H}{H'}\right)^{5/2}\times\left(\frac{N'}{N}\right)^2$$

仮想水車について,$H'=1[\text{m}]$,$P'=1[\text{kW}]$としたときの回転速度$N'[\text{min}^{-1}]$は,比速度の定義より実物水車の比速度N_Sを表すので,上式は次のようになる。

$$P=H^{5/2}\times\left(\frac{N_S}{N}\right)^2 \rightarrow N_S=N\frac{P^{1/2}}{H^{5/4}} \quad (9)$$

比速度の式は,有効落差と出力,回転速度と流速の関係から導出できるのか!

そう!本文の(1)式から(5)式の意味がわかれば導けるんだ。ただし,指数計算が必要になるから指数法則を復習しておこう。

実践・解き方コーナー

問題1 貯水池の最高水位は標高233 m,最低水位は標高152 m,反動水車のランナ中心の標高は13 m,放水面の水位は標高8 mであるダム式の水力発電所がある。この発電所の最高水位と最低水位における最大発電電力の差[kW]の値として,最も近いものを次の(1)〜(5)のうちから一つ選べ。ただし,発電所の最高水位における水車の最大使用水量は10 m³/s,水車・発電機の総合効率は常に0.8,損失水頭は無視するものとする。また,水車と放水面との間には吸出し管が設けてあり,放水面水位は流量によって変わらないものとする。

(1) 3 500 (2) 7 300 (3) 8 600 (4) 9 100 (5) 17 600

考え方 有効落差を考えるとき,反動水車のランナ中心標高と放水面の標高との標高差は,吸出し管の作用により有効落差に含まれる。また,最大使用水量は有効落差の1/2乗に比例する。

解 答 最高水位における有効落差は $233-8=225[\mathrm{m}]$，最低水位における有効落差は $152-8=144[\mathrm{m}]$ である。

次に，最大使用水量は有効落差の 1/2 乗に比例するので，最低水位における最大使用水量 Q_L は，

$$Q_\mathrm{L}=10\times\left(\frac{144}{225}\right)^{1/2}=8[\mathrm{m^3/s}]$$

となる。これより，最高水位時の出力 P_H と最低水位時の出力 P_L の差は，

$$P_\mathrm{H}-P_\mathrm{L}=(9.8\times10\times225\times0.8)-(9.8\times8\times144\times0.8)$$
$$\fallingdotseq8\,608[\mathrm{kW}] \quad\rightarrow\quad 8\,600\,\mathrm{kW}$$

となる。したがって，正解は（3）となる。

問題2 💧💧 水車の比速度とは，その水車と幾何学的に相似なもう一つの水車を仮想し，この仮想水車を 1 m の ┃ （ア） ┃ のもとで相似な状態で運転させ，1 kW の出力を発生するような ┃ （イ） ┃ としたときの，その仮想水車の回転速度 $[\mathrm{min^{-1}}]$ をいう。水車の比速度 N_S ┃ （ウ） ┃ は，水車出力を $P[\mathrm{kW}]$，有効落差を $H[\mathrm{m}]$，回転速度を $N[\mathrm{min^{-1}}]$ とすれば，次の式で表される。

$$N_\mathrm{S}=N\times\frac{\boxed{（エ）}^{1/2}}{\boxed{（オ）}^{5/4}}$$

ただし，水車出力はペルトン水車ではノズル 1 個当たり，反動水車ではランナ 1 個当たりの出力である。

上記の記述中の空白箇所（ア），（イ），（ウ），（エ）及び（オ）に記入する語句または数値の組合せとして，正しいものを次の（1）～（5）のうちから一つ選べ。

	（ア）	（イ）	（ウ）	（エ）	（オ）
（1）	落差	寸法	$\mathrm{m\cdot kW}$	P	H
（2）	範囲	落差	$\mathrm{min^{-1}}$	H	P
（3）	落差	寸法	$\mathrm{min^{-1}}$	H	P
（4）	落差	寸法	$\mathrm{m\cdot kW}$	H	P
（5）	範囲	落差	$\mathrm{m\cdot kW}$	P	H

（平成 12 年度改）

解 答 比速度の定義と比速度の式より，仮想水車を 1 m の落差のもとで相似な状態で運転させ，1 kW の出力を発生するような寸法としたときの，その仮想水車の回転速度をいう。水車の比速度 $N_\mathrm{S}[\mathrm{m\cdot kW}]$ は，水車出力を $P[\mathrm{kW}]$，有効落差を $H[\mathrm{m}]$，回転速度を $N[\mathrm{min^{-1}}]$ とすれば，次の式で表される。

$$N_S = N \times \frac{P^{1/2}}{H^{5/4}}$$

したがって，正解は（1）となる。

問題3 🔵🔵🔵　有効落差250 m，最大使用水量20 m³/s の水力発電所の計画がある。水車に水車効率90％の立軸フランシス水車を選定し，周波数50 Hz の同期発電機を直結して運転するとき，水車の回転速度[min⁻¹]の値として，適切なものを次の（1）～（5）のうちから一つ選べ。

ただし，フランシス水車の比速度N_Sの限界は，有効落差をH[m]として次式で与えられるものとする。

$$N_S \leq \frac{33\,000}{H+55} + 30\,[\mathrm{m \cdot kW}]$$

（1）375　　（2）430　　（3）500　　（4）600　　（5）750

....

解答　水車出力Pは，

$$P = 9.8 \times 20 \times 250 \times 0.9 = 44\,100\,[\mathrm{kW}]$$

である。また，有効落差から比速度の限界値を計算すると，

$$N_S = \frac{33\,000}{250+55} + 30 \fallingdotseq 138.2\,[\mathrm{m \cdot kW}]$$

となるので，この比速度における水車の回転速度Nは，

$$N = 138.2 \times \frac{(250)^{5/4}}{(44\,100)^{1/2}} \fallingdotseq 654\,[\mathrm{min^{-1}}]$$

となる。一方，同期発電機の同期速度は，極数をpとすると$120 \times 50/p\,[\mathrm{min^{-1}}]$であるから，限界値654 min⁻¹を超えない最も近い同期速度を求めると，$p=10$における同期速度600 min⁻¹となる。したがって，正解は（4）となる。

補足　数値の1/2乗は$\sqrt{}$と同じ意味になるので，$(250)^{5/4}$の計算は次のように行うと$\sqrt{}$を用いて計算できる。

$$(250)^{5/4} = 250 \times (250)^{1/4} = 250 \times ((250)^{1/2})^{1/2} = 250\sqrt{\sqrt{250}}$$
$$= 250\sqrt{15.8} \fallingdotseq 250 \times 3.976 = 994.1$$

同期速度の求め方は次のように考えてもよい。

$$\frac{120 \times 50}{p} = 654$$ より極数を求めると，$p \fallingdotseq 9.2$を得るが，極数は偶数なので，近い極数は8または10となる。$p=8$の同期速度は750 min⁻¹となり，比速度の限界を超えるので不適当となる。

出題ランク ★★☆

4 水車の種類と特性

水車って水車小屋のイメージだけど,色々なタイプがあるんだね!

高効率で運転できることと,建設費が安価なことが重要になるから,落差や流量によって色々な形式,形状の水車があるんだ。

✓ 重要事項・公式チェック

1 主要な水車の種類

分類　　　　　　　名称
衝動水車 ─── ペルトン水車
　　　　　 ─── クロスフロー水車 (衝動水車と反動水車の特性を持つ)
　　　　　 ─ 遠心水車 ─ フランシス水車
反動水車 ─ 軸流水車 ─ プロペラ水車 (ランナ羽根固定)
　　　　　　　　　　　 カプラン水車 (ランナ羽根可動)
　　　　　 ─ 斜流水車 ─ デリア水車 (ランナ羽根可動)

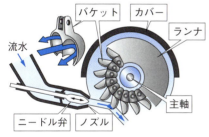

図1　ペルトン水車の主要構造

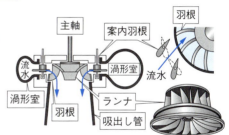

図2　フランシス水車の主要構造

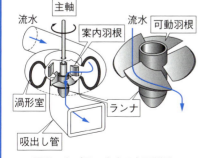

図3　カプラン水車の主要構造

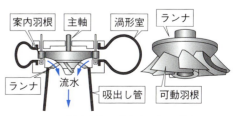

図4　斜流(デリア)水車の主要構造

❷ 主要水車の比速度と適用落差の関係

種　類	比速度	適用落差
ペルトン水車	小さい ↕ 大きい	高落差 ↕ 低落差
フランシス水車		
斜流水車		
カプラン水車（プロペラ水車）		

例題チャレンジ！

例　題　水力発電は，水の持つ位置エネルギーを水車により機械エネルギーに変換し発電機を回す。水車には衝動水車と反動水車がある。　(ア)　水車には　(イ)　水車，プロペラ水車などがあり，揚水式のポンプ水車としても用いられている。これに対して，　(ウ)　水車の主要な方式である　(エ)　水車は，高落差で流量が比較的少ない場所で用いられる。また，デリア水車や　(オ)　水車は，落差や流量に応じて運転中のランナの羽根の角度が変えられるので，常に効率のよい運転ができる。

上記の記述中の空白箇所(ア)，(イ)，(ウ)，(エ)及び(オ)に記入する語句の組合せとして，正しいものを次の(1)～(5)のうちから一つ選べ。

	(ア)	(イ)	(ウ)	(エ)	(オ)
(1)	反動	ペルトン	衝動	カプラン	フランシス
(2)	衝動	フランシス	反動	ペルトン	斜流
(3)	反動	ペルトン	衝動	フランシス	ペルトン
(4)	衝動	フランシス	反動	斜流	カプラン
(5)	反動	フランシス	衝動	ペルトン	カプラン

ヒント▷ 衝動水車はペルトン水車しかない。また，ランナ羽根が可動な水車は，デリア水車，カプラン水車である。

解　答　反動水車にはフランシス水車，プロペラ水車などがあり，揚水式のポンプ水車としても用いられている。これに対して，衝動水車の主要な方式であるペルトン水車は，高落差で流量が比較的少ない場所で用いられる。また，デリア水車やカプラン水車は，落差や流量に応じて運転中のランナの羽根の角度が変えられる。したがって，正解は(5)となる。

30

なるほど解説

1．主な水車とその主要構造

（1） 衝動水車

水の落差による圧力水頭を速度水頭に変え（有効落差の持つ位置エネルギーをすべて速度エネルギーに変え），その流速をランナに作用させることで回転力を得る水車を衝動水車という。衝動水車にはペルトン水車がある。

図1はペルトン水車の主要構造である。ノズルから高速で噴射された流水がバケットに当たり，その衝動力でランナが回転する。負荷変動に伴う流量の調整は，ノズルのニードル弁で行う。ノズルとバケットの中間にはデフレクタがあり（図1では省略），これは負荷の急減や水車の急停止の際に噴射水をそらせるものである。デフレクタの働きで水車の回転速度の上昇を抑えることができるほか，ニードル弁を徐々に閉じることができるので，水圧管内の圧力上昇を抑えることもできる。

ペルトン水車は効率を高めるため，通常1個のランナには4〜6個のノズルが設けられている。

（2） 反動水車

圧力水頭を持つ流水をランナに流入させ（位置エネルギーを圧力エネルギーに変え），流水がランナから出るときの反動力によって回転力を得る水車を反動水車という。

① フランシス水車

図2はフランシス水車の主要構造である。流水は渦形室（ケーシング）に導かれ，案内羽根（ガイドベーン）を通りランナの羽根（ランナベーン）に当たり，ランナに反動力を与えて吸出し管から放流される。流量の調整は，案内羽根の角度を変えることで行う。フランシス水車は遠心水車とも呼ばれる。

② カプラン水車

図3はカプラン水車の主要構造である。カプラン水車はランナがプロペラ形をしており，流水が軸方向に流れる。ランナの羽根は可動羽根であり，落差や負荷の変化に適した羽根の角度にすることで，高効率で運転できる。なお，羽根が固定羽根の水車をプロペラ水車という。これらの水車は流水が軸方向なので，軸流水車とも呼ばれる。

また，プロペラ形水車と発電機を一体として密封した円筒形の設備を，水路の

流路方向に設置した水車を**チューブラ水車**(**円筒水車**)という(図5参照)。チューブラ水車の発電機は，構造の簡単な**誘導発電機**が用いられることが多い。

③　斜流水車

図4は**斜流水車**の主要構造である。ランナに対して渦形室が斜め上にあり，流水がランナの軸に対して斜め方向になるため，斜流水車と呼ばれる。ランナの羽根はカプラン水車と同様に一般に可動羽根であり，この水車は**デリア水車**とも呼ばれる。

　補　足　吸出し管では水が充満して流れるため，ランナ出口から放水面までの落差を有効落差として利用できる。ただし，吸出し管から放出する水が持つ速度エネルギーは，損失水頭となる。

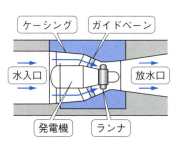
図5　チューブラ水車の主要構造

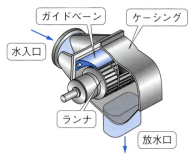
図6　クロスフロー水車の主要構造

（3）　クロスフロー水車

図6のように，円筒かご状のランナを流水が交差して流れる(クロスフロー)構造から**クロスフロー水車**と呼ばれ，水の圧力と速度を利用する水車である。分類上は衝動水車と反動水車の中間に位置づけられている。低落差，小水量でも比較的効率がよく，他の水車に比べ構造が簡単で安価なため，主に**小水力発電用**に使われる。

> 水車って色々な種類があるんだね。

> ともかく水のエネルギーを効率よく回転エネルギーに変換することが重要だ。使う場所も色々あるから，最も適したものを考案したらこうなったわけだ。
> 適材適所，人間と同じだよ。

> なるほど，水車の個性を生かしているってことか！

2．各水車の効率

図7は，主な水車の出力-効率曲線の例である。

ペルトン水車は負荷の変動に対して効率の低下があまり見られない。一方，フランシス水車は軽負荷(部分負荷)時の効率の低下が大きい。また，ランナに可動羽根を持つ斜流水車，カプラン水車は，軽負荷でも高効率で運転できる。

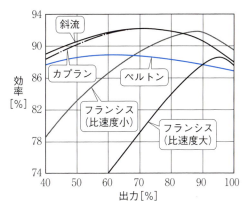

図7　主な水車の出力-効率曲線の例

3．比速度の範囲と水車の選定

（1） 実際に稼働している各水車の比速度と有効落差の範囲

次の表は，JEC 4001 2018 の図式より読み取った概数である。概ね欄の下方の水車ほど比速度は大きくなり，有効落差は小さくなる傾向にあることがわかる。

種類	比速度の範囲[mk·W]	有効落差の範囲[m]
ペルトン水車	8～33	60～720
フランシス水車	35～380	15～470
斜流水車	130～290	40～140
カプラン水車	240～1 070	5～70

補足　比速度の限界値並びに範囲は，経済化を図るため広がる傾向にある。比速度の限界を表す計算式も存在するが，試験対策として特に覚えておく必要はないので省略する(必要に応じて試験問題に提示される)。

（2） 各水車の選定

各水車は概ね，次のような発電所で採用されている。

ペルトン水車	高落差，小水量で流量変化が大きい発電所。
フランシス水車	構造が簡単なので中落差で広く使われる。軽負荷運転には適さない。
斜流水車 カプラン水車	低落差，大水量で流量変化が大きい発電所。軽負荷時でも効率が高い。

4．水車の大敵，キャビテーション

　流水が水車の羽根を流れるとき，部分的に流水の圧力低下が起こる場合がある。ある点の圧力がその温度の飽和水蒸気圧以下になると，その点の水が沸騰して気泡を生じる。この現象を**キャビテーション**という。この気泡は，圧力の高い場所でつぶれるとき，ランナ羽根等に金属表面の腐食や振動を起こし，効率や出力の低下をもたらす。

> キャビテーション対策
> ① 比速度を限界値以下にする（なるべく小さくする）。
> ② 吸出し管の高さをなるべく低くする。
> ③ 吸出し管上部に適当な量の空気を入れる。
> ④ 軽負荷（部分負荷）運転を避ける。
> ⑤ バケットやランナ羽根表面を円滑にする。
> ⑥ バケット，ランナ羽根等に耐食性の金属材料を使用する。

水中で泡ができるのは，沸騰しているってこと？水なのに…？

沸騰は100℃で起こると思っている人も多いけど，それは，空気が水を押し込めているからだ。山の高所の気圧が低い所では，低い温度で沸騰する。
こんな場所では，圧力鍋を使わないとうまく煮えないことがある。発電用ボイラも圧力鍋みたいなものだがね。

5．急激な負荷の減少による水圧変動

　水車の負荷の急激な減少に伴い流量を急激に絞ると，水の慣性による速度エネルギーは瞬時に圧力エネルギーに変化し，水車ケーシングや水圧管の圧力が急上昇する。この現象を**水撃作用**という。水撃作用は水車等の設備に悪影響を及ぼすので，次のような対策を取っている。

> 水撃作用の対策
> ① サージタンクの水位変動により，水撃作用を吸収する。
> ② 衝動水車にはデフレクタ，反動水車には制圧機を設置する。
> ③ 水圧管等の強度を上げる。
> ④ 水車入口弁の閉鎖時間を長くする。

水車の速度調整の仕組み

　水車や蒸気タービンなどの原動機の速度調整は，調速機（ガバナ）により行われる。また。調速機は事故等による負荷の減少で起こる回転速度の異常な上昇を抑える働きもある。

　かつては回転速度を機械的に検出する機械式であったが，現在では回転速度の他に周波数，水位，電圧などの信号を入力信号として，マイクロプロセッサを用いて演算した制御信号により，サーボモータを駆動し，案内羽根などの開度を制御する方式がほとんどである。

調速機の特性

　調速機の特性を表すものに**速度調定率 R** がある。これは，図8のように横軸に出力，縦軸に回転速度(同期速度なので周波数 f でも可)をとると直線で表され，次の数式で表される。

　ただし，添字の意味は次のとおり。

　1は変化前の値，2は変化後の値，nは定格値を表す。

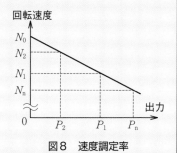

図8　速度調定率

$$R = \frac{(N_2 - N_1)/N_n}{(P_1 - P_2)/P_n} \times 100 [\%] = \frac{(f_2 - f_1)/f_n}{(P_1 - P_2)/P_n} \times 100 [\%] \quad (1)$$

　また，P_2, N_2 を無負荷時の値 $P_2 = 0, N_2 = N_0$ とし，P_1, N_1 を定格負荷時の値 $P_1 = P_n, N_1 = N_n$ とすると，（1）式は次式となる。

$$R = \frac{N_0 - N_n}{N_n} \times 100 [\%] \quad (2)$$

　速度調定率は，発電機の並行運転時の負荷分担を決める重要な定数である。負荷分担の問題は，単元12「発電機と並行運転」で扱う。

実践・解き方コーナー

問題1 次の文章は，水力発電に用いる水車に関する記述である。水をノズルから噴出させ，水の位置エネルギーを運動エネルギーに変えた流水をランナに作用させる構造の水車を ［（ア）］ 水車と呼び，代表的なものに ［（イ）］ 水車がある。また，水の位置エネルギーを圧力エネルギーとして，流水をランナに作用させる構造の代表的な水車に ［（ウ）］ 水車がある。さらに，流水がランナを軸方向に通過する ［（エ）］ 水車もある。近年の地球温暖化防止策として，農業用水・上下水道・工業用水など小水量と低落差での発電が注目されており，代表的なものに ［（オ）］ 水車がある。

上記の記述中の空白箇所(ア)，(イ)，(ウ)，(エ)及び(オ)に当てはまる組合せとして，正しいものを次の(1)～(5)のうちから一つ選べ。

	（ア）	（イ）	（ウ）	（エ）	（オ）
（1）	反動	ペルトン	プロペラ	フランシス	クロスフロー
（2）	衝動	フランシス	カプラン	クロスフロー	ポンプ
（3）	反動	斜流	フランシス	ポンプ	プロペラ
（4）	衝動	ペルトン	フランシス	プロペラ	クロスフロー
（5）	斜流	カプラン	クロスフロー	プロペラ	フランシス

(平成 25 年度)

解答 水の位置エネルギーを運動エネルギーに変えた流水をランナに作用させる構造の水車を衝動水車と呼び，代表的なものにペルトン水車がある。また，水の位置エネルギーを圧力エネルギーとして，流水をランナに作用させる構造の代表的な水車にフランシス水車がある。さらに，流水がランナを軸方向に通過するプロペラ水車もある。近年の地球温暖化防止策として，農業用水・上下水道・工業用水など小水量と低落差での発電が注目されており，代表的なものにクロスフロー水車がある。したがって，正解は(4)となる。

問題2 次の文章は，水車の調速機の機能と構造に関する記述である。水車の調速機は，発電機を系統に並列するまでの間においては水車の回転速度を制御し，発電機が系統に並列した後は ［（ア）］ を調整し，また，事故時には回転速度の異常な ［（イ）］ を防止する装置である。調速機は回転速度などを検出し，規定値との偏差などから演算部で必要な制御信号を作って，パイロットバルブや配圧弁を介してサーボモータを動かし，ペルトン水車においては ［（ウ）］，フランシス水車においては ［（エ）］ の開度を調整する。

上記の記述中の空白箇所(ア)，(イ)，(ウ)及び(エ)に当てはまる組合せとして，正しいものを次の(1)～(5)のうちから一つ選べ。

36

	（ア）	（イ）	（ウ）	（エ）
（1）	出力	上昇	ニードル弁	ガイドベーン
（2）	電圧	上昇	ニードル弁	ランナベーン
（3）	出力	降下	デフレクタ	ガイドベーン
（4）	電圧	降下	デフレクタ	ランナベーン
（5）	出力	上昇	ニードル弁	ランナベーン

（平成 26 年度）

解答　水車の調速機は，発電機を系統に並列するまでの間においては水車の回転速度を制御し，発電機が系統に並列した後は出力を調整し，また，事故時には回転速度の異常な上昇を防止する装置である。調速機は回転速度などを検出し，既定値との偏差などから演算部で必要な制御信号を作って，パイロットバルブや配圧弁を介してサーボモータを動かし，ペルトン水車においてはニードル弁，フランシス水車においてはガイドベーンの開度を調整する。したがって，正解は（1）となる。

問題3　水車のキャビテーションに関する記述として，誤っているものを次の（1）〜（5）のうちから一つ選べ。
（1）　キャビテーションは，水車効率の低下やランナ羽根の腐食の原因となる。
（2）　キャビテーションの防止方法として，吸出し管の高さを大きくとる。
（3）　キャビテーションを防ぐには，水車の比速度を高くとりすぎないようにする。
（4）　キャビテーションは，水中の低圧部分に生じた気泡によって起こる。
（5）　キャビテーションは，部分負荷運転をするほど発生しやすい。

解答　（1）は正しい。腐食対策として，表面を滑らかに加工したり，耐食性の金属材料を使う方法がある。（2）は誤り。吸出し管の高さが高すぎると，ランナ出口の水圧が低下してキャビテーションが発生しやすくなる。（3）は正しい。各水車形式により，比速度の限界値が決められている。（4）は正しい。低圧部分で発生した気泡が高圧部分でつぶれて消滅する際に，金属表面を損傷する。（5）は正しい。記述のとおり。したがって，正解は（2）となる。

問題4　定格出力 150 MW，速度調定率 4 ％ の水車発電機が定格周波数 60 Hz の系統で全負荷，定格周波数で運転している。系統の周波数が 60.2 Hz に上昇したときの発電機出力［MW］の値として，最も近いものを次の（1）〜（5）のうちから一つ選べ。ただし，速度調定率は直線で表されるものとする。
（1）　105　　（2）　119　　（3）　124　　（4）　130　　（5）　138

4　水車の種類と特性

37

考え方 同期発電機では，同期速度と周波数は比例関係にあるので，速度調定率の速度は，周波数で表すこともできる。

解答 速度調定率の定義式

$$R = \frac{(f_2 - f_1)/f_n}{(P_1 - P_2)/P_n} \times 100 \, [\%]$$

を使う。問題の運転では，図4-4-1より
$P_1 = P_n = 150\,[\mathrm{MW}]$，$f_1 = f_n = 60\,[\mathrm{Hz}]$，$f_2 = 60.2\,[\mathrm{Hz}]$なので，

$$\frac{(60.2 - 60)/60}{(150 - P_2)/150} \times 100 = 4$$

$P_2 = 137.5\,[\mathrm{MW}]$ → 138 MW

となる。したがって，正解は(5)となる。

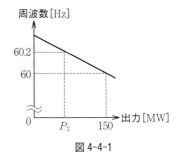

図4-4-1

出題ランク ★☆☆

5 揚水式発電所

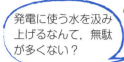
発電に使う水を汲み上げるなんて，無駄が多くない？

他の水力発電方式に比べて総合効率は低いが，別の重要な役割を担っているんだ。

✓ 重要事項・公式チェック

1 揚水ポンプの全揚程と所要電力

① 全揚程　$H_p = H_G + H_L$ [m]　（H_L [m] は損失落差）

② 揚水ポンプの所要電力　$P_p = \dfrac{9.8 Q H_p}{\eta_p \eta_m}$ [kW]

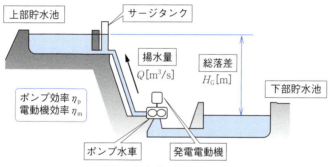

図1　揚水式発電所の概略

2 V [m³] の揚水に要する電力量

$$W_p = \dfrac{9.8 V H_p}{3\,600 \eta_p \eta_m} \text{ [kW·h]}$$

3 揚水式発電所の総合効率

$$\eta = \dfrac{発電電力量}{揚水電力量}$$
$$= \dfrac{H_G - H_L}{H_G + H_L} \eta_p \eta_m \eta_w \eta_g$$

$H_G - H_L$ は有効落差
$H_G + H_L$ は全揚程
η_w は水車効率
η_g は発電機効率

例題チャレンジ！

例題 最大出力 300 MW，総落差 355 m の純揚水式発電所がある。発電時の水車，発電機を合わせた効率を 88 %，揚水時のポンプ，電動機を合わせた効率を 80 % とする。また，発電時及び揚水時の損失落差はともに 5 m とするとき，次の（a），（b）及び（c）の問に答えよ。

（a） 上部貯水池の水をすべて使い，1 日のピーク負荷時に 4 時間だけ最大出力で連続運転する場合，上部貯水池の貯水容積（×10^6[m^3]）の最小値として，最も近いものを次の（1）〜（5）のうちから一つ選べ。ただし，発電時の有効落差は一定とする。

（1） 1.43　　（2） 1.89　　（3） 2.11　　（4） 2.67　　（5） 3.08

ヒント 水車の使用水量が発電電力から求められるので，それに発電時間をかけ算すると貯水量が求められる。

（b） 日中に使用した貯水量を，深夜の余剰電力を使い 6 時間連続運転で揚水する場合，夜間の揚水に要する電力量[MW・h]の値として，最も近いものを次の（1）〜（5）のうちから一つ選べ。ただし，揚水時の全揚程及び 1[s] 間当たりの揚水量は一定とする。

（1） 1 020　　（2） 1 370　　（3） 1 530　　（4） 1 750　　（5） 2 140

ヒント 電力量は貯水量で決まるので，貯水に要する時間には関係ないが，便宜上貯水量を 6 時間で満水にする 1[s] 間当たりの揚水量を計算して揚水電力を求め，揚水時間 6 時間をかけ算してもよい。

（c） この揚水式発電所の総合効率[%]の値として，最も近いものを次の（1）〜（5）のうちから一つ選べ。

（1） 66　　（2） 68　　（3） 70　　（4） 72　　（5） 74

ヒント 総合効率は，揚水電力量に対する発電電力量の比で定義される。

解答 **（a）** 最大出力 P_g[kW]，総落差 H_G[m]，損失落差 H_L[m]，水車・発電機の効率を η_{wg} とするとき，最大出力時の使用水量 Q は，

$$Q = \frac{P_g}{9.8(H_G - H_L)\eta_{wg}} = \frac{300 \times 10^3}{9.8 \times (355 - 5) \times 0.88} \fallingdotseq 99.4 \,[\text{m}^3/\text{s}]$$

となるので，4 時間使用するための最小貯水容積 V は，

$$V = 99.4 \times 4 \times 3\,600 \fallingdotseq 1\,431\,000 \,[\text{m}^3] = 1.431 \times 10^6 \,[\text{m}^3] \quad \rightarrow \quad 1.43$$

となる。したがって，正解は（1）となる。

（b）　揚水量を $V[\mathrm{m}^3]$，ポンプ・電動機の効率を η_{pm} とすると，揚水電力量 W_{p} は，

$$W_{\mathrm{p}}=\frac{9.8\,V(H_{\mathrm{G}}+H_{\mathrm{L}})}{3\,600\eta_{\mathrm{pm}}}=\frac{9.8\times1\,431\,000\times(355+5)}{3\,600\times0.8}$$

$$\fallingdotseq1\,753\times10^3[\mathrm{kW\cdot h}]\quad\rightarrow\quad1\,750\ \mathrm{MW\cdot h}$$

となる。したがって，正解は（4）となる。

別　解　1[s]間当たりの揚水量 Q' から揚水電力を計算し，それに揚水時間をかけ算して求めることもできる。

$$Q'=\frac{1\,431\,000}{6\times3\,600}=66.25[\mathrm{m}^3/\mathrm{s}]$$

より，揚水電力 P_{p} は，

$$P_{\mathrm{p}}=\frac{9.8\,Q(H_{\mathrm{G}}+H_{\mathrm{L}})}{\eta_{\mathrm{pm}}}=\frac{9.8\times66.25\times(355+5)}{0.8}\fallingdotseq292\,160[\mathrm{kW}]$$

となるので，揚水時間 6 時間の電力量 W は次のようになる。

$$W_{\mathrm{p}}=292\,160\times6\fallingdotseq1\,753\,000[\mathrm{kW\cdot h}]=1\,753[\mathrm{MW\cdot h}]$$

（c）　発電電力量 $W_{\mathrm{g}}[\mathrm{MW\cdot h}]$，揚水電力量 $W_{\mathrm{p}}[\mathrm{MW\cdot h}]$ とすると，総合効率 η は定義より，

$$\eta=\frac{W_{\mathrm{g}}}{W_{\mathrm{p}}}\times100=\frac{300\times4}{1\,753}\times100\fallingdotseq68.45[\%]\quad\rightarrow\quad68\,\%$$

となる。したがって，正解は（2）となる。

別　解　総合効率 η は，総落差 $H_{\mathrm{G}}[\mathrm{m}]$，損失落差 $H_{\mathrm{L}}[\mathrm{m}]$，ポンプ・電動機の効率 η_{pm}，水車・発電機の効率 η_{wg} からも計算できる。

$$\eta=\frac{H_{\mathrm{G}}-H_{\mathrm{L}}}{H_{\mathrm{G}}+H_{\mathrm{L}}}\eta_{\mathrm{pm}}\eta_{\mathrm{wg}}=\frac{355-5}{355+5}\times0.8\times0.88\fallingdotseq0.684\quad\rightarrow\quad68\,\%$$

！ なるほど解説

1．揚水式発電所の分類と運用方法

（1）　分類

　上部貯水池に河川からの流量があり，下部貯水池からの揚水と合わせて発電に使用する方式を混合揚水式という。一方，上部貯水池への流入がほとんどなく（流入河川がない）揚水のみで発電する方式を純揚水式という。

（2） 揚水式の必要性と運用方法

　電力は生産と消費が同時に起こるエネルギーであり，基本的に大電力を直接電気エネルギーとして備蓄することができない。一方，電力需要は人の生産活動や生活状況に伴い変化し，1日単位では昼間と深夜，1週間単位では平日と休日での需要（ピーク負荷とベース負荷）に大きな差が生じる。原子力や火力発電のような大容量電源設備は，その特徴や運転の経済性からできるだけ一定出力の運転を行うため，この結果，需要が高いピーク負荷時に電力が不足し，需要の低い深夜等に電力が余剰になる。揚水式発電所は，この余剰電力で揚水して水の位置エネルギーとして電力を備蓄し，ピーク負荷時に揚水による貯水を使い電力を供給する役割を担う。これにより，電力需要の変化に対応した効率のよい電力供給が可能となる。

　1日の単位で，軽負荷時に揚水し，ピーク負荷時に発電する運用を日間調整式，1週間を単位として揚水，発電を行う運用を週間調整式という。

2．主要機器

（1） ポンプ水車

　揚水時のポンプと発電時の水車を兼用したものをポンプ水車という。揚水時と発電時では回転方向が逆になる。使用落差に応じて高い方からフランシス形，斜流形，プロペラ形が用いられる。ポンプ水車の効率は回転速度で変化するが，ポンプ時の最高効率における回転速度の方が，水車時の最高効率における回転速度よりも高い。そのため，揚水時に可変速駆動を行い，最高効率で運転する機器もある。また，ポンプの可変速駆動は出力調整が容易であるため，軽負荷時の系統周波数調整用として運用されることもある。

（2） 発電電動機

　ポンプ水車に直結し，揚水時は電動機，発電時には発電機となる機器を発電電動機という。

3．揚水ポンプの電力
（1）　全揚程
揚水に必要なエネルギーは，水面差に当たる総落差に相当する位置エネルギーだけでは不足する。それは，損失落差があるためで，損失落差分のエネルギーも含めて与えないと所定の総落差間の揚水ができない。そのため，総落差 H_G[m] と損失落差 H_L[m] の和を全揚程と呼び，これが揚水に必要な落差となる。全揚程 H_p は次式となる。

$$H_p = H_G + H_L \text{[m]} \tag{1}$$

（2）　揚水電力
1[s]間当たりの揚水量(揚水流量などともいう) Q[m³/s]で全揚程 H_p[m]を揚水するのに必要な理論電力 P_0 は，発電時の理論出力と同じ形となる。これはエネルギー保存則より，水を揚げるか落とすかの違いはあるが力学的な仕事は同じだからである。

$$P_0 = 9.8QH_p \text{[kW]} \quad \text{または} \quad P_0 = 9.8Q(H_G + H_L) \text{[kW]}$$

電動機でポンプを駆動して揚水を行う場合，電動機に加えた電力 P_p[kW]のうち，ポンプ効率を η_p，電動機効率を η_m とすると，実際の揚水に使われる電力は $P_p\eta_p\eta_m$[kW]であり，これが理論電力 $P_0 = 9.8QH_p$[kW]と等しくなるので，揚水電力 P_p は次式で表される。

$$P_p = \frac{9.8QH_p}{\eta_p\eta_m} \text{[kW]} \tag{2}$$

ポンプの電力の式は，発電の式の効率が分母にあるということだね。

そう，荷物を上げるも下ろすもエネルギーの式は同じだ。発電は，機械のロスで出力が減るが，ポンプはロス分を多く入力しなければならないからね。

（3）　揚水電力量
揚水電力量は，揚水電力に時間をかけ算して求められる。ここで，揚水量 V[m³]を全揚程 H_p[m]揚水するのに必要な電力量を求めてみよう。ただし，全揚程，ポンプ効率 η_p，電動機効率 η_m は一定とする。

この揚水を一定の流量で行い時間 T_p[h]要したとすると，1[s]間当たりの揚水量 Q は，

$$Q = \frac{V}{3\,600\,T_p}\,[\mathrm{m^3/s}]$$

なので，揚水電力は（2）式より，

$$P_p = \frac{9.8QH_p}{\eta_p\eta_m} = \frac{9.8VH_p}{3\,600\,T_p\eta_p\eta_m}\,[\mathrm{kW}]$$

となる．したがって，電力量 W_p は次式で表される．

$$W_p = P_pT_p = \frac{9.8VH_p}{3\,600\,T_p\eta_p\eta_m}T_p = \frac{9.8VH_p}{3\,600\,\eta_p\eta_m}\,[\mathrm{kW\cdot h}] \tag{3}$$

4．純揚水式発電所の総合効率

揚水に要した電力量に対する，その水で発電できる発電電力量の比を**純揚水式発電所の総合効率**という．

揚水量 $V[\mathrm{m^3}]$ を $T_g[\mathrm{h}]$ の間，一定流量で発電したときの発生電力 P_g は，使用流量 Q が $Q = V/3\,600\,T_g[\mathrm{m^3/s}]$ なので，発電機効率を η_g，水車効率を η_w，有効落差を $H_e[\mathrm{m}]$ とすると，

$$P_g = 9.8QH_e\eta_w\eta_g = \frac{9.8VH_e\eta_w\eta_g}{3\,600\,T_g}\,[\mathrm{kW}]$$

となるので，$T_g[\mathrm{h}]$ の発電電力量 W_g は次式となる．

$$W_g = \frac{9.8VH_e\eta_w\eta_g}{3\,600\,T_g}T_g = \frac{9.8VH_e\eta_w\eta_g}{3\,600}\,[\mathrm{kW\cdot h}]$$

一方，揚水に要した電力量は（3）式なので，以上から純揚水式発電所の総合効率 η は次のようになる．

$$\eta = \frac{W_g}{W_p} = \frac{\dfrac{9.8VH_e\eta_w\eta_g}{3\,600}}{\dfrac{9.8VH_p}{3\,600\,\eta_p\eta_m}} = \frac{H_e}{H_p}\eta_p\eta_m\eta_w\eta_g = \frac{H_G - H_L}{H_G + H_L}\eta_p\eta_m\eta_w\eta_g \tag{4}$$

（式中の $H_G[\mathrm{m}]$ は総落差，$H_L[\mathrm{m}]$ は損失落差である）

有効落差/全揚程を「落差効率」って命名すれば，総合効率は全部の効率の積，で表せるね．

この命名が世間で周知されれば，でん子係数なんて呼ばれるかもしれないね．

ポンプ水車にもある比速度（参考）

　ポンプ水車の比速度とは，ポンプとして運転されたとき，相似形の仮想ポンプ水車を 1 m の揚程において 1 m³/s の流量で揚水できる回転速度をいう。水車の比速度と異なるのは，出力 P [kW] ではなく 1 [s] 間当たりの揚水量 Q_P [m³/s] で表し，有効落差ではなく全揚程 H_p [m] となっている点である。

　次に，ポンプ水車の比速度の導き方の 1 例を示す。理論揚水電力 P_0 は $9.8Q_pH_p$ [kW] であるから，水車の比速度の式において $P \to P_0$ に，$H \to H_p$ と置き換えて整理すると次のようになる。

$$N_S = N \frac{P^{1/2}}{H^{5/4}} \quad \cdots 水車の比速度$$

$$N_S = N \frac{(P_0)^{1/2}}{H_p^{5/4}} = N \frac{(9.8Q_pH_p)^{1/2}}{H_p^{5/4}} = N \frac{(9.8)^{1/2}Q_p^{1/2}H_p^{1/2}}{H_p^{5/4}}$$

$$= N \frac{(9.8)^{1/2}Q_p^{1/2}}{H_p^{5/4}H_p^{-1/2}} = N \frac{(9.8)^{1/2}Q_p^{1/2}}{H_p^{3/4}}$$

　この式中の係数 $(9.8)^{1/2}$ を 1 とすれば，ポンプ水車の比速度 N_{SP} が得られる。なお，単位 [m・(m³/s)] は，単位揚程，単位流量を意味するために付けられたものである。

$$N_{SP} = N \frac{Q_p^{1/2}}{H_p^{3/4}} [\text{m} \cdot (\text{m}^3/\text{s})]$$

係数を取っちゃってもいいの？

比速度はポンプ(水車)の特性を表す指標(目安)なんだ。だから，単位も数式のものと一致していない。つまり，係数にはあまり意味がない。

> **実践・解き方コーナー**

問題1 🔋🔋 ある揚水発電所において，5 000 MW·h の電力量を使用して $15\times10^6\,\mathrm{m}^3$ の水量を揚水した。このときの全揚程[m]の値として，最も近いものを次の（1）〜（5）のうちから一つ選べ。ただし，ポンプ効率を 86 %，電動機効率を 98 % とし，揚水によって全揚程は変わらないものとする。

（1）89 （2）103 （3）122 （4）139 （5）142

- -

解答 全揚程を $H_\mathrm{p}[\mathrm{m}]$，揚水量を $V[\mathrm{m}^3]$，ポンプ効率を η_p，電動機効率を η_m とするとき，電力量 $W[\mathrm{kW\cdot h}]$ は次式で表される。

$$W=\frac{9.8\,VH_\mathrm{p}}{3\,600\,\eta_\mathrm{p}\eta_\mathrm{m}}\,[\mathrm{kW\cdot h}]$$

これより，

$$H_\mathrm{p}=\frac{3\,600\,\eta_\mathrm{p}\eta_\mathrm{m}W}{9.8\,V}=\frac{3\,600\times0.86\times0.98\times5\,000\times10^3}{9.8\times15\times10^6}$$

$$=103.2[\mathrm{m}]\quad\rightarrow\quad103\,\mathrm{m}$$

となる。したがって，正解は（2）となる。

問題2 🔋🔋 総落差 250 m の純揚水式発電所がある。最大揚水量が $60\,\mathrm{m}^3/\mathrm{s}$ で損失落差が総落差の 4 % のとき，揚水に要する最大所要電力[MW]の値として，最も近いものを次の（1）〜（5）のうちから一つ選べ。ただし，この純揚水式発電所の総合効率は 68 %，水車効率を 88 %，発電機効率及び電動機効率はともに等しく 98 % とする。

（1）146 （2）157 （3）168 （4）179 （5）219

- -

考え方 揚水に要する電力は，1[s]間当たりの揚水量，全揚程，ポンプ効率，電動機効率が必要であるが，問題文にはポンプ効率と全揚程が与えられていないので，純揚水式発電所の総合効率からポンプ効率を求め，損失落差から全揚程を求める。

解答 損失落差は $250\times0.04=10[\mathrm{m}]$ なので，全揚程は 260 m となる。また，ポンプ効率 η_p は，純揚水式発電所の総合効率を使い次のように計算できる。

$$0.68=\frac{250-10}{250+10}\times\eta_\mathrm{p}\times0.98\times0.88\times0.98$$

$$\eta_\mathrm{p}\fallingdotseq0.871\,6$$

これより，揚水に要する最大所要電力 P_p は，

$$P_\mathrm{p}=\frac{9.8\times60\times260}{0.871\,6\times0.98}\fallingdotseq179\,000[\mathrm{kW}]=179[\mathrm{MW}]$$

となる。したがって，正解は（4）となる。

問題3 　上部貯水池水面と下部貯水池水面の標高差が 150 m の純揚水式発電所がある。水圧管のこう長は 210 m，水圧管の損失落差は揚水及び発電の場合ともに水圧管こう長の 2.38 %，ポンプ及び水車の効率はそれぞれ 85 %，電動機及び発電機の効率はそれぞれ 98 % である。揚水時の揚水量[m³/s]と発電時の使用水量[m³/s]が等しいとしたとき，揚水電力に対する発電電力の比[%]の値として，最も近いものを次の(1)～(5)のうちから一つ選べ。ただし，揚水時の全揚程，発電時の有効落差は一定とする。
（1）64.9　　（2）67.1　　（3）69.4　　（4）71.8　　（5）77.9

解　答　損失落差は 210×0.023 8≒5[m]なので，全揚程は 150+5＝155[m]，有効落差は 150−5＝145[m]である。1[s]間当たりの揚水量と使用水量を Q[m³/s]として，揚水電力 P_p と発電電力 P_g を計算すると次のようになる。

$$P_p = \frac{9.8 \times Q \times 155}{0.85 \times 0.98} [\text{kW}], \quad P_g = 9.8 \times Q \times 145 \times 0.85 \times 0.98 [\text{kW}]$$

これより，

$$\frac{P_g}{P_p} = \frac{145}{155} \times 0.85 \times 0.98 \times 0.85 \times 0.98 \fallingdotseq 0.649 \quad \rightarrow \quad 64.9\ \%$$

したがって，正解は（1）となる。

補　足　この解答は，純揚水式発電所の総合効率と同じ値である。この問題のように，1[s]間当たりの揚水量[m³/s]と使用水量[m³/s]が等しい場合は，揚水電力量に対する発電電力量の比は，揚水電力に対する発電電力の比と等しくなる。

出題ランク ★★★

6 汽力発電

火力発電と汽力発電はどう違うの？

火力発電は石油，石炭，天然ガスなどを燃やす発電のこと。汽力発電は火力発電の一種で，火力の熱を水蒸気で機械力に変換する方式をいう。

✓ 重要事項・公式チェック

1 空気・燃焼ガスの流れと主な関連装置

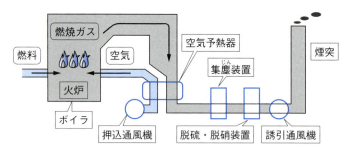

図1　空気・燃焼ガスの流れと主な関連装置

2 水・蒸気の流れと主な関連装置

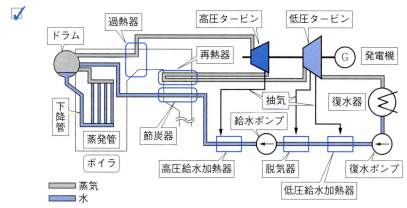

図2　水・蒸気の流れと主な関連装置（自然循環ボイラの例）

例題チャレンジ！

例題1 汽力発電所において，ボイラの燃焼ガスが火炉から煙突に至る間に通過する，主な機器の順序を示したものとして，正しいものを次の（1）～（5）のうちから一つ選べ。

（1） 節炭器→過熱器→集塵装置 →空気予熱器
（2） 過熱器→節炭器→空気予熱器→集塵装置
（3） 空気予熱器→節炭器→過熱器→集塵装置
（4） 空気予熱器→集塵装置 →節炭器→過熱器
（5） 集塵装置 →空気予熱器→過熱器→節炭器

ヒント 最も高温を必要とする過熱器（解答にはないが次に再熱器）が火炉に一番近い。次に，節炭器，空気予熱器の順で燃焼ガスの余熱を回収する。最後にばい煙や粉塵を集塵装置で取り除き，さらに，解答にはないが NO_x, SO_x などの大気汚染物質を除去して煙突より排出する。

解 答 ヒント及び，図1に示す燃焼ガスの流れと主な装置を参照。したがって，正解は（2）となる。

例題2 ランキンサイクルを採用し，ボイラにドラムを有する汽力発電所の水及び蒸気の循環において，ドラムで発生した蒸気が復水され再びドラムまで戻る間に通過する，主な機器の順序を示したものとして，正しいものを次の（1）～（5）のうちから一つ選べ。

（1） 過熱器→タービン→復水器→給水ポンプ→節炭器
（2） 過熱器→節炭器→タービン→給水ポンプ→復水器
（3） タービン→過熱器→節炭器→注水ポンプ→復水器
（4） 復水器→過熱器→タービン→節炭器→給水ポンプ
（5） 復水器→タービン→節炭器→給水ポンプ→過熱器

ヒント 蒸気は過熱器で過熱蒸気となってタービンに導かれ仕事をする。仕事を終えた蒸気は復水器で水になり，給水ポンプ，節炭器を経て再びドラムに戻る。ランキンサイクルは，単元 7 「熱サイクル」を参照。

解 答 ヒント及び図2を参照。したがって，正解は（1）となる。

6

汽力発電

49

なるほど解説

1．ボイラ
（1） ボイラと関連設備
① 火炉（燃焼室）
燃料と空気を混合し完全燃焼させ，高温の燃焼ガスを発生させる装置を火炉または燃焼室といい，火炉内に設置された蒸発管の水を沸騰させる。なお，特に必要のない限り「水蒸気」を単に「蒸気」と記す。

② ドラム
水分と飽和蒸気を分離し，給水を注入する円筒形の装置をドラムという。ただし，貫流ボイラ（図3(b)参照）には設置されない。

③ 過熱器
蒸発管で発生した飽和蒸気（湿り蒸気）を加熱し過熱蒸気（乾き蒸気）にする装置を過熱器という。過熱器を出た過熱蒸気は高圧タービンへ送られる。

④ 再熱器
高圧タービンで仕事をして低圧低温となった蒸気を再加熱する装置を再熱器という。再熱器で高温となった蒸気は低圧タービンに送られる。

⑤ 節炭器
過熱器及び再熱器を通過した燃焼ガスから余熱を回収し，ボイラ給水を加熱する装置を節炭器という。余熱回収により，ボイラ効率を高めることができる。

 節炭器って，炭（燃料）を節約するっていう意味かな？

 そうだね。節炭器でボイラ効率が高まるから，炭を節約できるわけだ。別名エコノマイザという。

なお，空気予熱器は通風設備で解説する。

（2） ボイラの種類
ボイラは水の流れ方から，次の三つに分類される。

① 自然循環ボイラ
図2で示すボイラのように，蒸発管で加熱された水は下降管内の水よりも密度が小さくなるため，水は蒸発管と下降管を自然循環する。このようなボイラを自然循環ボイラという。比較的水圧の低いボイラで使用される。

② 強制循環ボイラ

比較的圧力が高い（水の臨界圧より低い）ボイラでは，水の密度差が小さくなり自然循環が起こりにくくなる。このため，図3(a)のように下降管の途中に循環ポンプを設け，強制的に水を循環させる。このボイラを**強制循環ボイラ**という。

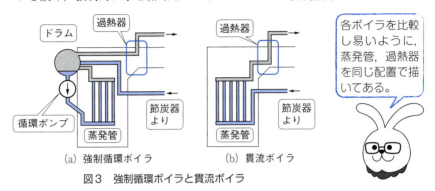

(a) 強制循環ボイラ　　(b) 貫流ボイラ

図3　強制循環ボイラと貫流ボイラ

③ 貫流ボイラ

水は圧力を臨界圧以上に高めると水と蒸気の密度が等しくなるため，ボイラの入口から給水ポンプで押し込まれた水は，火炉内の管内を流れる間に過熱蒸気となりボイラ出口から送り出される。このためドラムは不要となる。このような超臨界圧で使用するボイラを貫流ボイラという。

（3）ボイラの保安装置

ボイラ蒸気圧が一定値以上で蒸気を放出させる装置を安全弁といい，ドラム，過熱器，再熱器などに取り付けられる。その他に，ドラムの水位を監視するドラム水位警報器，事故時にボイラ燃料を遮断する燃料遮断装置（マスターフェールトリップリレー）などがある。

2．通風設備

燃焼用の空気をボイラに送り込むための送風機を押込通風機という。通風機を出た空気は空気予熱器で燃焼ガスの余熱を回収し，ボイラに送り込まれる。余熱回収により，ボイラ効率を高めることができる。

3．環境対策設備

（1）集塵装置

燃焼で生じる灰塵を除去するため，電気集塵装置が設けられる。円筒形電気集塵装置は，中心に負極の放電電極，周囲に正極の集塵電極がある。両極間に直流高電圧を加えることで，排ガス中の粒子は負極のコロナ放電で負イオンに帯電し，

周囲の集塵電極に吸着・除去される。

（2） 脱流, 脱硝装置

硫黄酸化物（SO_x）を石灰と水により吸着除去させる排煙脱硫装置や, 窒素酸化物（NO_x）を触媒とアンモニアにより水と窒素ガスに還元分解して除去する排煙脱硝装置が煙道に設置される。また, 窒素酸化物は, ボイラの酸素濃度を低下させ燃焼温度を下げることでも低減できる。

（3） 煙突

高い集合煙突を採用することで, 排気ガスを大気中に拡散しやすいようにし, 地表の濃度を低減させることができる。

4. 蒸気タービン

蒸気の熱エネルギーを機械エネルギーに変換する装置であり, 蒸気の作用により衝動タービンと反動タービンに分類される。衝動タービンは, 蒸気圧をノズルで高速蒸気に変え羽根に当てることで回転力を得る。反動タービンは, 固定羽根で圧力を下げることで速度を上げた蒸気の衝動力と, 蒸気が羽根から離れるときの反動力で回転力を得る。

また, 蒸気の処理方法により, 復水タービンと背圧タービンに分類される。前者は発電目的用であり, 後者は工場等で蒸気を必要とする場合に用いられる。

発電用の復水タービンには, タービンで仕事の途中の蒸気を抽気して給水の加熱に用いる再生タービンと, 高圧タービンで仕事を終えた低圧蒸気を再熱器で加熱し低圧タービンを駆動する再熱タービンがある。通常は熱効率を高めるために, 両方式を併用した再熱再生タービンを用いる。

タービンの速度制御は, 調速機がタービン入口にある蒸気加減弁を開閉し, 蒸気量を調節することで行う。また, 非常調速機はタービン定格速度の111％以下で作動し, 蒸気弁を閉じる。その他, 軸受の状態異変や発電機事故, 復水器の真空度の低下等で緊急停止する保安装置が備えられている。

また, タービン起動前及び停止後においてロータを低速で回転させるターニング装置を備えている。これにより, ロータの温度分布を一様にしてロータがゆが

むのを防ぐ。

補足 蒸気の熱エネルギーを効率よく機械エネルギーに変換するため，蒸気タービンは高速回転となる。このため，タービン発電機の極数は2極とし，蒸気タービンは50 Hzの場合は3 000 min⁻¹，60 Hzの場合は3 600 min⁻¹で運転される。

5．復水器

タービンで仕事を終えた蒸気を冷却して，水に変える装置を復水器という。蒸気は，復水器内の冷却水（通常は海水）が流れる冷却管に触れることで凝縮（凝結ともいう）し水となる。このような復水器を表面復水器という。復水器に溜まった水は復水ポンプで給水設備に送られる。

復水器は，タービンの背圧をほぼ真空に近い状態まで下げることで，タービン室効率を高めることができる。このため，不凝縮ガスを排気するための空気抽出機が付属設置されている。

蒸気を冷やして水にすると，大量の熱を捨てることになるよね。もったいない！

それが熱効率が低下する原因なんだが，熱を捨てないと熱サイクルにならず，熱から機械力を取り出すことができない，という宿命があるんだ。

6．給水設備

（1）給水ポンプ

高圧のボイラ内に水を押し込むためのポンプを給水ポンプという。給水ポンプは極めて重要な機器なので，必ず予備機を設ける。給水ポンプは，大容量発電所において蒸気タービンで駆動するものを除き，電動機駆動が一般的である。

（2）給水加熱器

再生タービンにおいて，タービンから抽気した蒸気を用いて給水を加熱すると熱効率が高められる。この目的で設置された設備を給水加熱器という。給水ポンプ吸込側のものを低圧給水加熱器，給水ポンプ吐出側のものを高圧給水加熱器という。

（3）脱気器

給水に解けている酸素 O_2 や二酸化炭素 CO_2 は，ボイラ，配管等の腐食の原因となる。これらを取り除く装置を脱気器という。

ボイラ用の水について

水道水は，見た目が無色透明でも色々な不純物（イオンや塩類）が溶解している。このうち，Ca 塩や Mg 塩，けい酸塩等は水管に析出して**スケール**となったり，ドラムに**スラッジ**として堆積し，水の循環を妨げる。また，O_2 や CO_2 は水の pH（水素イオン濃度）の変化をもたらし，水管等の腐食の原因となる。このため，ボイラ給水として使用するには給水処理をして，これら不純物を取り除き純水を作る必要がある。これを，給水の**一次水処理**または**ボイラ外処理**と呼んでいる。また，循環系統の中で行われる pH 調整等は**二次水処理**または**ボイラ内処理**と呼ばれる。

これは，水管の「動脈硬化」だね。

発電用燃料について

発電用燃料は主に石炭，石油，LNG（液化天然ガス）が使われる。

石炭は，埋蔵量が多く広い地域で産するので安価であるが，微粉炭燃焼のため乾燥や粉砕が必要となる。

石油は，主に重油が用いられていたが，現在は大気汚染の原因となる硫黄分の含有比率の低い原油生だきなどが行われている。輸送，貯蔵が容易であるが，産油地域に偏りがありエネルギーセキュリティに問題がある。

LNG は，メタン（CH_4）が主成分で硫黄分を含まず環境対策上優れる。埋蔵量も比較的多く産地も広く分布し，安定供給が期待できるなどメリットが多いので，新設火力に採用されることが多い。

実践・解き方コーナー

問題1　火力発電所の環境対策に関する記述として，誤っているものを次の（1）～（5）のうちから一つ選べ。
（1）燃料として天然ガス（LNG）を使用することは，硫黄酸化物による大気汚染防止に有効である。
（2）排煙脱硫装置は，硫黄酸化物を粉状の石灰と水との混合液に吸収させ除去する。
（3）ボイラにおける酸素濃度の低下を図ることは，窒素酸化物低減に有効である。
（4）電気集塵器は，電極に高電圧をかけ，ガス中の粒子をコロナ放電で放電電極から放出される正イオンによって帯電させ，分離・除去する。

（5） 排煙脱硝装置は，窒素酸化物を触媒とアンモニアにより除去する。

(平成 22 年度)

解 答 （1）は正しい。天然ガスの成分はメタン CH_4 であり，硫黄分を含まない。
（2）は正しい。酸性の硫黄酸化物と塩基性の石灰水の中和反応が起こる。（3）は正しい。酸素濃度を低下させると燃焼温度が低く抑えられることで，窒素酸化物の発生を低減できる。（4）は誤り。負極でコロナ放電を起こし，粒子を負イオンにする。（5）は正しい。記述のとおり。したがって，正解は（4）となる。

問題2 火力発電所のボイラ設備の説明として，誤っているものを次の（1）～（5）のうちから一つ選べ。
（1） ドラムとは，水分と飽和蒸気を分離するほか，蒸発管への送水などをする装置である。
（2） 過熱器とは，ドラムなどで発生した飽和蒸気を乾燥した蒸気にするものである。
（3） 再熱器とは，熱効率向上のため，一度高圧タービンで仕事をした蒸気をボイラに戻し加熱するためのものである。
（4） 節炭器とは，ボイラで発生した蒸気を利用して，ボイラの給水を加熱し，熱回収することによって，ボイラ全体の効率を高めるためのものである。
（5） 空気予熱器とは，火炉に吹き込む燃焼用空気を，煙道を通る燃焼ガスによって加熱し，ボイラ効率を高めるための熱交換器である。

(平成 23 年度)

解 答 （1）は正しい。なお，貫流ボイラにはドラムはない。（2）は正しい。過熱器は飽和蒸気を高温の過熱蒸気にする。（3）は正しい。低温低圧の蒸気を高温の蒸気にして低圧タービンに供給する。（4）は誤り。ボイラで発生した燃焼ガスの余熱を回収する。（5）は正しい。節炭器同様，燃焼ガスの余熱を回収し熱効率を高める。したがって，正解は（4）となる。

問題3 汽力発電所における蒸気の作用及び機能や用途による蒸気タービンの分類に関する記述として，誤っているものを次の（1）～（5）のうちから一つ選べ。
（1） 復水タービンは，タービンの排気を復水器で復水させて高真空とすることにより，タービンに流入した蒸気をごく低圧まで膨張させるタービンである。
（2） 背圧タービンは，タービンで仕事をした蒸気を復水器に導かず，工場用蒸気及び必要箇所に送気するタービンである。
（3） 反動タービンは，固定羽根で蒸気圧力を上昇させ，蒸気が回転羽根に衝突する

力と回転羽根から排気するときの力を利用して回転させるタービンである。

（4） 衝動タービンは，蒸気が回転羽根に衝突するときに生じる力によって回転させるタービンである。

（5） 再生タービンは，ボイラ給水を加熱するため，タービン中間段から一部の蒸気を取り出すようにしたタービンである。

(平成 25 年度)

解答 （1）は正しい。記述のとおり。（2）は正しい。復水器で捨てる熱を利用できるので，総合の熱効率が高くなる。（3）は誤り。固定羽根で蒸気圧力を下げ蒸気速度を上げ回転羽根に衝突させ，その衝動力と，回転羽根から排気するときの反動力を利用する。（4）は正しい。蒸気圧力をノズルで高速蒸気に変え，回転羽根に衝突させる。（5）は正しい。タービンの出力も減少するが，抽気により復水器での熱損失分を回収できるため，総合的に熱効率は高くなる。したがって，正解は（3）となる。

問題4 🌱🌱 汽力発電所の復水器に関する一般的説明として，誤っているものを次の（1）～（5）のうちから一つ選べ。

（1） 汽力発電所で最も大きな損失は，復水器の冷却水に持ち去られる熱量である。

（2） 復水器の真空度が高くなると，発電所の熱効率は低下する。

（3） 汽力発電所では一般的に表面復水器が多く用いられている。

（4） 復水器の冷却水の温度が低くなるほど，復水器の真空度は高くなる。

（5） 復水器の補機として，復水器内の気体を排出する装置がある。

(平成 23 年度)

解答 （1）は正しい。このため，大容量汽力発電所の発電端効率は 40～43 % 程度である。（2）は誤り。真空度を高めると，タービン入口と出口の圧力差が大きくなるので熱効率が向上する。（3）は正しい。表面復水器は，冷却水が流れる冷却管に蒸気を接触させ，蒸気を凝縮させる。（4）は正しい。冷却水温度が低いほど蒸気から多くの熱を奪うことができ，蒸気の凝縮を促進できる。（5）は正しい。復水器内を真空に近い状態にするために，不凝縮の気体を排気する装置が設置される。したがって，正解は（2）となる。

出題ランク ★★☆

7 熱サイクル

エネルギーは姿を変えるから，熱から機械力を得ることもできるんでしょう？

できるが，熱はちょっと特別だ。「不可逆変化」が起こるためだよ。

✓ 重要事項・公式チェック

1 ランキンサイクル

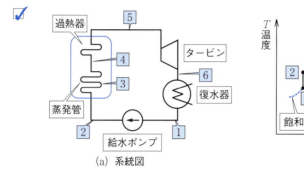

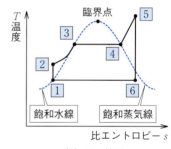

(a) 系統図　　　　　　(b) T-s 線図

図1　ランキンサイクル

2 ランキンサイクルの各過程

① 1→2　断熱圧縮(熱量の出入りなく水をポンプで圧縮)
② 2→3　等圧受熱(熱量を受け飽和水まで加熱)
③ 3→4　等圧受熱(熱量を受け飽和蒸気になる)
④ 4→5　等圧受熱(熱量を受け過熱蒸気になる)
⑤ 5→6　断熱膨張(熱量の出入りなくタービン内で膨張)
⑥ 6→1　等圧放熱(熱量を放出して凝縮し水となる)

例題チャレンジ！

例題 図2は汽力発電所のランキンサイクルを $T\text{-}s$ 線図で表したものである。次の記述について，誤っているものを次の(1)〜(5)のうちから一つ選べ

(1) a→bの過程では，水は受熱も放熱もしていない。

(2) c→dの過程では，水は蒸発して湿り蒸気となる。

(3) eの状態は，高温の過熱蒸気である。

(4) f→aの過程で，蒸気は外部に対して仕事をする。

(5) 点abcdefで囲まれた面積は，熱エネルギーが外部に対してした仕事を表している。

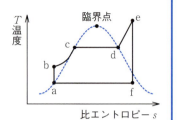

図2 $T\text{-}s$ 図

ヒント ランキンサイクルの $T\text{-}s$ 線図における各状態や過程と，系統図中の機器との対応を覚えておくことが重要である。熱は，タービンにおいて断熱膨張することで仕事をする。

解答 (1)は正しい。a→bの過程は，給水ポンプによる断熱圧縮過程である。(2)は正しい。飽和温度一定の状態で，水は蒸発していく。この間の蒸気は微細な水滴を含むので湿り蒸気の状態にある。(3)は正しい。eの状態は，過熱器を出て過熱蒸気(乾き蒸気)となっている。(4)は誤り。熱がする仕事はe→fの断熱膨張過程で行われる。f→aの過程は，復水器で放熱しながら蒸気が凝縮して水になる過程である。(5)は正しい。「豆知識」を参照。したがって，正解は(4)となる。

なるほど解説

1．これだけ知っておきたい熱力学の基礎

(1) 熱力学の第1法則

図3のようにシリンダー(注射器でもよい)内の気体に外部から熱量 ΔQ[J]を与えると，気体の温度が上昇するとともに気体が膨張してピストンを押し，熱量が機械エネルギーとなり ΔW[J]の仕事をする。このとき，熱がすべて機械的な

仕事に変わったわけではなく，一部は気体を暖めることに使われる。気体の温度は，気体分子のエネルギーの平均値を表すことがわかっているので，温度上昇に必要なエネルギーを内部エネルギーと呼び ΔU で表すと，エネルギー保存の法則より次式が成り立つ。

図3　熱がする仕事

$$\Delta Q = \Delta U + \Delta W \quad (\Delta \text{記号は変化量の意味}) \tag{1}$$

これを，熱力学の第1法則という。

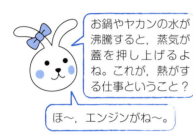

お鍋やヤカンの水が沸騰すると，蒸気が蓋を押し上げるよね。これが，熱がする仕事ということ？

ほ～，エンジンがね～。

その通り。ジェームズ・ワットはこれに目を付け蒸気機関を作った。図3はエンジンのシリンダーと思ってもいい。シリンダー内で燃料を燃やして熱を発生させると，ピストンを押して，車が動く。

（2）熱力学の第2法則

例えば機械ブレーキは，回転ディスクをブレーキパッドで押しつけ摩擦を起こし，機械エネルギーを熱エネルギーに変換することで回転を止める。このように，力学的エネルギーは自然の状態で100%熱エネルギーに変換できる。しかし，逆に物体が周囲の熱を自然に取り込み，独りでに動き出すことはない。このように，元の状態に自然に戻れない変化を不可逆変化または熱力学の第2法則という。

熱力学の第2法則は様々な表現がなされている。例えば図4のように，温度 $T_1[\text{K}]$，$T_2[\text{K}]$（$T_1 > T_2$）が一定である二つの熱源A，Bがあるとき，自然の状態では熱量 $\Delta Q[\text{J}]$ は高

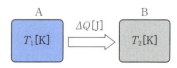

図4　熱の移動は不可逆変化

温熱源から低温熱源に移動し，その逆は起きない（不可逆変化）。これも，熱力学の第2法則を表している。ここで，熱量の増加を $\Delta Q[\text{J}]$，温度 $T[\text{K}]$ として次の量 ΔS を定義する。これをエントロピーの増加量という。

$$\Delta S = \frac{\Delta Q}{T} [\text{J/K}] \tag{2}$$

これより，熱量の増加を正とすると，図4のA，Bのエントロピーの増加量 ΔS_1 及び ΔS_2 は次式で表される。

$$\Delta S_1 = -\frac{\Delta Q}{T_1}, \quad \Delta S_2 = \frac{\Delta Q}{T_2}$$

このとき，A，Bを含む系全体でのエントロピーの変化 ΔS は，

$$\Delta S = \Delta S_1 + \Delta S_2 = -\frac{\Delta Q}{T_1} + \frac{\Delta Q}{T_2} = \Delta Q \left(\frac{1}{T_2} - \frac{1}{T_1} \right) > 0$$

となる。これは，自然界においてエントロピーが常に増大する方向に変化が進むことを示しており，これをエントロピー増大の法則ともいう。これも熱力学の第2法則を表している。

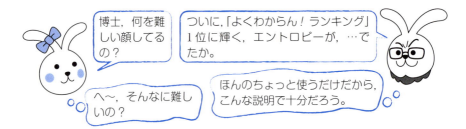

なお，1kg 当たりのエントロピーを比エントロピーといい，記号を s，単位を $[J/(K \cdot kg)]$ で表す。

2．熱サイクル

（1） 熱機関と熱サイクル

図3の例では，シリンダーとピストンを使い機械力を得ることはできるが，気体の温度が熱源と等しくなってしまうと膨張は止まり，これ以上機械力は得られない。熱を持続的に機械力に変換するには，熱機関と呼ぶ装置が必要になる。

熱機関は，気体を加熱・冷却，圧縮・膨張などの状態変化を一巡させるなかで，熱を機械力に変換する。これを熱サイクルという。このとき，持続的に機械力を得るためには，一巡した気体は元の状態に戻っている必要がある。以後，気体は同じ過程を繰り返す。

（2） 水・蒸気の変化と T-s 線図

縦軸を温度 T，横軸を比エントロピー s で表した関係図を T-s 線図という。図5は，水を等圧（一定圧力）で加熱したときの状態変化を表す T-s 線図である。a の状態にある水を加熱すると温度が上昇するが，加える熱量のために比エントロピーも増加し b に至る。b の状態は，水と蒸気の境界にあり（飽和水線が境界）飽和水という。以後の加熱では熱量は蒸発に使われ，すべての水が蒸発する c まで

の間一定温度(飽和温度)となる。この間，定温で熱量が加わるため比エントロピーは増加する。b–c 間は蒸気と微細な水滴が混在する状態で，これを湿り蒸気という。c の状態は，湿り蒸気と完全に蒸発して水滴のない乾き蒸気との境界にあり(飽和蒸気線が境界)，以後の加熱で乾き蒸気は比エントロピーを増しながら温度が上昇し，十分な熱量を保有する過熱蒸気の状態 d に至る。

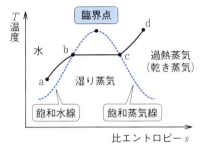

圧力が上がると，水の特性曲線は上方にシフトし，臨界点以上で，水と蒸気は同じ密度になり，区別がつかなくなる(貫流ボイラ参照)。

図5　水の等圧による加熱

(3) ランキンサイクル

水蒸気を動作流体とする汽力発電所の基本サイクルを，ランキンサイクルという。動作流体の状態変化を表すのに，縦軸を温度，横軸を比エントロピーで表した T–s 線図が一般に用いられる(図6(a)参照)。また，縦軸を圧力 p，横軸を体積 v で表した p–v 線図で表すと図6(b)となる。

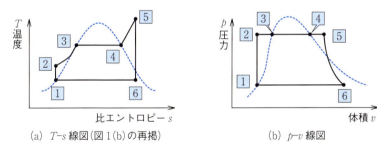

(a) T–s 線図(図1(b)の再掲)　　(b) p–v 線図

図6　ランキンサイクルの T–s 線図と p–v 線図

① 1→2 の過程

等エントロピーなので(2)式より $\Delta s = \Delta S = \Delta Q = 0$ となり，(1)式より $\Delta Q = \Delta U + \Delta W = 0 \rightarrow \Delta U = -\Delta W$ が成り立つ。この過程は，$-\Delta W$ が外部からなされた仕事(圧縮)により内部エネルギー ΔU (温度)が増し，しかも熱の出入りがない($\Delta Q = 0$)ので，断熱圧縮と呼ばれる。図1(a)の系統図では，給水ポンプにより水がボイラ内の圧力に加圧され押し込まれる過程である。

② 2→3 の過程

等圧で受熱することで水は比エントロピーと温度を増し，飽和水に達する。図1(a)の系統図では，水がボイラの蒸発管で加熱され飽和水に達する過程であり，等圧受熱と呼ばれる。

③ 3→4 の過程

3の状態は沸点に相当し，等圧受熱で水は蒸発して湿り蒸気の状態になり，最終的に飽和蒸気となる。図1(a)の系統図では，ドラムで蒸気・水が分離され過熱器に向かう過程である。

④ 4→5 の過程

等圧受熱により，飽和蒸気はさらに熱量を蓄え過熱蒸気となる。図1(a)の系統図では，過熱器を蒸気が通過する過程である。なお，過熱蒸気と飽和蒸気の温度差を過熱度という。

⑤ 5→6 の過程

$\Delta s = \Delta S = \Delta Q = 0$ の断熱状態で蒸気温度が下がり内部エネルギーの変化がマイナスとなるので，$-\Delta U = \Delta W$ より蒸気は膨張して仕事をする。この状態変化を断熱膨張と呼ぶ。図1(a)の系統図では，過熱蒸気がタービン内で仕事をする過程である。

⑥ 6→1 の過程

仕事を終えた蒸気が，等圧で放熱し水に凝縮する。この間は，蒸気が潜熱の放熱を行うため一定温度となり，放熱のために比エントロピーが減少する過程で，等圧放熱と呼ばれる。図1(a)の系統図では，復水器による復水の過程である。

3．再熱サイクル

蒸気タービンを高圧と低圧に分け，高圧タービンで仕事を終えた蒸気を再熱器で再び加熱し，高温蒸気として低圧タービンで使用することで熱効率が向上する。これを再熱サイクルという。

4．再生サイクル

タービンで膨張途中の蒸気の一部を抽気して給水を加熱すると，タービンの仕事量は減少するが，復水器で捨てられる熱量が減少するため全体の熱効率が向上する。これを再生サイクルという。

5．再熱再生サイクル

再熱サイクルと再生サイクルを併用したものを再熱再生サイクルといい，一般に汽力発電所ではこのサイクルが用いられる(図7参照)。

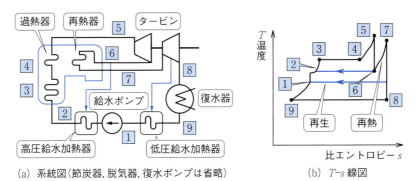

(a) 系統図（節炭器，脱気器，復水ポンプは省略）　　(b) T-s 線図

図7　再熱再生サイクル

豆知識

T-s 線図から読み取る熱効率

熱効率　$\eta = \dfrac{面積1}{面積1 + 面積2}$

面積1は熱がした仕事
面積2は放熱量
面積1 + 面積2は加えられた熱量

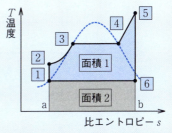

図8　ランキンサイクルの熱効率

　比エントロピーの単位は[J/(K·kg)]なので，比エントロピーと温度の積は1 kg 当たりの熱量を表す。図8のように，点 a123456b で囲まれた面積（面積1 + 面積2）は T と s の積なので，状態変化が一巡する間に1 kg 当たりの蒸気・水に加えられた熱量を表す。一方，点 a16b で囲まれた面積（面積2）は，復水器で捨て去られる熱量を表すので，差し引き面積1は，状態変化が一巡する間に1 kg 当たりの蒸気・水がした仕事を表す。一般に熱機関では，1の状態における温度は常温となるため，面積2が必ず生じる。このため，熱を100 % 機械力に変えることはできない。

実践・解き方コーナー

問題1 汽力発電所に使用される水蒸気に関する記述として，誤っているものを次の(1)〜(5)のうちから一つ選べ。

(1) 飽和蒸気に水滴が含まれた蒸気を湿り蒸気という。

(2) 湿り蒸気を一定圧力の下で加熱すると乾き蒸気になり，さらに加熱すると過熱蒸気となる。

(3) 過熱蒸気の温度の，その圧力に相当する飽和蒸気の温度に対する比を過熱度という。

(4) 蒸発の潜熱は，圧力が高くなるほど減少し，臨界圧力になると零になる。

(5) 臨界圧力以上では水と蒸気の密度が等しくなり，水と蒸気の区別がつかなくなる。

解答 (1)は正しい。湿り蒸気1kg中にx[kg]の乾き蒸気がある場合，xを乾き度，$1-x$を湿り度という。(2)は正しい。水滴のない飽和蒸気を乾き蒸気という。(3)は誤り。過熱蒸気の温度と，その圧力に相当する飽和蒸気の温度の差を過熱度という。(4)は正しい。潜熱は水が蒸気に相変化する際に必要な気化熱であり，この変化の間の温度は一定となる。(5)は正しい。記述のとおり。したがって，正解は(3)となる。

問題2 図に示す汽力発電所の熱サイクルにおいて，各過程に関する記述として，誤っているものを次の(1)〜(5)のうちから一つ選べ。

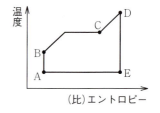

(1) A→B：給水が給水ポンプによりボイラ圧力まで高められる断熱膨張の過程である。

(2) B→C：給水がボイラ内で熱を受けて飽和蒸気になる等圧受熱の過程である。

(3) C→D：飽和蒸気がボイラの過熱器により過熱蒸気になる等圧受熱の過程である。

(4) D→E：過熱蒸気が蒸気タービンに入り復水器内の圧力まで断熱膨張する過程である。

(5) E→A：蒸気が復水器内で海水などにより冷やされ凝縮した水となる等圧放熱の過程である。

(平成26年度)

解答 (1)は誤り。この過程は断熱圧縮である。(2)は正しい。等圧受熱により，図の斜めの線が給水が飽和温度まで加熱される過程で，平らな部分が飽和蒸気(湿り蒸

気)の過程である。(3)は正しい。Cの状態で乾き蒸気となり，さらに等圧受熱により過熱蒸気となる。(4)は正しい。(比)エントロピーに変化がないので断熱であり，膨張により温度，圧力が低下する断熱膨張過程である。(5)は正しい。気化熱に相当する熱エネルギーが捨てられる等圧放熱であり，これが汽力発電における大きな熱損失となる。したがって，正解は(1)となる。

問題3 汽力発電所における再生サイクル及び再熱サイクルに関する記述として，誤っているものを次の(1)～(5)のうちから一つ選べ。
（1）再生サイクルは，タービン内の蒸気の一部を抽出(抽気)して，ボイラの給水加熱を行う熱サイクルである。
（2）再生サイクルは，復水器で失う熱量が減少するため，熱効率を向上させることができる。
（3）再生サイクルによる熱効率向上効果は，抽出する蒸気の圧力，温度が高いほど大きい。
（4）再熱サイクルは，タービンで膨張した湿り蒸気をボイラの過熱器で加熱し，再びタービンに送って膨張させる熱サイクルである。
（5）再生サイクルと再熱サイクルを組み合わせた再熱再生サイクルは，ほとんどの大容量汽力発電所で採用されている。

(平成27年度)

解答 (1)は正しい。再生タービンと給水加熱器を用いた熱サイクルを再生サイクルという。(2)は正しい。半面，タービンで仕事をする蒸気量が減るが，総合的な熱効率は向上する。(3)は正しい。記述のとおり。(4)は誤り。高圧タービンで仕事をした低圧低温の蒸気を，**再熱器**(過熱器ではない)で加熱して低圧タービンで仕事をさせるサイクルを再熱サイクルという。(5)は正しい。両サイクルを併用することで熱効率は向上する。したがって，正解は(4)となる。

問題4 図は，汽力発電所の基本的な熱サイクルの過程を，体積 V と圧力 P の関係で示した P-V 線図である。図の汽力発電の基本的な熱サイクルを ［(ア)］ サイクルという。A→Bは，給水が給水ポンプで加圧されボイラに送り込まれる ［(イ)］ の過程である。B→Cは，この給水がボイラで加熱され，飽和水から乾き蒸気となり，さらに加熱され過熱蒸気となる ［(ウ)］ の過程である。C→Dは，過熱蒸気がタービンで仕事をする ［(エ)］ の過程である。D→Aは，復水器で蒸

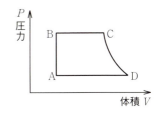

気が水に戻る　(オ)　の過程である。

上記の記述中の空白箇所(ア), (イ), (ウ), (エ)及び(オ)に当てはまる組合せとして, 正しいものを次の(1)〜(5)のうちから一つ選べ。

	(ア)	(イ)	(ウ)	(エ)	(オ)
(1)	ランキン	断熱圧縮	等圧受熱	断熱膨張	等圧放熱
(2)	ブレイトン	断熱膨張	等圧放熱	断熱圧縮	等圧放熱
(3)	ランキン	等圧受熱	断熱膨張	等圧放熱	断熱圧縮
(4)	ランキン	断熱圧縮	等圧放熱	断熱膨張	等圧受熱
(5)	ブレイトン	断熱圧縮	等圧受熱	断熱膨張	等圧放熱

(平成20年度)

解答　問題図の P-V 線図で表される汽力発電の基本的な熱サイクルをランキンサイクルという。A→Bは, 給水が給水ポンプで加圧されボイラに送り込まれる断熱圧縮の過程である。B→Cは, この給水がボイラで加熱され, 飽和水から乾き蒸気となり, さらに加熱され過熱蒸気となる等圧受熱の過程である。C→Dは, 過熱蒸気がタービンで仕事をする断熱膨張の過程である。D→Aは, 復水器で蒸気が水に戻る等圧放熱の過程である。したがって, 正解は(1)となる。

補足　p-v 線図と T-s 線図における各状態変化の過程を対応して覚えておきたい(図7-4-1参照)。p-v 線図において, B→Cは等圧受熱により体積が増加しているが, これは水が蒸気に相変化したためである。また, D→Aは逆に低圧で放熱により体積が減少しているが, これは蒸気が水に相変化したためである。

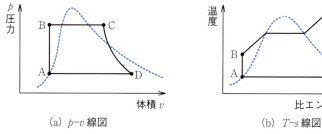

(a) p-v 線図　　(b) T-s 線図

図7-4-1

出題ランク ★★★

8 熱効率の計算

熱効率も効率だから，出力/入力で計算できるよね。

その通り。入力や出力はエネルギーだが，蒸気や水のエネルギーは，「エンタルピー」を使うんだ。

✓ 重要事項・公式チェック

1 比エンタルピー
- 質量 1 kg の蒸気・水が保有するエネルギー[J/kg]

2 色々な熱効率

① ランキンサイクルのボイラ効率　$\eta_B = \dfrac{G(h_{Bo} - h_{Bi})}{BH}$

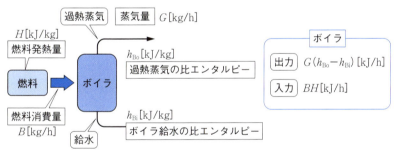

図1　ボイラの入出力と効率（ランキンサイクル）

② ランキンサイクルのタービン室効率　$\eta_T = \dfrac{3\,600 P_T}{G(h_{Ti} - h_{Co})}$

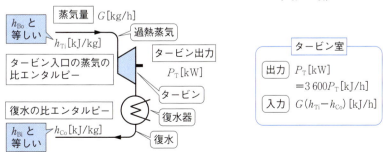

図2　タービン室の入出力と効率（ランキンサイクル）

図2なんだけど，h_{Bo}とh_{Ti}が等しいことは，ボイラとタービンが蒸気管（熱損失なし）でつながっているから納得。
でも，ボイラ給水は復水を給水ポンプで加圧するから，$h_{Bi} > h_{Co}$となって，等しくないんじゃないの？

厳密にはそうなんだが，給水ポンプでの比エンタルピーの増加はボイラやタービン，復水器における比エンタルピーの増減に比べ非常に小さいので，無視しても熱効率の計算にはほとんど影響しない。だから，$h_{Bi} = h_{Co}$として考える。ここ重要ポイントだよ！

③ 発電端熱効率　$\eta_P = \dfrac{3\,600 P_G}{BH}$

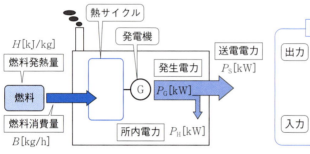

図3　汽力発電所の入出力と効率

④ 所内率　$\varepsilon = \dfrac{P_H}{P_G}$

⑤ 送電端熱効率　$\eta_S = \dfrac{3\,600(P_G - P_H)}{BH} = \eta_P(1 - \varepsilon)$

例題チャレンジ！

例題1　発電端熱効率が38.7％の汽力発電所がある。この発電所の所内率を3％一定とするとき，送電端において3×10^8 kW·hの電力量を発生するのに必要な燃料（重油）の量[kL]の値として，最も近いものを次の(1)〜(5)のうちから一つ選べ。ただし，重油の発熱量は41.7 MJ/Lとする。

（1） 66 000 　　（2） 69 000 　　（3） 73 000 　　（4） 76 000
（5） 79 000

ヒント 発電端熱効率と所内率から送電端熱効率を求めるとよい。送電端熱効率より，送電端の電力量を得るために必要な燃料の熱量が計算できる。

解　答 発電端熱効率を η_P，所内率を ε とすると，送電端熱効率 η_S は次式で求められる。

$$\eta_S = \eta_P(1-\varepsilon) = 0.387 \times (1-0.03) \fallingdotseq 0.375\,4$$

重油量を M[kL] とすると燃焼による発生熱量 Q は，

$$Q = 41.7 \times 10^3 \times M \times 10^3 \text{[kJ]}$$

であり，1[kW·h]＝3 600[kJ] なので，送電端熱効率より 3×10^8 kW·h の電力量を発生するのに必要なエネルギー W は，

$$W = \frac{3 \times 10^8 \times 3\,600}{0.375\,4} \text{[kJ]}$$

となる。$Q=W$ であるから，これより M が求められる。

$$41.7 \times 10^3 \times M \times 10^3 = \frac{3 \times 10^8 \times 3\,600}{0.375\,4}$$

$$M \fallingdotseq 69\,000 \text{[kL]}$$

となる。したがって，正解は（2）となる。

補　足 熱効率は本来エネルギーの比であるが，仕事率の比で表すこともできる。「重要事項・公式チェック」の熱効率は，1 h 当たりのエネルギー（仕事率）の入出力比として表したものである。

また，容積（リットル）の単位記号として本書では[L]を用いるが，過去問題等で[l]が用いられているものはそのまま表記した。

例題2 図4に示すランキンサイクルでタービンを駆動する汽力発電所がある。過熱蒸気の比エンタルピーが 3 478 kJ/kg，復水の比エンタルピーが 283 kJ/kg であるとき，次の（a）及び（b）の問に答えよ。ただし，ボイラ，タービン，復水器以外での比エンタルピーの増減は無視するものとする。

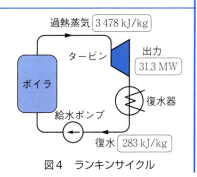

図4　ランキンサイクル

（a）　発熱量 25 MJ/kg の石炭を使用し 90 t/h の蒸気を発生させるボイラのボイラ効率が 88 ％であるとき，石炭使用量[t/h]の値として，最も近いものを次の（1）～（5）のうちから一つ選べ。

（1）　13.1　　（2）　17.8　　（3）　24.3　　（4）　28.3　　（5）　31.5

ヒント ボイラの入力は，石炭の発熱量と使用量の積であり，出力は，蒸気と給水が有する比エンタルピーの差と蒸気量との積である。

（b）　タービン出力が 31.3 MW であるとき，タービン室効率として，最も近いものを次の（1）～（5）のうちから一つ選べ。

（1）　30.6　　（2）　33.7　　（3）　36.5　　（4）　39.2　　（5）　41.5

ヒント タービン室の入力は，蒸気と復水が有する比エンタールピーの差と蒸気量との積である。出力はタービン出力である。

解答 （a）　石炭使用量を B[t/h]とすると燃焼による熱量 Q は，

$$Q=25\times10^3\times B\times10^3=25\times10^6\times B[\text{kJ/h}]$$

となる。一方，ボイラから給水及び蒸気が得た熱量 Q' は，

$$Q'=90\times10^3\times(3\,478-283)=2.875\,5\times10^8[\text{kJ/h}]$$

なので，ボイラ効率 0.88 より $0.88Q=Q'$ が成り立ち，

$$0.88\times25\times10^6\times B=2.875\,5\times10^8$$

$$B\fallingdotseq13.1[\text{t/h}]$$

となる。したがって，正解は（1）となる。

（b）　タービン室への入力は前問の Q' であり，出力 P_T は，

$$P_\text{T}=31.3[\text{MW}]=31\,300[\text{kW}]=3\,600\times31\,300[\text{kJ/h}]$$

なので，タービン室効率 η_T は，

$$\eta_\text{T}=\frac{3\,600\times31\,300}{2.875\,5\times10^8}\times100\fallingdotseq39.2[\%]$$

となる。したがって，正解は（4）となる。

なるほど解説

1．蒸気・水の保有するエネルギー

蒸気・水等の物質の内部エネルギーを U[J]，圧力を P[N/m²]，体積を V[m³]とするとき，次式で表される量 H を エンタルピー という。

$$H = U + PV \text{ [J]}$$

上式を変化量 ΔH で表すと次式となる。

$$\Delta H = \Delta U + P\Delta V + V\Delta P$$

（PV の変化量は，積の微分より $\Delta(PV) = P\Delta V + V\Delta P$ となる）

上式右辺の $\Delta U + P\Delta V$ は，熱力学の第1法則（$\Delta Q = U + P\Delta V$）より物質に与えられた熱量 ΔQ と等しいので，次の式が成り立つ。

$$\Delta H = \Delta Q + V\Delta P$$

熱サイクルにおける等圧変化は $\Delta P = 0$ なので $\Delta H = \Delta Q$ となり，エンタルピーの変化量は受熱または放熱量と等しい。また，断熱変化では $\Delta Q = 0$ なので $\Delta H = V\Delta P$ となり，エンタルピーの変化量は圧力エネルギーの変化量，すなわち仕事の変化量と等しい。つまり，エンタルピーとは物質の保有する熱エネルギーであり，エンタルピーの変化量が受熱量，放熱量，仕事を表す。

また，蒸気・水1kg当たりのエンタルピーを比エンタルピーといい，記号を h で表し単位を[kJ/kg]とする。熱効率の計算には，一般に比エンタルピーを用いる。

2．熱効率

（1） ランキンサイクルのボイラ効率

ボイラの入力は，燃料を燃焼させたときに発生する燃焼ガスの熱量 Q_{Bi}（1h当たり）であり，燃料消費量を B[kg/h]，燃料発熱量を H[kJ/kg]とすると次式となる。

$$Q_{Bi} = BH \text{ [kJ/h]}$$

ボイラの出力は蒸気・水が得た熱量 Q_{Bo}（1h当たり）であり，過熱蒸気の比エンタルピーを h_{Bo}[kJ/kg]，給水の比エンタルピーを h_{Bi}[kJ/kg]，蒸気量を G[kg/h]とすると次式となる。

$$Q_{Bo} = G(h_{Bo} - h_{Bi}) \text{ [kJ/h]}$$

したがって，ボイラ効率 η_B は次式で表される（図1参照）。

$$\eta_B = \frac{Q_{Bo}}{Q_{Bi}} = \frac{G(h_{Bo} - h_{Bi})}{BH} \qquad (1)$$

注　意　本書では，燃料の燃焼による発熱量はすべてボイラにおける蒸気・水の加熱に使われ，燃料の蒸発潜熱などによる熱損失は無視するものとする。

（2）ランキンサイクルのタービン室効率

入力は，タービン入口の過熱蒸気が復水器出口で復水となる間にタービン及び復水器に与えた熱量（タービン室入熱量）Q_{Ti}（1 h 当たり）であり，過熱蒸気の比エンタルピーを $h_{Ti}[kJ/kg]$，復水の比エンタルピーを $h_{Co}[kJ/kg]$，蒸気量を $G[kg/h]$ とすると次式となる。

$$Q_{Ti} = G(h_{Ti} - h_{Co})[kJ/h]$$

出力は，タービン出力が $P_T[kW]$ とすると，これを 1 h 当たりの熱量 Q_{To} に換算したものである。$1[kW \cdot h] = 3\,600[kJ]$ より $1[kW] = 3\,600[kJ/h]$ なので，Q_{To} は次式となる。

$$Q_{To} = 3\,600 P_T[kJ/h]$$

したがって，**タービン室効率** η_T は次式で表される（図 2 参照）。

$$\eta_T = \frac{Q_{To}}{Q_{Ti}} = \frac{3\,600 P_T}{G(h_{Ti} - h_{Co})} \qquad (2)$$

なお，一般に，給水ポンプにおける給水の比エンタルピーの増加は，熱サイクルでは無視できる大きさなので，熱効率の計算上では，ボイラ給水の比エンタルピー h_{Bi} と復水の比エンタルピー h_{Co} は等しいものとする。このとき，タービン室入熱量はボイラが送り出す熱量と等しくなるので，タービン室入熱量を $Q_{Ti}' = G(h_{Ti} - h_{Bi}) = G(h_{Bo} - h_{Bi})$ として，タービン室効率を次式で表すこともできる。

$$\eta_T = \frac{Q_{To}}{Q_{Ti}'} = \frac{3\,600 P_T}{G(h_{Ti} - h_{Bi})} = \frac{3\,600 P_T}{G(h_{Bo} - h_{Bi})} \qquad (3)$$

注　意　タービンと復水器を一体と考えた設備をタービン室と表現しているので，タービン室効率は復水器を含めた効率を表す。一方，タービン効率はタービン自体の効率（タービン入力に対するタービン出力の比）を表すので，混同しないように。

（3）タービン熱消費率

タービン出力 $P_T[kW]$ に対するタービン室への 1 h 当たりの入熱量 $Q_{Ti} = G(h_{Ti} - h_{Co})[kJ/h]$（$h_{Co} = h_{Bi}$ より $Q_{Ti} = G(h_{Ti} - h_{Bi})$ でもよい）の比を**タービン熱消費率** S_T

といい，次式で表される．

$$S_T = \frac{Q_{Ti}}{P_T} [(kJ/h)/kW] = \frac{Q_{Ti}}{P_T} [kJ/(kW \cdot h)] \tag{4}$$

なお，単位に注目すると[(kJ/h)/kW]＝[kJ/(kW・h)]であるから，S_T はタービン出力(電力量)1kW・hを得るのに必要なタービン室入熱量[kJ]を表したものと考えることもできる．

また，1[kW]＝3 600[kJ/h]なので，S_T のタービン出力 P_T[kW]を熱量換算で表すと3 600 P_T[kJ/h]となる．一方，3 600 P_T[kJ/h]/Q_{Ti}[kJ/h]は(2)式より η_T を表すので，次の関係式が成り立つ．

$$S_T = \frac{Q_{Ti}[kJ/h]}{P_T[kW]} = \frac{3\,600(Q_{Ti}[kJ/h])}{(3\,600\,P_T[kJ/h])} = \frac{3\,600}{\eta_T} \tag{5}$$

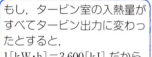

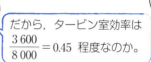

（4）発電端熱効率と熱消費率

入力は，燃焼ガスの熱量 Q_{Bi}(1h当たり)なので次式となる．

$Q_{Bi} = BH$[kJ/h]

出力は発電機出力 P_G[kW]であり，これを1h当たりの熱量 Q_{Go} に換算すると次式となる．

$Q_{Go} = 3\,600 P_G$[kJ/h]

したがって，**発電端熱効率** η_P は次式で表される．

$$\eta_P = \frac{Q_{Go}}{Q_{Bi}} = \frac{3\,600 P_G}{BH} \tag{6}$$

また，BH/P_G は，発電電力[kW]に対する燃焼ガスの1h当たりの熱量[kJ/h]の比（[(kJ/h)/kW]＝[kJ/(kW・h)]なので，発電電力量[kW・h]に対する燃焼ガスの熱量[kJ]の比と考えてもよい）を表し，これを**熱消費率** S_P という．

$$S_P = \frac{BH}{P_G} = \frac{3\,600}{\eta_P} \text{[kJ/(kW·h)]} \tag{7}$$

（5） 発電端熱効率の別の表し方

過熱蒸気の比エンタルピー h_{Bo} とタービン入口の過熱蒸気の比エンタルピー h_{Ti} は等しいので，（1）式，（3）式，発電機効率 $\eta_g = P_G/P_T$ を用いると（6）式の発電端熱効率 η_P は，ボイラ効率 η_B，タービン室効率 η_T，発電機効率 η_g の積として表すこともできる。

$$\eta_P = \eta_B \eta_T \eta_g \tag{8}$$

（6） 送電端熱効率

汽力発電所の所内で消費する電力 P_H[kW] を**所内電力**といい，発電機出力 P_G[kW] に対する比を**所内率**（**所内比率**ともいう）$\varepsilon(=P_H/P_G)$ という。送電端の電力 P_S は $P_G - P_H$ であり，発電機出力に対する送電電力の比は $1-\varepsilon$ となるので，**送電端熱効率** η_S は次式で表される。

$$\eta_S = \frac{3\,600(P_G - P_H)}{BH} = \eta_P (1-\varepsilon) \tag{9}$$

それぞれの熱効率は，何が入力で，何が出力なのかを知ることが重要だね。エンタルピーって簡単じゃん！

もう一つ，効率はエネルギーの比だが，本文のように1時間当たりの仕事（仕事率）の比でもOKだ。

3．熱効率向上策

熱効率を向上させるには
① 高温・高圧の蒸気を採用する。
② 再熱再生サイクルを採用する。
③ 復水器の真空度を高める。
④ 節炭器や空気予熱器を設置し，排ガス中の余熱を回収する。
⑤ 機器の効率化を図り，所内電力の節減を図る。

ランキンサイクルの熱サイクル効率とタービン効率について

ボイラが蒸気・水に与えた熱量に対するタービン入熱量(タービン自体の入熱量)の比を**熱サイクル効率** η_c という。また，タービン入熱量に対するタービン出力の仕事の比を**タービン効率** η_t という。図1及び図2において $h_{Bo}=h_{Ti}$ 及び $h_{Bi}=h_{Co}$ より，タービン室効率 η_T は次式で表される。

$$\eta_T = \eta_c \eta_t \tag{10}$$

ただし，熱効率の計算においては，熱サイクル効率はあまり用いられず，代わりにタービン室効率を用いることが多い。

熱効率の概数

実際の熱効率の概数を知っておくと，問題を解答する際の参考となる。各熱効率の値は，発電容量，燃料や熱サイクルの種類などにより異なるので，参考例として，500〜1 000 MW クラスの火力発電所の効率[%]を次に示す。

ボイラ効率：89前後，タービン室効率：46前後，発電端熱効率：41前後，所内率：3〜4程度。

実践・解き方コーナー

問題1 ボイラ効率が89%，所内率が4%，発電機効率が98%，送電端熱効率が37%であるランキンサイクルを採用する汽力発電所がある。この発電所のタービン室効率の値[%]として，最も近いものを次の(1)〜(5)のうちから一つ選べ。ただし，ボイラ，タービン，復水器以外でのエンタルピーの増減は無視できるものとする。

(1) 39.3　(2) 41.5　(3) 42.8　(4) 44.2　(5) 45.7

解答 タービン室効率を η_T とすると，各効率間で次式が成り立つので，η_T を求めることができる。

$$0.89 \times \eta_T \times 0.98 \times (1-0.04) = 0.37$$

$$\eta_T \fallingdotseq 0.442 \quad \rightarrow \quad 44.2\,\%$$

となる。したがって，正解は(4)となる。

問題2 復水器の冷却に海水を使用する汽力発電所が定格出力で運転している。次の(a)及び(b)の問に答えよ。

（a）　この発電所の定格出力運転時には発電端熱効率が38 %，燃料消費量が40 t/hである。1時間当たりの発生電力量[MW·h]の値として，最も近いものを次の（1）〜（5）のうちから一つ選べ。ただし，燃料の発熱量は44 000 kJ/kgとする。

（1）　186　　（2）　489　　（3）　778　　（4）　1 286　　（5）　2 046

（b）　定格出力で運転を行ったとき，復水器冷却水の温度上昇を7 Kとするために必要な復水器冷却水の流量[m³/s]の値として，最も近いものを次の（1）〜（5）のうちから一つ選べ。ただし，タービンの熱消費率を8 000 kJ/(kW·h)，海水の比熱と密度をそれぞれ4.0 kJ/(kg·K)，1.0×10³ kg/m³，発電機効率を98 %とし，提示していない条件は無視する。

（1）　6.8　　（2）　8.0　　（3）　14.8　　（4）　17.9　　（5）　21.0　　（平成25年度）

考え方　設問（b）は，「復水器の熱損失 ＝ 冷却水が持ち去る熱量」の関係より方程式を立てる。このときの単位は，1 h当たりの仕事[kJ/h]を用いるのがよい。また，復水器の熱損失はタービン室入熱量からタービン入力(熱量)を引いたものであり，タービン室入熱量はタービン熱消費率より求められ，タービン出力(電力量)は発電機効率より計算できる。

解　答　（a）　1 h当たりの燃料消費量は40[t]＝40×10³[kg]なので，その発熱量 Q は，

$$Q = 40 \times 10^3 \times 44\,000 = 1.76 \times 10^9 \, [\text{kJ}]$$

となる。1 h当たりの電力量は，定格出力を P_G[kW]とすると P_G[kW·h]であるから発電端効率より次式が成り立ち，P_G が求められる。

$$0.38 = \frac{3\,600 P_\text{G}}{Q} = \frac{3\,600 P_\text{G}}{1.76 \times 10^9}$$

$$P_\text{G} \fallingdotseq 185.8 \times 10^3 [\text{kW·h}] \quad \rightarrow \quad 186 \, \text{MW·h}$$

したがって，正解は（1）となる。

別　解　1 h当たりの燃料の燃焼で発生する熱量は $40 \times 10^3 \times 44\,000 = 1.76 \times 10^9$ [kJ]であり，このうちの0.38倍が電力量に変換されるので，求める電力量 W は $1.76 \times 10^9 \times 0.38 = 6.688 \times 10^8$ [kJ]である。1[kW·h]＝3 600[kJ]であるから，電力量の単位を[kW·h]に換算すればよい。

$$W = 6.688 \times 10^8 [\text{kJ}] = \frac{6.688 \times 10^8}{3\,600} [\text{kW·h}] \fallingdotseq 185.8 \times 10^3 [\text{kW·h}]$$

この別解は基本的に解答と同じ方法である。解答のように発電端熱効率の式そのものを使うのではなく，効率の意味を利用して解答を導いた。

（b）　冷却水流量を L[m³/s]とすると，1 h当たり冷却水が運び去る熱量 Q_L は，水の比熱と密度と温度差の積で求められ次式となる。

$$Q_\text{L} = L \times 3\,600 \times 1.0 \times 10^3 \times 4.0 \times 7 = 1.008 \times 10^8 \times L \, [\text{kJ/h}]$$

次に，復水器の熱損失は，タービン室入熱量(タービン入口の蒸気と復水器出口の復水のエンタルピーの差)からタービン入力(熱量)を引いた量である。1 h 当たりのタービン室入熱量 Q_{Ti} は，タービン出力(電力量)が $185.8 \times 10^3/0.98$ なので，タービン熱消費率より，

$$Q_{Ti} = (185.8 \times 10^3/0.98) \times 8\,000 \fallingdotseq 1.517 \times 10^9 [\text{kJ/h}]$$

となる。タービンの仕事は 1 h のタービン出力と等しく，問題ではタービン自体の効率には触れていないので損失を零とみなすと，発電機効率より，1 h 当たりのタービン入力(熱量) Q_t は次式となる。

$$Q_t = \frac{185.8 \times 10^3}{0.98} [\text{kW}] = \frac{185.8 \times 10^3 \times 3\,600}{0.98} [\text{kJ/h}] \fallingdotseq 6.825 \times 10^8 [\text{kJ/h}]$$

これより，復水器の熱損失 Q_C は，

$$Q_C = Q_{Ti} - Q_t = 1.517 \times 10^9 - 6.825 \times 10^8 = 8.345 \times 10^8 [\text{kJ/h}]$$

となる。$Q_C = Q_L$ より，冷却水流量 L が求められる。

$$8.345 \times 10^8 = 1.008 \times 10^8 \times L \quad \rightarrow \quad L \fallingdotseq 8.28 [\text{m}^3/\text{s}] \quad \rightarrow \quad 8.0\,\text{m}^3/\text{s}$$

したがって，正解は(2)となる。

問題3 ランキンサイクルを採用する汽力発電所において，発電機出力が 19 MW，タービン出力が 20 MW，使用蒸気量が 50 t/h で運転されている。このときのタービン入口における蒸気の比エンタルピーが 3 550 kJ/kg，復水器出口の給水の比エンタルピーが 210 kJ/kg であるとき，次の(a)及び(b)の問に答えよ。ただし，ボイラ，タービン，復水器以外でのエンタルピーの増減は無視できるものとする。

（a） タービン室効率の値として，最も近いものを次の(1)～(5)のうちから一つ選べ。

（1） 0.42　　（2） 0.43　　（3） 0.44　　（4） 0.45　　（5） 0.46

（b） ボイラ効率を 90 % とするとき，発電端熱効率の値として，最も近いものを次の(1)～(5)のうちから一つ選べ。

（1） 0.37　　（2） 0.38　　（3） 0.39　　（4） 0.40　　（5） 0.41

解答 （a） 1 h 当たりの復水器を含むタービン入熱量(タービン室入熱量) Q_{Ti} は，

$$Q_{Ti} = 50 \times 10^3 \times (3\,550 - 210) = 1.67 \times 10^8 [\text{kJ/h}]$$

となる。また，タービン出力の単位を 1 h 当たりの熱量 Q_{To} に換算すると次式となる。

$$Q_{To} = 20 [\text{MW}] = 20 \times 10^3 [\text{kW}] = 3\,600 \times 20 \times 10^3 [\text{kJ/h}] = 7.2 \times 10^7 [\text{kJ/h}]$$

これより，タービン室効率 η_T は，

$$\eta_T = \frac{Q_{To}}{Q_{Ti}} = \frac{7.2 \times 10^7}{1.67 \times 10^8} \fallingdotseq 0.431 \quad \rightarrow \quad 0.43$$

となる。したがって，正解は(2)となる。

8

熱効率の計算

（ｂ） 発電端熱効率 η_P は，ボイラ効率とタービン室効率及び発電機効率の積と等しい。発電機効率は 19/20 であるから，

$$\eta_P=0.9\times0.431\times(19/20)\fallingdotseq0.369 \quad\rightarrow\quad 0.37$$

となる。したがって，正解は（1）となる。

問題4 💊💊　定格出力 300 MW の石炭火力発電所について，次の（ａ）及び（ｂ）の間に答えよ。

（ａ） 定格出力で 30 日間連続運転したときの送電端電力量[MW·h]の値として，最も近いものを次の（1）～（5）のうちから一つ選べ。ただし，所内率は 5 % とする。

（1） 184 000　　（2） 194 000　　（3） 205 000　　（4） 216 000

（5） 227 000

（ｂ） 1 日の間に下表に示すような運転を行ったとき，発熱量 28 000 kJ/kg の石炭を 1 700 t 消費した。この 1 日の間の発電端熱効率[%]の値として，最も近いものを次の（1）～（5）のうちから一つ選べ。

（1） 30.7　　（2） 38.5　　（3） 40.0　　（4） 41.5　　（5） 43.0

時刻	発電端出力[MW]
0 時～8 時	150
8 時～13 時	240
13 時～20 時	300
20 時～24 時	150

（平成 24 年度）

....

解 答　（ａ）　30 日間の送電端電力量 W_M は，発電端電力量 ×(1− 所内率)より，

$$W_M=300\times24\times30\times(1-0.05)=205\,200[\text{MW·h}] \quad\rightarrow\quad 205\,000\ \text{MW·h}$$

したがって，正解は（3）となる。

（ｂ）　1 日の発電電力量 W_D は，

$$W_D=150\times8+240\times(13-8)+300\times(20-13)+150\times(24-20)$$
$$=5\,100[\text{MW·h}]=5\,100\times10^3[\text{kW·h}]=5\,100\times10^3\times3\,600[\text{kJ}]$$
$$=1.836\times10^{10}[\text{kJ}]$$

となる。一方，消費した燃料が発生する熱量 Q は，

$$Q=28\,000\times1\,700\times10^3=4.76\times10^{10}[\text{kJ}]$$

なので，発電端熱効率 η_P は，

$$\eta_P=\frac{W_D}{Q}=\frac{1.836\times10^{10}}{4.76\times10^{10}}\fallingdotseq0.385\,7 \quad\rightarrow\quad 38.5\ \%$$

となる。したがって，正解は（2）となる。

出題ランク ★★★

9 CO₂ 排出量の計算

CO₂は地球温暖化で登場するわる者だよね。

化石燃料を使う社会のあり方を考えないとね。今回は，CO₂排出量の計算を学習してみようかな。

✓ 重要事項・公式チェック

1 燃料に含まれる炭素の質量

☑ 燃料に含まれる炭素の質量 $M_C[\mathrm{kg}] = \alpha M[\mathrm{kg}]$

（1 h 当たりの量で表すと $M_C[\mathrm{kg/h}] = \alpha M[\mathrm{kg/h}]$）

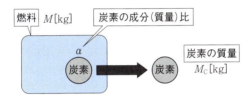

図1　燃料に含まれる炭素の質量

2 炭素の燃焼と二酸化炭素の排出量

☑ 二酸化炭素の排出量 $M_{CO2}[\mathrm{kg}] = M_C[\mathrm{kg}] \times \dfrac{44}{12}$

（1 h 当たりの量で表すと $M_{CO2}[\mathrm{kg/h}] = M_C[\mathrm{kg/h}] \times \dfrac{44}{12}$）

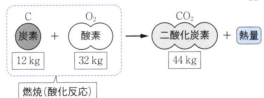

図2　炭素の燃焼と二酸化炭素排出量の関係

3 電力量 1 kW·h 当たりの二酸化炭素排出量

☑ CO₂発生量 $M_{CO2} = \dfrac{3\,600\alpha}{\eta_P H} \times \dfrac{44}{12} [\mathrm{kg/(kW \cdot h)}]$

（η_P は発電端熱効率，$H[\mathrm{kJ/kg}]$ は燃料発熱量）

例題チャレンジ！

例　題　定格出力 600 MW の石炭火力発電所がある。次の（a）及び（b）の問に答えよ。

（a） 定格出力で運転したときの 1 kW·h 当たりの石炭の消費量[kg]の値として，最も近いものを次の（1）〜（5）のうちから一つ選べ。ただし，定格出力時の発電端熱効率は 0.42，燃料の石炭の発熱量は 29 MJ/kg とする。

（1）　0.018 3　　（2）　0.296　　（3）　0.968　　（4）　1.69　　（5）　8.04

ヒント　石炭の消費量 × 発熱量 × 発電端熱効率[MJ]は，発電電力量（[MJ]換算値）と等しい。

（b） 定格出力で運転したときの 1 kW·h 当たりの二酸化炭素排出量の値[g/kW·h]として，最も近いものを次の（1）〜（5）のうちから一つ選べ。ただし，燃料に含まれる炭素は重量比で 80 % とし，すべての炭素が燃焼するものとする。また，炭素 C，酸素 O の原子量はそれぞれ 12 及び 16 とし，燃焼反応は次の化学式による。

$$C + O_2 \rightarrow CO_2$$

（1）　1 014　　（2）　967　　（3）　867　　（4）　690　　（5）　470

ヒント　燃料の使用量から燃焼した炭素の質量がわかるので，44/12 倍すれば二酸化炭素の質量が求められる。

解　答　**（a）** $1[kW \cdot h] = 3\,600[kJ] = 3.6[MJ]$ の関係から，発電端熱効率を η_P，石炭の発熱量を $H[MJ/kg]$，石炭消費量を $M[kg]$ とすると次式が成り立ち，M が計算できる。

$$3.6 = \eta_P H M = 0.42 \times 29 \times M$$

$$M \fallingdotseq 0.295\,6[kg] \quad \rightarrow \quad 0.296\ kg$$

以上から，問題の正解は（2）となる。

（b） 石炭 $M[kg]$ に含まれる炭素の質量 $M_C[kg]$ は，

$$M_C = 0.8M = 0.8 \times 0.295\,6 \fallingdotseq 0.236\,5[kg]$$

となる。この炭素がすべて二酸化炭素 CO_2 になったときの CO_2 の質量が，求める 1 kW·h 当たりの二酸化炭素排出量 $M_{CO2}[g/(kW \cdot h)]$ である。炭素と二酸化炭素の質量比は，炭素の原子量と二酸化炭素の分子量の比に等しいので，

$$M_{CO2} : M_C = 44 : 12$$

$$M_{CO2} = (44/12)M_C = (44/12) \times 0.236\,5 \fallingdotseq 0.867[kg/(kW \cdot h)] = 867[g/(kW \cdot h)]$$

となる。以上から，問題の正解は(3)となる。

補足 例題では石炭火力を扱ったが，二酸化炭素排出量は燃料の種類によらず，消費した燃料に含まれる炭素の質量で決まる。

なるほど解説

1．化学の基礎知識

（1） 物質量モル

原子や原子が化学結合した分子は，とても小さく質量も微量であるため，ある一定量の集まりで考えると便利である。ここで一定量として，**アボガドロ数** $N_A ≒ 6.02 \times 10^{23}$ 個の集合体を考える。この集合体をその原子，分子の**物質量**といい，1 mol（モル）と定義する。1 mol の原子，分子の質量を**原子量**，**分子量**という。分子量は，構成する原子の原子量の総和となる。

物質 1 mol の質量＝原子量（分子量）[g]

燃料に含まれる主要な元素の種類と原子量の概数を次表に示す。

元素	水素	炭素	窒素	酸素	硫黄
元素記号	H	C	N	O	S
原子量（概数）	1	12	14	16	32

  ① 炭素原子 1 mol の質量は 12 g。
② 二酸化炭素分子 1 mol の質量は，酸素 2 個と炭素 1 個で $16 \times 2 + 12 = 44$ [g]。

物質量モルは，例えるなら，水の量を，コップ「1杯」，「2杯」って表すことと同じかな？

よい例だね。モルは，アボガドロ数 N_A 個の集まりだから，ちょうどコップの中の水分子が N_A 個なら，モルと同じ意味になる。
あ～，飲みたい。

（2） 燃焼の化学反応
① 「燃える」とは
燃焼は物質が酸素原子と結びつく化学反応であり，これを<u>酸化</u>と呼んでいる。このとき多量の熱を放出する。なお，気体の酸素は二原子が結合した酸素分子 O_2 として存在する。

② 炭素(C)の燃焼
図2のように，炭素原子1個に対して酸素原子2個が結合し，二酸化炭素分子1個を生じる。

$$C+O_2 \rightarrow CO_2$$

物質量で表すと，炭素原子 1 kmol と酸素分子 1 kmol が反応すると二酸化炭素分子 1 kmol が生じる。これを質量で表すと次のようになる。

| 炭素 12 kg が燃焼すると二酸化炭素 44 kg が発生する | (1) |

③ 水素(H)の燃焼
図3のように水素は燃料中に存在するので，分子ではなく原子として扱うと，水素原子2個に対して酸素原子1個が結合し，水分子1個を生じる。ただし，気体の酸素で燃焼する場合，酸素は分子 O_2 として存在するため次のように表す。

$$4H+O_2 \rightarrow 2H_2O$$

物質量で表すと，水素原子 4 kmol と酸素分子 1 kmol が反応すると水(蒸気) 2 kmol が生じる。これを質量で表すと次のようになる。

| 水素 4 kg が燃焼すると水(蒸気) 36 kg が発生する | (2) |

水(蒸気)の排出量　水素の質量[kg] $\times \dfrac{36}{4}$ [kg]

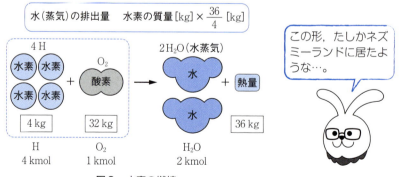

この形，たしかネズミーランドに居たような…。

図3　水素の燃焼

④ 硫黄(S)の燃焼
図4のように，硫黄原子1個に対して酸素原子2個が結合し，二酸化硫黄分子

1個が生じる。これが水と反応すると**亜硫酸ガス**となる。

$$S + O_2 \rightarrow SO_2$$

物質量で表すと，硫黄原子1 kmolと酸素分子1 kmolが反応すると二酸化硫黄分子1 kmolが生じる。これを質量で表すと次のようになる。

> 硫黄32 kgが燃焼すると二酸化硫黄64 kgが発生する　　　　（3）

二酸化硫黄の排出量　硫黄の質量[kg] × $\frac{64}{32}$ [kg]

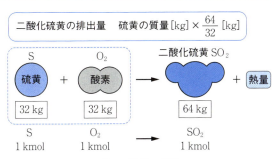

図4　硫黄の燃焼

⑤　メタン（CH_4）の燃焼

メタン分子1個に対して酸素原子4個が結合し，二酸化炭素分子1個と水分子2個が生じる。

$$CH_4 + 2O_2 \rightarrow CO_2 + 2H_2O$$

物質量で表すと，メタン分子1 kmolと酸素分子2 kmolが反応すると二酸化炭素分子1 kmolと水（蒸気）分子2 kmolが生じる。これを質量で表すと次のようになる。

> メタン16 kgが燃焼すると二酸化炭素44 kgと水36 kgが発生する　（4）

2．燃料の成分

固体燃料である石炭や液体燃料である原油や重油は，主に炭素，水素，酸素，硫黄（大気汚染物質SO_xの原料），窒素（大気汚染物質NO_xの原料）の元素からな

る。気体燃料であるLNG(液化天然ガス)は主にメタン(炭素と水素)である。それぞれの燃料中の各成分元素の質量比は知られており，その値は問題等で与えられたものを用いる(数値を覚えておく必要はない)。

注　意　燃料中に含まれる酸素も燃焼の際に使われるが，CO_2の排出量は炭素の量で決まり，燃料中の酸素含有量とは無関係である。

3．発電による二酸化炭素排出量の計算

燃料に含まれる炭素の質量比をα，1h当たりの燃料消費量をB[kg/h]とすると，1h当たりの燃焼した炭素の質量M_Cは次式となる。

$$M_C = \alpha B \text{[kg/h]} \tag{5}$$

燃焼した炭素の質量M_Cに対する発生した二酸化炭素の質量M_{CO2}は，(1)の関係より次式となる。

$$M_{CO2} = \frac{44}{12} \times M_C = \frac{44}{12} \times \alpha B \text{[kg/h]} \tag{6}$$

一方，発電機が出力P_G[kW]で1hの間に発生する電力量はP_G[kW·h]であり，この単位を[J]に換算すると$3600P_G$[kJ]となる。これに必要な燃焼エネルギーQは，発電端熱効率η_Pにより，

$$Q = \frac{3600P_G}{\eta_P} \text{[kJ]}$$

となり，燃料発熱量をH[kJ/kg]とすれば$BH = Q$なので，Bは次式となる。

$$B = \frac{3600P_G}{\eta_P H} \text{[kg/h]} \tag{7}$$

したがって，発電機が出力P_G[kW]で運転するときに1h当たり排出する二酸化炭素の質量M_{CO2}は，(6)式，(7)式より次式で表される。

$$M_{CO2} = \frac{44}{12} \times \alpha B \text{[kg/h]} = \frac{3600P_G \alpha}{\eta_P H} \times \frac{44}{12} \text{[kg/h]} \tag{8}$$

1kW·h当たりの二酸化炭素排出量は，(8)式において$P_G = 1$とすれば求められ，

$$M_{CO2} = \frac{3600\alpha}{\eta_P H} \times \frac{44}{12} \text{[kg/(kW·h)]} \tag{9}$$

となる。

燃焼空気量を求めるには物質量[mol]を使う

例えば，メタン M[kg]を完全燃焼にするのに必要な空気量を求めてみよう。メタンの分子量は 16 なので，メタン M[kg]の物質量 m_{CH_4} は $M/16$[kmol] である。燃焼($CH_4+2O_2 \rightarrow CO_2+2H_2O$)より物質量の比でメタン 1 に対して酸素分子 2 が必要となるので，酸素分子 O_2 の物質量 m_{O_2} は次式となる。

$$m_{O_2}=2m_{CH_4}=2\times \frac{M}{16}=\frac{M}{8}[\text{kmol}]$$

気体は通常，体積[L]または[m³]で表すが，気体の体積は温度と圧力により変化するので，0 ℃，1 気圧における状態(標準状態)に換算して表す。気体はその種類によらず，標準状態 1 kmol の体積が 22.4[kL]＝22.4[m³]（概数）であることがわかっているので，必要な酸素ガスの体積 V_{O_2} は標準状態で，

$$V_{O_2}=22.4m_{O_2}=22.4\times\frac{M}{8}[\text{kL}]$$

となる。空気中の酸素ガスの含有量を 21 ％ とすると，必要最小限の空気量(理論空気量) V_{AIR} は標準状態で，

$$V_{AIR}=\frac{V_{O_2}}{0.21}=\frac{22.4\times M}{0.21\times 8}\fallingdotseq 13.33M[\text{kL}]=13.33M[\text{m}^3]$$

と計算できる。

実践・解き方コーナー

問題 1 最大出力 600 MW の重油専焼火力発電所がある。重油の発熱量は 44 000 kJ/kg で，潜熱は無視するものとする。最大出力で 24 時間運転した場合の発電端(熱)効率が 40.0 ％ であるとき，発生する二酸化炭素の量[t]として，最も近いものを次の(1)〜(5)のうちから一つ選べ。なお，重油の化学成分は重量比(質量比)で炭素 85 ％，原子量は炭素 12，酸素 16 とする。炭素の酸化反応は次のとおりである。

$C+O_2 \rightarrow CO_2$

(1) 3.83×10^2 (2) 6.83×10^2 (3) 8.03×10^2
(4) 9.18×10^3 (5) 1.08×10^4

(平成 21 年度改)

考え方　重油の潜熱とは，燃料が燃焼するためにガス状に気化するための熱量である。潜熱を無視とは，発熱量すべてがボイラ給水の加熱に使われるという意味である。

解答　$P[\text{kW}]$，24 h の運転で消費する重油量 M は，発電端(熱)効率を η_P，重油の発熱量を $H[\text{kJ/kg}]$ とすると次式で計算できる。

$$M = \frac{P \times 24 \times 3\,600}{\eta_P H} = \frac{600 \times 10^3 \times 24 \times 3\,600}{0.4 \times 44\,000} \fallingdotseq 2.945 \times 10^6 [\text{kg}]$$

化学成分の重量比より炭素の質量 M_C は $0.85M$ であり，二酸化炭素発生量 M_{CO2} は $(44/12)M_C$ なので，

$$M_{CO2} = \frac{44}{12} \times 0.85 \times 2.945 \times 10^6 \fallingdotseq 9.18 \times 10^6 [\text{kg}] = 9.18 \times 10^3 [\text{t}]$$

となる。したがって，正解は（4）となる。

補足　本文中では燃料消費量の記号として，1 h 当たりの消費量 B を用いた。しかし，この問題のように単に「燃料消費量」を表す場合は，B との混同を避けるために記号として M を用いた。なお，$M = B \times$ 時間(h) の関係にあることは明らかである。

問題2　定格出力 200 MW の石炭火力発電所がある。石炭の発熱量は 28 000 kJ/kg，定格出力時の発電端熱効率は 36 % で，計算を簡単にするために潜熱の影響は無視するものとして，次の（a）及び（b）の問に答えよ。ただし，石炭の化学成分は重量比で炭素 70 %，水素他 30 %，炭素の原子量を 12，酸素の原子量を 16 とし，炭素の酸化反応は次のとおりである。

C+O₂　→　CO₂

（a）　定格出力にて 1 日運転したときに消費する燃料重量[t]の値として，最も近いものを次の（1）～（5）のうちから一つ選べ。

（1）　222　　（2）　410　　（3）　1 062　　（4）　1 714　　（5）　2 366

（b）　定格出力にて 1 日運転したときに発生する二酸化炭素の重量[t]の値として，最も近いものを次の（1）～（5）のうちから一つ選べ。

（1）　327　　（2）　1 052　　（3）　4 399　　（4）　5 342　　（5）　6 285

(平成 26 年度)

....

解答　（a）　定格出力 $P[\text{kW}]$，石炭の発熱量 $H[\text{kJ/kg}]$，発電端熱効率 η_P とすると，1 日の燃料消費量 M は $\eta_P H M = P \times 24 \times 3\,600$ より，

$$M = \frac{P \times 24 \times 3\,600}{\eta_P H} = \frac{200 \times 10^3 \times 24 \times 3\,600}{0.36 \times 28\,000}$$
$$\fallingdotseq 1\,714 \times 10^3 [\text{kg}] = 1\,714 [\text{t}]$$

となる。したがって，正解は（4）となる。

86

（b） 化学成分の重量比より炭素の質量 M_C は $0.7M$ であり，二酸化炭素発生量 M_{CO2} は $(44/12)M_C$ なので，

$$M_{CO2} = \frac{44}{12} \times 0.7 \times 1\,714 \fallingdotseq 4\,399 [\mathrm{t}]$$

となる。したがって，正解は（3）となる。

問題3 👆👆 定格出力 $500\,\mathrm{MW}$，定格出力時の発電端熱効率 $40\,\%$ の汽力発電所がある。重油の発熱量は $44\,000\,\mathrm{kJ/kg}$ で，潜熱の影響は無視できるものとして，次の（a）及び（b）の問に答えよ。ただし，重油の化学成分を炭素 $85\,\%$，水素 $15\,\%$，水素の原子量を 1，炭素の原子量を 12，酸素の原子量を 16，空気の酸素濃度を $21\,\%$ とし，重油の燃焼反応は次の通りである。

$$\mathrm{C+O_2} \rightarrow \mathrm{CO_2}, \quad \mathrm{2H_2+O_2} \rightarrow \mathrm{2H_2O}$$

（a） 定格出力にて，1時間運転したときに消費する燃料重量[t]の値として，最も近いものを次の（1）～（5）のうちから一つ選べ。

（1） 10　　（2） 16　　（3） 24　　（4） 41　　（5） 102

（b） このとき使用する燃料を完全燃焼させるために必要な理論空気量[$\mathrm{m^3}$]の値として，最も近いものを次の（1）～（5）のうちから一つ選べ。ただし，$1\,\mathrm{mol}$ の気体標準状態の体積は $22.4\,\mathrm{l}$ とする。また，理論空気量とは，燃料を完全に燃焼するために必要な最小限の空気量(標準状態における体積)をいう。

（1） 5.28×10^4　　（2） 1.89×10^5　　（3） 2.48×10^5

（4） 1.18×10^6　　（5） 1.59×10^6

（平成23年度）

考え方 化学成分より燃料中の酸素は零なので，燃焼に必要な酸素はすべて空気から供給される。設問（b）の空気量の計算は次の手順で行うとよい。①炭素と水素それぞれの質量を求めて，それぞれの物質量を計算する。②燃焼反応式から，物質量の比で炭素原子1に対して酸素分子1，水素原子4に対して酸素分子1が必要になることから，燃焼に必要な酸素分子の物質量を計算する。③物質量から標準状態の体積を計算し，酸素濃度から空気量を求める。

解答 （a） 定格出力1時間の電力量 W は $500 \times 10^3 [\mathrm{kW \cdot h}]$ なので，発電端熱効率 η_P，発熱量 $H[\mathrm{kJ/kg}]$ とすると重油消費量 M は，

$$M = \frac{W \times 3\,600}{\eta_P H} = \frac{500 \times 10^3 \times 3\,600}{0.4 \times 44\,000} \fallingdotseq 102.3 \times 10^3 [\mathrm{kg}] \quad \rightarrow \quad 102\,\mathrm{t}$$

となる。したがって，正解は（5）となる。

（b） 炭素の質量及び物質量を $M_C[\mathrm{kg}]$，$m_C[\mathrm{kmol}]$，水素(原子)の質量及び物質量を

M_H[kg], m_H[kmol]とすると,

$$M_C = 0.85M, \quad m_C = \frac{M_C}{12} = \frac{0.85M}{12} = \frac{0.85 \times 102.3 \times 10^3}{12} \fallingdotseq 7\,246\,[\text{kmol}]$$

$$M_H = 0.15M, \quad m_H = \frac{M_H}{1} = \frac{0.15M}{1} = \frac{0.15 \times 102.3 \times 10^3}{1} = 15\,345\,[\text{kmol}]$$

炭素,水素を完全燃焼させる酸素分子の物質量をそれぞれ m_{O2C}, m_{O2H} とすると反応式より,

$$m_{O2C} = m_C = 7\,246\,[\text{kmol}], \quad m_{O2H} = \frac{m_H}{4} \fallingdotseq 3\,836\,[\text{kmol}]$$

となるので,必要な酸素分子の総物質量 m_{O2} は $7\,246 + 3\,836 = 11\,082$[kmol]となる。この酸素を標準状態の体積 V_{O2} で表すと,

$$V_{O2} = 11\,082 \times 22.4 \fallingdotseq 248\,240\,[\text{kL}] = 248\,240\,[\text{m}^3]\,(1[\text{kL}] = 1[\text{m}^3])$$

となるので,空気量 V_{AIR} は,

$$V_{AIR} = \frac{V_{O2}}{0.21} = \frac{248\,240}{0.21} \fallingdotseq 1.182 \times 10^6\,[\text{m}^3] \quad \rightarrow \quad 1.18 \times 10^6\,\text{m}^3$$

となる。したがって,正解は(4)となる。

補足 水素分子(ガス)と酸素分子(ガス)の反応式は $2H_2 + O_2 \rightarrow 2H_2O$ であるが,燃料中の水素原子4個が酸素分子1個と反応すると考えてもよい。なぜなら,ガスが反応する場合は結局原子に分解されて反応するからである。ただし,酸素ガスの量(空気量)が知りたい場合は,酸素は分子 O_2 で存在するため酸素分子の物質量で考えなければならない。

出題ランク ★★★

10 原子力発電

✓ 重要事項・公式チェック

1 核分裂のエネルギー

① 質量欠損 m[kg] = 反応前の質量 − 反応後の質量

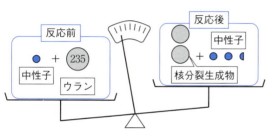

図1 核分裂反応前後の質量の差(質量欠損)

② 核分裂エネルギー $E = mc^2$[J] （c は光速 約 3×10^8 m/s）

2 原子炉の構成要素

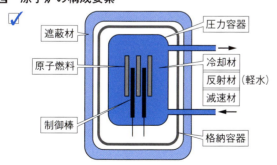

図2 原子炉の構成要素(軽水炉の例)

3 発電用原子炉(軽水炉)の冷却方式

① 加圧水型原子炉　水に圧力を加え沸騰させない方式
② 沸騰水型原子炉　水を沸騰させ蒸気として取り出す方式

89

例題チャレンジ！

例題1 ウラン235を3％含む原子燃料1gがある。ウラン235がすべて核分裂した場合に発生するエネルギーと等価な石炭の質量[kg]の値として，最も近いものを次の(1)～(5)のうちから一つ選べ。ただし，ウラン235の質量欠損は質量の0.001倍とし，石炭の発熱量を25MJ/kg，光速を$3×10^8$m/sとする。

(1) 36   (2) 54   (3) 77   (4) 108   (5) 177

ヒント 質量欠損m[kg]がわかれば，エネルギーは$E=mc^2$[J]で計算できる。

解答 核分裂反応による質量欠損mは，
$$m=1×0.03×0.001=3×10^{-5}[g]=3×10^{-8}[kg]$$
なので，発生するエネルギーEは次式で計算できる。
$$E=mc^2=3×10^{-8}×(3×10^8)^2=2.7×10^9[J]=2.7×10^3[MJ]$$
これより，石炭の質量Mは，
$$M=\frac{2.7×10^3}{25}=108[kg]$$
となる。したがって，正解は(4)となる。

例題2 我が国の原子力発電に関する記述として，誤っているものを次の(1)～(5)のうちから一つ選べ。

(1) 我が国の発電用原子炉は軽水炉であり，軽水は核分裂で発生する熱を取り出す冷却材としての役割がある。

(2) 軽水炉では，軽水が減速材及び反射材を兼ねている。

(3) 軽水炉の原子燃料としては，ウラン235の含有量を95％程度に濃縮した濃縮ウランを使用する。

(4) 減速材は，核分裂で生じた高エネルギーの中性子を，核分裂反応に寄与する低エネルギー中性子に減速するためのものである。

(5) 加圧水型原子炉は加圧した軽水を熱交換器(蒸気発生器)に送り，別系統の水を蒸気に変えてタービンを駆動する。

ヒント 原子炉の基本構成は図2を参照。原子燃料のウランは低濃縮ウランを使用する。

解　答　（1），（2）は正しい。反射材の役割は，炉心から漏れ出す中性子を炉心に戻す役割がある。（3）は誤り。原子燃料のウランは 2～4 % の低濃縮ウランを使用する。（4）は正しい。低エネルギーの中性子を熱中性子，高エネルギーの中性子を高速中性子という。（5）は正しい。沸騰水型は炉内で発生した蒸気でタービンを駆動する。したがって，正解は（3）となる。

 なるほど解説

1．核分裂とエネルギー

原子は，中心にある原子核と周囲の電子で構成され，原子核は陽子と中性子から成る。陽子の数は周期律表の原子番号と一致する。陽子と中性子の数の和を質量数という。また，原子番号が同じで質量数が異なるものを同位体という。ウランのような質量数の比較的大きな原子核は，外部から他の中性子が当たると核分裂を起こし，核分裂生成物質とエネルギーを放出する。

天然に産するウランは，核分裂反応を起こさないウラン 238（数値は質量数）が約 99.3 % を占め，核分裂反応を起こすウラン 235 は約 0.7 %（他に微量のウラン 234 も存在する）であるため，原子力発電用の原子燃料としては，ウラン 235 を 2～4 % まで濃縮した低濃縮ウランを使う。

ウラン 235 にエネルギーの低い熱中性子を当てると核分裂が起こり，新たに 2～3 個（平均 2.5 個）のエネルギーの高い高速中性子が生じる。これが減速材で低エネルギーの熱中性子になり，隣接する別のウラン 235 に衝突して核分裂を起こす。これにより核分裂反応が連続的に起こり，莫大なエネルギーを取り出すことができる。これを連鎖反応という。

図1のような核分裂反応では，分裂後の質量の和の方が分裂前の質量の和よりわずかに小さい。この質量の減少分を質量欠損といい，これがエネルギーに変わ

る。質量欠損を m[kg]，光速を $c≒3×10^8$[m/s] とすると，発生するエネルギー E は次式で表される。

$$E=mc^2[\text{J}] \tag{1}$$

この式は，アインシュタインが特殊相対性理論の中で導き出した有名な数式であり，「質量はエネルギーの缶詰」とも評される。

２．原子炉の構成要素と役割（図 2 参照）

（1）　原子燃料

ウラン 235 の含有率を 2〜4 % 程度に高めた，低濃縮ウランが用いられる。原子燃料は核燃料などとも呼ばれる。

（2）　冷却材

核分裂によって生じた熱エネルギーを，炉外に取り出す材料を冷却材という。熱伝達が良好で，中性子の吸収が少なく，放射線に対して安定であるものがよい。主な発電用原子炉では真水（軽水という）が用いられているため，軽水炉と呼ばれる。

（3）　減速材

核分裂反応で生じた高速中性子を，新たな核分裂に使用するために低速度の熱中性子に減速する材料を減速材という。減速効果が大きく，中性子の吸収が少なく，放射線に対して安定であるものがよい。軽水炉では軽水が減速材を兼ねる。

（4）　反射材

炉心から漏れ出す中性子を反射して炉心に戻す材料を反射材という。減速材と同じ材料が用いられ，軽水炉では軽水が反射材を兼ねる。

（5）　制御棒

炉内の中性子を吸収して中性子数を制御することで，連鎖反応を制御する材料を制御材といい，棒状の形状から制御棒と呼ばれる。中性子の吸収が大きい材料として，ほう素 B，カドミウム Cd，ハフニウム Hf などの合金が用いられる。

（6）　遮蔽材

$γ$ 線などの放射線や中性子線から，人体を守るために設けられた材料を遮蔽材という。鉄製の圧力容器，それを取り囲む格納容器のさらに外側を厚い特殊なコンクリート壁で囲い放射性物質を遮蔽することで，放射線や中性子線などから人体を保護する。

3. 発電用の原子炉
（1） 加圧水型原子炉（PWR）

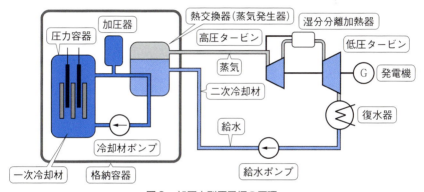

図3　加圧水型原子炉の原理

　図3は加圧水型原子炉の原理図である。原子炉内の軽水（<u>一次冷却材</u>）を<u>加圧器</u>で加圧することで軽水を沸騰させず，高温高圧の熱水を<u>熱交換器</u>（<u>蒸気発生器</u>ともいう）に送り別系統の水（<u>二次冷却材</u>）を加熱し蒸気を発生させ，その蒸気でタービンを駆動する方式である。このため，タービン系統の水には<u>放射性物質が含まれない</u>。

　原子炉の制御は，制御棒の挿入・引抜き及び一次冷却材中の<u>ほう素濃度</u>の調整により行う。

（2） 沸騰水型原子炉（BWR）

　図4は沸騰水型原子炉の原理図である。原子炉内で軽水を沸騰させ，<u>汽水分離器</u>で水と分離された蒸気をそのままタービンに送り駆動させる方式である。加圧水型に比べ熱交換器が不要で系統が簡単となり，熱効率は加圧水型に比べ高い。一方で，放射性物質を含んだ冷却材がタービンに送られる。

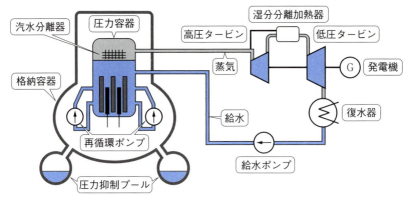

図4　沸騰水型原子炉の原理

　原子炉の制御は，制御棒の挿入・引抜き及び再循環ポンプによる流量調整により行う。沸騰水型では炉心にボイド（蒸気の泡）が発生するが，ボイドは中性子の減速効果が小さいため，核分裂を抑制し原子炉出力を低下させる。再循環ポンプで炉心の水の流量を増やすと，ボイドが減少し出力は増加する。

　また，圧力抑制プールは，事故の際に高温の蒸気を凝縮させ格納容器の圧力を抑制する働きがある。

要するに，汽力発電所のボイラが原子炉になったということだよね。

ということは，原子力発電用のタービン発電機の極数は4極ってこと？

簡単に言えばそうなる。でも，蒸気は汽力発電に比べ低温低圧の飽和蒸気に近い。
だから，タービンの蒸気使用量も多く，大型で低速となる。

そのとおり。だから，回転速度は，50 Hz用で1 500 min^{-1}，60 Hz用で1 800 min^{-1}となる。

豆知識

燃料を作り出す？原子炉

　燃えないウラン238（親物質）は中性子を1個吸収すると，プルトニウム239に転換する。プルトニウム239は核分裂を起こす物質であるため，使用済み核燃料からプルトニウムを取り出し，ウランと混合した燃料（MOX燃料）とすることで，軽水炉の原子燃料として再利用できる。これはプルサーマル計画と呼ばれる。

親物質の消失数に対する，新たに生じた核分裂物質の生成数を**転換率**という。軽水炉では転換率は 1 より小さい。転換率を 1 以上に高めた原子炉は**高速増殖炉**と呼ばれる。しかし，新型転換炉「ふげん」は 2003 年に運転終了，高速増殖炉「もんじゅ」は 2016 年に廃炉が決定されて現在に至っている。

ウラン，プルトニウムの名前の由来は？

ウランはウラヌス，プルトニウムはプルートにちなみ命名された。これを聞いて，「おや，昔のアニメの美少女戦士の名前じゃない？」と気づいた人，正解に近い。実はウランやプルトニウムは，美少女戦士同様太陽系の惑星から名付けられたものである。土星の外側から順に，天王星（ウラヌス），海王星（ネプチューン），冥王星（プルート）となる（命名当時，冥王星は惑星に分類されていた）。

地球に天然に存在する最も重い元素はウランである。それより重い元素は，地球 45 億年の歴史の中で自然崩壊してなくなったからである。しかし，ウランより重い元素は原子炉の中で作ることができる。そこで科学者は，ウランより重い元素がいずれ人工的に作られ，発見されるのを見越して，我が子の誕生よろしく先に名前をつけた。ウランより 1 だけ原子番号が大きい元素にネプツニウム Np，さらに 1 大きい元素にプルトニウム Pu と。さて，実際に元素が発見されると特性が調べられ，プルトニウムの強い毒性が明らかになってきた。プルートとは冥王，死者の世界を治める王である。名は体を表してしまったようだ。

10
原子力発電

実践・解き方コーナー

問題1 0.01 kg のウラン 235 が核分裂するときに 0.09 ％ の質量欠損が生じるとする。これにより発生するエネルギーと同じだけの熱量を得るのに必要な重油の量 [l] の値として，最も近いものを次の（1）〜（5）のうちから一つ選べ。ただし，重油発熱量を 43 000 kJ/l とする。

（1） 950 （2） 1 900 （3） 9 500 （4） 19 000 （5） 38 000

(平成 24 年度)

解答 質量欠損 m は $m = 0.01 \times 0.09 \times 10^{-2} = 9 \times 10^{-6}$[kg] なので，エネルギー E は，

$$E = 9 \times 10^{-6} \times (3 \times 10^8)^2 = 8.1 \times 10^{11}[J] = 8.1 \times 10^8[kJ]$$

となるので，重油量 M は重油発熱量より，

$$M = \frac{8.1 \times 10^8}{43\,000} ≒ 18\,800[l] \quad \rightarrow \quad 19\,000\,l$$

となる。したがって，正解は（4）となる。

問題2　次の文章は，原子力発電に関する記述である。

原子力発電は，原子燃料が出す熱で水を蒸気に変え，これをタービンに送って熱エネルギーを機械エネルギーに変えて，発電機を回転させることにより電気エネルギーを得るという点では，　(ア)　と同じ原理である。原子力発電では，ボイラの代わりに　(イ)　を用い，　(ウ)　の代わりに原子燃料を用いる。現在，多くの原子力発電所で燃料として用いている核分裂連鎖反応する物質は　(エ)　であるが，天然に産する原料では核分裂連鎖反応しない　(オ)　が99％以上占めている。このため，発電用原子炉にはガス拡散法や遠心分離法などの物理学的方法で　(エ)　の含有率を高めた濃縮燃料が用いられている。

上記の記述中の空白箇所(ア)，(イ)，(ウ)，(エ)及び(オ)に当てはまる組合せとして，正しいものを次の（1）～（5）のうちから一つ選べ。

	(ア)	(イ)	(ウ)	(エ)	(オ)
（1）	汽力発電	原子炉	自然エネルギー	プルトニウム239	ウラン235
（2）	汽力発電	原子炉	化石燃料	ウラン235	ウラン238
（3）	内燃力発電	原子炉	化石燃料	プルトニウム239	ウラン238
（4）	内燃力発電	燃料棒	化石燃料	ウラン238	ウラン235
（5）	太陽熱発電	燃料棒	自然エネルギー	ウラン235	ウラン238

(平成21年度)

....

解答　原子燃料が出す熱で水を蒸気に変え，これをタービンに送って熱エネルギーを機械エネルギーに変えて，発電機を回転させることにより電気エネルギーを得るという点では，汽力発電と同じ原理である。原子力発電では，ボイラの代わりに原子炉を用い，化石燃料の代わりに原子燃料を用いる。現在，多くの原子力発電所で燃料として用いている核分裂連鎖反応する物質はウラン235であるが，天然に産する原料では核分裂連鎖反応しないウラン238が99％以上占めている。したがって，正解は（2）となる。

問題3　我が国における商業発電用の加圧水型原子炉(PWR)の記述として，正しいものを次の（1）～（5）のうちから一つ選べ。

（1）　炉心内で水を蒸発させて，蒸気を発生させる。

（2）　再循環ポンプで炉心内の冷却水流量を変えることにより，蒸気泡の発生量を変えて出力を調整できる。

（3）　高温・高圧の水を，炉心から蒸気発生器に送る。

（4）　炉心と蒸気発生器で発生した蒸気を混合して，タービンに送る。

96

（5）　炉心を通って放射線を受けた蒸気が，タービンを通過する。

(平成 22 年度)

解　答　（1）は誤り。加圧水型は水に圧力を加えて炉心内で水を沸騰させない。（2）は誤り。加圧水型には再循環ポンプは設置されない。（3）は正しい。蒸気発生器で別系統の冷却材を加熱沸騰させる。（4）は誤り。蒸気は混合しない。（5）は誤り。タービンを通過する蒸気は，炉心を通過するものと別系統。したがって，正解は（3）となる。

問題4　次の文章は，原子力発電の設備概要に関する記述である。

原子力発電で多く採用されている原子炉の型式は軽水炉であり，主に加圧水型と，沸騰水型に分けられるが，いずれも冷却材と　（ア）　に軽水を使用している。加圧水型は，原子炉内で加熱された冷却材の沸騰を　（イ）　により防ぐとともに，一次冷却材ポンプで原子炉，　（ウ）　に冷却材を循環させる。　（ウ）　で熱交換を行い，タービンに送る二次系の蒸気を発生させる。沸騰水型は，原子炉内で冷却材を加熱し，発生した蒸気を直接タービンに送るため，系統が単純になる。それぞれに特有な設備には，加圧水型では　（イ）　，　（ウ）　，一次冷却材ポンプがあり，沸騰水型では　（エ）　がある。

上記の記述中の空白箇所（ア），（イ），（ウ）及び（エ）に当てはまる組合せとして，正しいものを次の（1）～（5）のうちから一つ選べ。

	（ア）	（イ）	（ウ）	（エ）
（1）	減速材	加圧器	蒸気発生器	再循環ポンプ
（2）	減速材	蒸気発生器	加圧器	再循環ポンプ
（3）	減速材	加圧器	蒸気発生器	給水ポンプ
（4）	遮蔽材	蒸気発生器	加圧器	再循環ポンプ
（5）	遮蔽材	蒸気発生器	加圧器	給水ポンプ

(平成 27 年度)

解　答　加圧水型と，沸騰水型，いずれも冷却材と減速材に軽水を使用している。加圧水型は，原子炉内で加熱された冷却材の沸騰を加圧器により防ぐとともに，一次冷却材ポンプで原子炉，蒸気発生器に冷却材を循環させる。蒸気発生器で熱交換を行い，タービンに送る二次系の蒸気を発生させる。沸騰水型は，原子炉内で冷却材を加熱し，発生した蒸気を直接タービンに送るため，系統が単純になる。それぞれに特有な設備には，加圧水型では加圧器と，蒸気発生器，一次冷却材ポンプがあり，沸騰水型では再循環ポンプがある。したがって，正解は（1）となる。

10

原子力発電

97

出題ランク ★★☆

11 その他の発電

最近，郊外で巨大な風車を見かけるようになったね。

再生可能エネルギーとして注目されている一つだ。人に優しいエネルギーだね。

✓ 重要事項・公式チェック

1 その他の火力発電
①　ガスタービン発電　ガスタービンで発電機を駆動
②　コンバインドサイクル発電　ガスタービンの排熱も利用
③　ディーゼル発電　ディーゼルエンジンで発電機を駆動

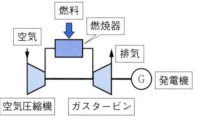

図1　ガスタービン発電（開放サイクル）

> ガスタービンの排気は500℃近いので，この排熱を回収して蒸気タービンを駆動すれば，熱効率がぐっとアップする。
> これが，コンバインドサイクル発電の売りだ。

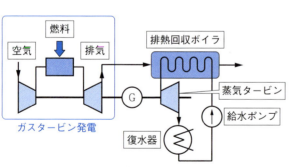

図2　コンバインドサイクル発電

2 再生可能エネルギーを利用した発電
①　太陽光発電　太陽電池で発電
②　風力発電　巨大な風車で発電機を駆動
③　地熱発電　地中マグマの熱で蒸気タービンを駆動
④　バイオマス発電　生物由来の廃材から燃料を得る

⑤　小水力発電　低落差の未開発水力資源の利用

3 その他の発電

☑ ①　燃料電池　水の電気分解の逆反応を利用した発電
　 ②　コジェネレーション　発電で生じた排熱の有効利用システム

例題チャレンジ！

例題　再生可能エネルギーを利用した発電に関する記述として，正しいものを次の(1)～(5)のうちから一つ選べ。

(1)　太陽光発電は，太陽電池により太陽光エネルギーを直接電気エネルギーに変換する燃料が不要なクリーンな発電である。しかし，太陽電池の発電量は，日射量，気温の影響を受けること，夜間は使用できないことなどの欠点もある。

(2)　風力発電は，自然の風のエネルギーで風車を駆動し発電する。風車技術の向上により，風速1 m/s以下の微風での発電も可能になり，我が国でも多数の大規模風力発電施設が稼働している。

(3)　地熱発電は，地下のマグマにより加熱された蒸気でタービンを駆動して発電する。再生可能エネルギーの中では比較的出力が大きく，天候，季節，昼夜によらず安定した発電量を得られる。火山国である我が国では十分な地熱資源があり，開発が進められている。

(4)　バイオマス発電は，生物由来のゴミ，廃材等を燃料として，燃焼により生じる蒸気でタービンを駆動し発電する。ゴミ焼却の排熱を利用できる利点の半面，CO_2を排出し環境負荷がかかる。

(5)　小水力発電とは，一般に出力1 000 kW以下のもので，未開発の低落差の水力資源を有効活用するものである。比較的簡単な工事と設備で発電できる。水車にはペルトン水車が適している。

ヒント　再生可能エネルギーの問題点は，大規模で安定した電力供給が難しい点にある。

解答　(1)は誤り。太陽電池の発電量は，日射量に依存するが，気温には依存しない。(2)は誤り。風車は，風速5 m/s程度以上でなければ発電できない。

11

その他の発電

(3)は正しい。記述のとおり。(4)は誤り。生物由来の炭素は，大気中のCO_2が光合成により取り込まれたものなので，一般にCO_2排出量としてカウントしない。(5)は誤り。小水力資源は一般に低落差であるため，ペルトン水車は不適当である。クロスフロー水車またはプロペラ水車が多く用いられる。したがって，正解は(3)となる。

いきなり，質問！
「地球に優しい」はよく聞くけれど，博士はなぜ，「人に優しい」って言うの？

それは，人が地球を支配した言い方に聞こえるからね。人は地球に生かされている生物だという，謙虚な気持ちがなければいかん。
環境問題は地球の問題ではなく，私たちの問題なのだよ。

 なるほど解説

1．その他の火力発電

（1） ガスタービン発電とコンバインドサイクル発電

図1は，開放サイクルガスタービン発電設備の原理図である。タービンで駆動された空気圧縮機で圧縮空気を燃焼器に送り，燃料の燃焼で得られる高温高圧の燃焼ガスによりタービンを駆動する設備をガスタービンという。これを原動機として発電機を駆動する発電方式がガスタービン発電である。起動時間が短く負荷追従性が高いこと，構造が簡単で冷却水が不要等の特徴から，ピーク負荷発電所，非常用予備電源として使われている。開放サイクルでは出力が外気温度の影響を受けやすく（気温上昇に伴い出力が低下），騒音も大きい。ガスタービンの効率は，タービン入口のガス温度が高く空気圧縮機の圧縮比が大きいほど高いが，機器の耐熱性や高温燃焼に伴う窒素酸化物の増加に対する対策が必要になる。

一般に，タービンの排ガス温度は500℃程度の高温であるため，図2のように，タービンの排ガスを排熱回収ボイラに導き，蒸気を発生させて蒸気タービンを駆動させる方式が考案された。これをコンバインドサイクル発電（複合サイクル発電）という。このため，コンバインドサイクル発電は，汽力発電より高い熱効率（60％程度のものもある）で運転できるほか，蒸気タービンの出力分担が少ないため，復水器の冷却水量が少なくなり温排水量も減る。一方，ガスタービン発電の特徴を引き継ぎ，出力が外気温の影響を受けやすく，騒音も大きい。

(2) 内燃力発電

内燃力発電は，エンジン等の内燃機関で発電機を駆動する発電方式である。一般に，内燃機関の中で最も熱効率のよいディーゼル機関を用いたディーゼル発電が主流である。ディーゼル発電は，離島，へき地，工場等で使用されるほか，短時間で起動できることから，病院，ビル等の非常用予備電源としても設置されている。

2．再生可能エネルギーを利用した発電

CO_2による地球温暖化も心配，原子力も未来に負の遺産を残すようだし…。となると，今話題の再生可能エネルギーが未来の希望かな。

ただ，再生可能エネルギーは，比較的小規模で，大電力を安定供給することが難しい現実がある。いいとこ取りはできない。さあ，どうする。

(1) 太陽光発電

p形半導体とn形半導体のpn接合面に太陽光を当てると，接合部に電子・正孔対が生じる。電子はn形半導体に，正孔はp形半導体に移動し，p形半導体側が正極，n形半導体側が負極の直流起電力を発生する。効率は単結晶シリコン形で20％程度である。単結晶シリコン形は高価なため，やや効率は低いが安価な多結晶シリコン形が多く使われている。その他にアモルファス(非晶質)シリコンも使われる。太陽光発電は，燃料が不要で排出ガス，騒音もないクリーンエネルギーである。しかし，夜間は発電できず，発電量が天候(日射量)の影響を受ける。また，太陽光はエネルギー密度が低いため，大出力を得るためには広い設置面積を必要とすることや，電力系統に連系するにはインバータと保護装置を兼ね備えたパワーコンディショナが必要になる。

なお，法規編：単元21「調整池式水力発電と太陽電池発電の運用原理と計算」も参照されたい。

(2) 風力発電

質量を持った空気の運動エネルギーを風車で機械エネルギーに変換し発電する方式である。1[s]間当たりの風力エネルギー P は空気の運動エネルギーに比例するので，風車を通過する1[s]間当たりの空気の質量 m[kg/s]と，速度 v[m/s]の2乗に比例する。空気の密度を ρ[kg/m³]，風車の回転面積を $S=\pi R^2$[m²]（R[m]は風車半径）とすると，

$$m = \rho S v\,[\mathrm{kg/s}] = \rho \pi R^2 v\,[\mathrm{kg/s}]$$

であるから，P は比例定数を k（**風車の出力係数**）とすると次式となる。

$$P = \frac{1}{2}kmv^2 = \frac{1}{2}k(\rho Sv)v^2 = \frac{1}{2}k\rho Sv^3\,[\mathrm{W}] \tag{1}$$

これより，風車の出力は風速の 3 乗に比例する。また，k の値は最大でも 0.45 程度である。発電機には誘導発電機，同期発電機，永久磁石式発電機が用いられている。

燃料を使わないクリーンなエネルギーで 6～7 m/s 以上の風で発電できるが，自然の風は風向風速とも安定していないので安定した電力を供給することは難しい。また，近隣地域に対して低周波振動や騒音対策も必要となる。環境保護の観点から諸外国でも大規模施設が建設され，我が国でも風力発電施設が建設され稼働している。

（3） 地熱発電

地中のマグマで熱せられた蒸気や，熱水の気化で発生した蒸気を使い，蒸気タービンを駆動し発電する方式である。再生可能エネルギーの中では，比較的安定した大きな出力が得られる発電方式である。使用する蒸気の圧力，温度とも汽力発電所よりも低いため，汽水分離器で分離した蒸気を使う。また，蒸気に混入している腐食性ガスの対策も必要である。火山国である我が国では十分な地熱資源があるため，昭和 40 年代から実用化され現在に至る。近時では，松尾八幡平地熱発電所（7 499 kW）が 2019 年 1 月に運転を開始した。一方で，地熱資源の探査・開発に費用と期間を要すること，自然環境への悪影響が心配されること，山岳地帯であるため初期費用が高いこと，国立公園に係る規制の問題があること等の難点もある。

（4） バイオマス発電

生物由来の有機性廃材（紙，動物糞尿，食品廃材，建設廃材，下水汚泥等）を直接燃料として，または発酵で得られるメタンガスを燃料として燃焼し発電する方式である。バイオマス中の炭素は，元来大気中の CO_2 から光合成で得られたものなので，大気中の CO_2 を増加させないカーボンニュートラルである。

（5） 小水力発電

中低落差の未開発水力資源の有効利用として近年注目を集めている。一般に，出力 1 000 kW 以下の小水力発電設備を指す。水車には比較的高効率のクロスフロー水車が用いられることが多い。また，発電機は誘導発電機が採用される場合

が多い。工事も比較的簡単で工期も短いため，山間地，中小河川，農業用水路，上下水道，ビル等に設けられる。

3．その他の発電
（1） 燃料電池
水の電気分解の逆反応を利用した発電方式であり，水素と酸素の化学反応から直接電気エネルギーを作り出し，直流起電力を発生する。汽力発電に比べ発電効率が高く，大気汚染，騒音等の環境問題も少なく，急激な負荷変動にも対応できる。固体高分子形，リン酸形が実用段階にあり，分散型電源として使われている。なお，機械編：単元35「電池」も参照されたい。

（2） コジェネレーション
発電の他に，発電で生じた排熱の有効利用も図るシステムである。ガスタービン発電やディーゼル発電，燃料電池の排熱を回収して，暖房や給湯等に利用することでシステム全体として熱効率を高めることができる。

再生可能エネルギーは，比較的小規模な出力なので，需要地に隣接した分散型電源としての意義がありそうだね。

電気の「地産地消」が，将来の電力供給のキーワードと言えるね。

豆知識

コンバインドサイクル発電の効率を求めてみよう

図3において，ガスタービン発電効率 η_{GAS} 及び蒸気タービン発電効率 η_S は次のように定義される。

$$\text{ガスタービン発電効率 } \eta_{GAS} = \frac{\text{ガスタービンの発電量} W_1 [\text{J}]}{\text{燃焼器で発生する熱量} Q_1 [\text{J}]}$$

$$\text{蒸気タービン発電効率 } \eta_S = \frac{\text{蒸気タービンの発電量} W_2 [\text{J}]}{\text{排熱回収ボイラの入熱量} Q_2 [\text{J}]}$$

ここで，ガスタービン発電の排熱量がすべて排熱回収ボイラの入熱量となるものとすると，次式が成り立つ。

$$Q_2 = Q_1 - W_1 = Q_1 - Q_1 \eta_{GAS} = Q_1(1 - \eta_{GAS})$$

このとき，コンバインドサイクル発電の入力は $Q_1 [\text{J}]$ であり，出力は $W_1 + W_2 [\text{J}]$ であるから，効率 η は次式で表される。

$$\eta = \frac{W_1+W_2}{Q_1} = \frac{Q_1\eta_{GAS}+Q_2\eta_S}{Q_1} = \frac{Q_1\eta_{GAS}+Q_1(1-\eta_{GAS})\eta_S}{Q_1}$$
$$= \eta_{GAS}+(1-\eta_{GAS})\eta_S \quad (2)$$

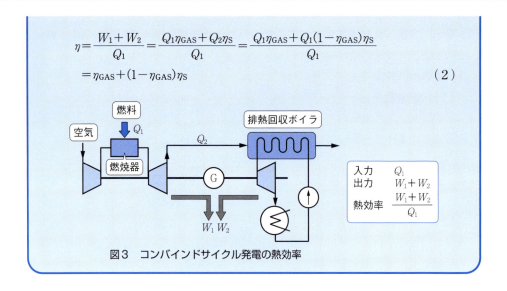

図3　コンバインドサイクル発電の熱効率

実践・解き方コーナー

問題1　複数の発電機で構成されるコンバインドサイクル発電を，同一出力の単機汽力発電と比較した記述として，誤っているものを次の（1）〜（5）のうちから一つ選べ。
（1）　熱効率が高い。
（2）　起動停止時間が長い。
（3）　部分負荷に対応するため，運転する発電機数を変えるので，熱効率の低下が少ない。
（4）　最大出力が外気温度の影響を受けやすい。
（5）　蒸気タービンの出力分担が少ないので，その分復水器の冷却水量が少なく，温排水量も少なくなる。

(平成22年度)

解　答　（1）は正しい。熱効率は，汽力発電の41％程度に対してガスタービン入口温度にもよるが43〜60％程度ある。（2）は誤り。起動停止時間は短い。（3）は正しい。複数ユニットの場合，単位ユニットの増減で部分負荷に対応できるので熱効率の低下が少ない。（4）は正しい。ガスタービン（開放サイクル）同様，最大出力は外気温度の影響を受けやすい。（5）は正しい。記述のとおり。したがって，正解は（2）となる。

問題2 排熱回収方式のコンバインドサイクル発電所において，コンバインドサイクル発電の熱効率が 48 %，ガスタービン発電の排気が保有する熱量に対する蒸気タービン発電の熱効率が 20 % であった。ガスタービン発電の熱効率[%]の値として，最も近いものを次の（1）～（5）のうちから一つ選べ。ただし，ガスタービン発電の排気はすべて蒸気タービン発電に供給されるものとする。

（1） 23　　（2） 27　　（3） 28　　（4） 35　　（5） 38

(平成 25 年度)

解答　エネルギーの流れを図 11-2-1 に示す。η_{GAS} は，ガスタービン発電の熱効率であり，η_S は，ガスタービン発電の排気が保有する熱量に対する蒸気タービン発電の熱効率である。入力 Q に対して出力は，

$$Q\eta_{GAS} + Q(1-\eta_{GAS})\eta_S$$

なので，コンバインドサイクル発電の熱効率 η は次式となる。

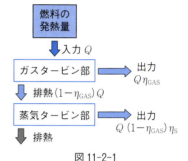

図 11-2-1

$$\eta = \frac{Q\eta_{GAS} + Q(1-\eta_{GAS})\eta_S}{Q}$$

$$= \eta_{GAS} + (1-\eta_{GAS})\eta_S$$

上式に数値を代入して η_{GAS} を計算すると，

$$0.48 = \eta_{GAS} + (1-\eta_{GAS}) \times 0.2$$

$$\eta_{GAS} = 0.35 = 35 [\%]$$

となる。したがって，正解は（4）となる。

問題3　次の文章は，太陽光発電に関する記述である。

現在広く用いられている太陽電池の変換効率は太陽電池の種類により異なるが，おおよそ　(ア)　[%]である。太陽光発電を導入する際には，その地域の年間　(イ)　を予想することが必要である。また，太陽電池を設置する　(ウ)　や傾斜によって　(イ)　が変わるので，これらを確認する必要がある。さらに，太陽電池で発電した直流電力を交流電力に変換するためには，電気事業者の配電線に連系して悪影響を及ぼさないための保護装置などを内蔵した　(エ)　が必要である。

上記の記述中の空白箇所(ア)，(イ)，(ウ)及び(エ)に当てはまる組合せとして，正しいものを次の(1)～(5)のうちから一つ選べ。

	（ア）	（イ）	（ウ）	（エ）
（1）	7〜20	平均気温	影	コンバータ
（2）	7〜20	発電電力量	方位	パワーコンディショナ
（3）	20〜30	発電電力量	強度	インバータ
（4）	15〜40	平均気温	面積	インバータ
（5）	30〜40	日照時間	方位	パワーコンディショナ

（平成 25 年度）

解答　太陽電池の変換効率は太陽電池の種類により異なるが，およそ 7〜20 [%] である。太陽光発電を導入する際には，その地域の年間発電電力量を予想することが必要である。また，太陽電池を設置する方位や傾斜によって発電電力量が変わるので，これらを確認する必要がある。さらに，太陽電池で発電した直流電力を交流電力に変換するためには，電気事業者の配電線に連系して悪影響を及ぼさないための保護装置などを内蔵したパワーコンディショナが必要である。したがって，正解は（2）となる。

問題4　風力発電に関する記述として，誤っているものを次の（1）〜（5）のうちから一つ選べ。

（1）　風力発電は，風の力で風力発電機を回転させて電気を発生させる発電方式である。風が得られれば燃焼によらずパワーを得ることができるため，発電するときに CO_2 を排出しない再生可能エネルギーである。

（2）　風車で取り出せるパワーは風速に比例するため，発電量は風速に左右される。このため，安定して強い風が吹く場所が好ましい。

（3）　離島においては，風力発電に適した地域が多く存在する。離島の電力供給にディーゼル発電機を使用している場合，風力発電を導入すれば，そのディーゼル発電機の重油の使用量を減らす可能性がある。

（4）　一般に，風力発電では同期発電機，永久磁石式発電機，誘導発電機が用いられる。特に，大形の風力発電機には，同期発電機または誘導発電機が使われている。

（5）　風力発電では，翼が風を切るため騒音を発生する。風力発電を設置する場所によっては，この騒音が問題になる場合がある。この騒音対策として，翼の形を工夫して騒音を低減している。

（平成 24 年度）

解答　（1）は正しい。一方で，エネルギー密度が低いため大きな風車が必要となり，風速や風向で回転数，出力が大きく変動する等の特性を持つ。（2）は誤り。風車で取り出せるパワー（電力）は風速の 3 乗に比例する。（3）は正しい。記述のとおり。（4）は正

しい。1 MW 級の大型風車では回転速度が $10 \sim 50 \, \mathrm{min}^{-1}$ 程度と非常に低速になるので、風車と発電機の間に増速ギアが設置されている。（5）は正しい。人家等の近隣に設置される場合，騒音は環境問題の一つとなるので対策が必要となる。したがって，正解は（2）となる。

問題5 バイオマス発電は，植物等の （ア） 性資源を用いた発電と定義することができる。森林樹木，サトウキビ等はバイオマス発電用のエネルギー作物として使用でき，その作物に吸収される （イ） 量と発電時の （イ） 発生量を同じとすることができれば，環境に負担をかけないエネルギー源となる。ただ，現在のバイオマス発電では，発電事業として成立させるためのエネルギー作物等の （ウ） 確保の問題や （エ） をエネルギーとして消費することによる作物価格への影響が課題となりつつある。

上記の記述中の空白箇所（ア），（イ），（ウ）及び（エ）に当てはまる組合せとして，正しいものを次の（1）〜（5）のうちから一つ選べ。

	（ア）	（イ）	（ウ）	（エ）
(1)	無機	二酸化炭素	量的	食料
(2)	無機	窒素化合物	量的	肥料
(3)	有機	窒素化合物	質的	肥料
(4)	有機	二酸化炭素	質的	肥料
(5)	有機	二酸化炭素	量的	食料

（平成21年度）

解 答 バイオマス発電は，植物等の有機性資源を用いた発電と定義することができる。森林樹木，サトウキビ等はバイオマス発電用のエネルギー作物として使用でき，その作物に吸収される二酸化炭素量と発電時の二酸化炭素発生量を同じとすることができれば，環境に負担をかけないエネルギー源となる。ただ，現在のバイオマス発電では，発電事業として成立させるためのエネルギー作物等の量的確保の問題や食料をエネルギーとして消費することによる作物価格への影響が課題となりつつある。したがって，正解は（5）となる。

出題ランク ★☆☆

12 発電機と並行運転

発電方式と発電機はどんな関係があるの？

発電機（原動機）の回転速度の違いが大きく影響するんだ。

✓ 重要事項・公式チェック

1 水車発電機とタービン発電機の比較

	水車発電機	タービン発電機
回転速度	低速回転 100 min^{-1}〜750 min^{-1}	高速回転 1 500 min^{-1}〜3 600 min^{-1}
周波数	50 Hz または 60 Hz	
極数	多極	2極または4極
形状 軸形式	発電機／水車 （縦軸が多い）	タービン／発電機 （横軸）
形式	突極形	円筒形（非突極形）
冷却方式	空気冷却	水素冷却
短絡比	大（1.0〜1.5）	小（0.6〜1.0）
単機容量	300 MV·A〜500 MV·A 程度	大容量 1 000 MV·A 級

＊タービン発電機の極数と回転速度
　一般火力発電：2極，3 000 min^{-1}（50 Hz）または 3 600 min^{-1}（60 Hz）
　原子力発電　：4極，1 500 min^{-1}（50 Hz）または 1 800 min^{-1}（60 Hz）

2 同期発電機の並行運転

（1）並行運転において，並列接続の際に必要な条件
　✓ 電圧の大きさが等しい，周波数が等しい，位相が等しい
（2）無効電力（力率）と有効電力の分担
　✓ ① 無効電力（力率）の分担は界磁電流の調整で決まる
　　② 有効電力の分担は調速機の速度調定率で決まる

例題チャレンジ！

例題 水車発電機とタービン発電機の一般的な相違を述べた記述として，誤っているものを次の（1）～（5）のうちから一つ選べ。
（1） 水車発電機の回転速度は，タービン発電機に比べて低い。
（2） 水車発電機の回転子は軸方向に長い円筒形であるが，タービン発電機の回転子は半径方向に大きい突極形である。
（3） 大容量のタービン発電機では一般に水素冷却方式を採用するが，水車発電機では空気冷却方式が採用される。
（4） 水車発電機の短絡比は，タービン発電機の短絡比に比べ一般に大きい。
（5） タービン発電機は横軸形が採用されるが，水車発電機は横軸形，縦軸形のいずれかが採用される。

ヒント 回転速度が大きいと，遠心力による機械的な強度や冷却材の風損が問題となる。また，形状は軸形式及び電気的性質に影響する。

解答 （1）は正しい。水車とタービンの回転速度の違いによる。（2）は誤り。水車発電機の回転子は半径方向に大きい突極形，タービン発電機の回転子は軸方向に長い円筒形である。（3）は正しい。水素は空気に比べ比重が小さく比熱が大きいので冷却効果が大きい。しかし，設備費が高価なため，高速機，大容量機に採用される。（4）は正しい。突極形は鉄機械と呼ばれ，電機子反作用の影響が比較的小さいため短絡比は大きい。（5）は正しい。タービン発電機の回転子は，軸方向に長いため横軸形となる。したがって，正解は（2）となる。

なるほど解説

1．発電機の種類

発電所の発電機には，主に回転界磁形の三相同期発電機が用いられている（機械編：単元16～19を参照）。ただし，一部の小水力発電や風力発電には誘導発電機が用いられる場合もあるが，本単元で扱う発電機は同期発電機を対象とする。

同期機のことを知らないとマズイかな？

この単元では，"使われ方"から見た同期発電機がメインだから，回転速度がどのように影響するのかを理解すればいいんじゃないかな。

２．原動機の回転速度と発電機の特徴

（１） 原動機の回転速度の違い

水車は，比速度やキャビテーションによる制限から，$100 \sim 750 \ \mathrm{min}^{-1}$ 程度の比較的低速度で運転される。一方，蒸気タービンは蒸気の熱エネルギーを効率よく機械エネルギーに変換するため，$1\,500 \sim 3\,600 \ \mathrm{min}^{-1}$ 程度の比較的高速度で運転される。この回転速度の違いが，発電機の特徴となって現れる。

（２） 界磁の極数（磁極数）

同期機の極数 p は，同期速度 $N_\mathrm{S}[\mathrm{min}^{-1}]$ と周波数 $f[\mathrm{Hz}]$（50 Hz または 60 Hz）で決まる偶数（N，S 極ペア）であり，次式の関係にある。

$$p = \frac{120f}{N_\mathrm{S}} \tag{1}$$

これより，同期速度が小さい水車発電機では極数が多くなる。一方，同期速度が大きいタービン発電機では極数は 2 極または 4 極となる。

（３） 形状・軸形式及び形式

水車発電機は回転子表面に多数の磁極を配置する必要があるが，比較的低速運転であることから，界磁である回転子の直径を大きくできる。このため，形式は突極形となりはずみ車効果が大きく，負荷変動に対する回転速度の変動が小さい。直径が大きい分，軸方向の長さを短くできるため，水車との関係から軸形式は縦軸である場合が多い。

一方，タービン発電機は極数が 2 極または 4 極であること，比較的高速運転のため遠心力に耐える機械的強度の制約から，回転子の直径を小さくし軸方向に長くする。このため，形式は円筒形（非突極形）となり，軸形式は横軸となる。

（４） 冷却方式

発電機の鉄損・銅損等による温度上昇を抑制し，性能を維持するために適切な冷却を行う。水車発電機では，通常空気により冷却する。

一方，タービン発電機では，経済性や効率向上のために単機容量が大容量となること，高速回転時の風損を低減すること等の理由から，水素冷却が採用される。水素は，空気に対して熱伝導率が約 6.7 倍，比熱量が約 14 倍，比重が約 7 % のため，効果的な冷却や風損の低減ができる。また，水素は空気に比べ不活性のため，絶縁劣化やコロナによる損傷が少ない等の長所がある反面，水素は酸素と反応し爆発の危険があるため密閉構造（全閉形，水素濃度 90 % 以上）とする必要がある（このため騒音は減少する）。このとき，軸に沿って水素ガスが漏れないように，

軸受において油膜によりシールする(密封油装置)。

また，通常の冷却は絶縁物を介して行う間接冷却であるが，特に大容量機では導体内部に水素，水，油等を流す直接冷却も採用されている。

（5） 短絡比

短絡比は％同期インピーダンス降下(単位法表記)の逆数であり，同期インピーダンスの大部分は電機子反作用リアクタンスである。水車発電機は突極形で界磁が大きく鉄機械と呼ばれ，電機子反作用が比較的小さいため短絡比は大きくなる。一方，タービン発電機は円筒形で電機子が大きく銅機械と呼ばれ，電機子反作用が比較的大きいため短絡比は小さくなる。

3．同期発電機の並行運転

（1） 並行運転の条件

複数の同期発電機を並列接続して運転することを並行運転という。このとき，新たに接続する発電機は次の条件を満たさなければならない。

① 界磁電流を調整し，電圧の大きさを一致させる。
② 調速機により回転速度を調整し，周波数を一致させる。
③ 電圧の位相が一致した瞬間に接続する(位相を一致させる)。

なお，相回転の一致も③の条件で満たされる。

（2） 無効電力の分担

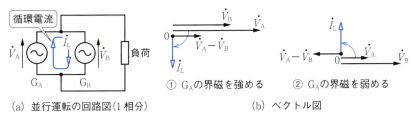

(a) 並行運転の回路図(1相分)　　(b) ベクトル図

図1　無効電力の分担

図1(a)のように，同期発電機G_AとG_Bが並列接続され，両発電機の起電力が負荷に対して同相であり，$\dot{V}_A = \dot{V}_B$であるとする。また，$\dot{V}_A$の大きさをV_A，$\dot{V}_B$の大きさをV_Bとする。いま，G_Aの界磁を強めて$V_A > V_B$とすると，図1(b)①のベクトル図のように，起電力の差$\dot{V}_A - \dot{V}_B$により循環電流$\dot{I}_L$が流れる。$\dot{I}_L$は，同期インピーダンス(ほぼ同期リアクタンス)のために$\dot{V}_A - \dot{V}_B$に対しては，ほぼ$\pi/2$遅れ電流となるので，$\dot{V}_A$に対して遅れ無効電流となる。逆に，G_Aの界磁を弱めて$V_A < V_B$とすると，図1(b)②のベクトル図のように$\dot{I}_L$は，$\dot{V}_A - \dot{V}_B$に対

してほぼ$\pi/2$遅れ電流となるので，$\dot{V}_A$に対して進み無効電流となる。このように，界磁電流を調整することで発電機の無効電力を変えることができる。

（3） 有効電力の分担
① 同期化力

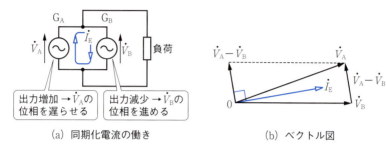

(a) 同期化電流の働き　　(b) ベクトル図

図2　発電機の同期化力（$\dot{V}_A$の位相が進んだ場合の例）

G_A，G_Bの起電力が$\dot{V}_A=\dot{V}_B$のとき，G_Aの原動機入力を増加させるとG_Aは回転速度がわずかに上昇（$\dot{V}_A$と$\dot{V}_B$に位相差が生じる程度）して，図2(b)のように$\dot{V}_A$は$\dot{V}_B$に対して位相が進み，起電力$\dot{V}_A-\dot{V}_B$が生じる。この起電力に対して，同期リアクタンスのためにほぼ$\pi/2$遅れの電流$\dot{I}_E$が流れる。$\dot{I}_E$は，$\dot{V}_A$に対してはほぼ同相で$\dot{I}_E$と$\dot{V}_A$の正の向き（図2(a)の$\dot{I}_E$と$\dot{V}_A$の矢印の向き）が同じため，G_Aの出力が増加し回転速度の上昇を抑えようとする（$\dot{V}_A$の位相を遅らせようとする）一方，G_Bに対しては$\dot{I}_E$と$\dot{V}_B$の正の向きが逆なので，G_Bの出力が減少し回転速度を上昇させようとする（$\dot{V}_B$の位相を進めようとする）。この一連の作用により，各発電機の起電力は，負荷に対して同相（$\dot{V}_A=\dot{V}_B$）となる。この作用を同期化力といい，$\dot{I}_E$を同期化電流という。同期化によって，G_AとG_Bは同じ周波数に同期化し，新たな負荷分担で安定運転する。

一方の負荷が増えると他方の負荷が減り，一方の負荷が減ると他方が多く引き受ける。自然界にはこんな「思いやり」があるんだね。ちょっぴり，感動！　でも，パパとママの同期化力は，大丈夫かな？

発電機に限らず，自然界には現状を維持しようとする働きが備わっている。でないと，物理的に安定したこの世界は存在できないからね。でも，複雑な要因が働く人間関係には，時として破綻もある。ご用心，ご用心。

② 速度調定率と負荷分担の計算

調速機が持つ出力に対する速度または周波数特性を**速度調定率**という。次に，速度調定率が直線で表されるとした場合の発電機の負荷分担について，具体的に計算方法を説明しよう。なお，速度調定率の定義は，単元 4「水車の種類と特性」（豆知識）を参照されたい。

[計算例] 定格出力 1 000 MW，速度調定率 5 % のタービン発電機 A と，定格出力 300 MW，速度調定率 3 % の水車発電機 B が電力系統に接続されており，タービン発電機は 100 % 負荷，水車発電機は 80 % 負荷をとって，定格周波数 50 Hz で並行運転しているとする。このとき，それぞれの発電機は，図 3 のグラフの A 点の状態にある。

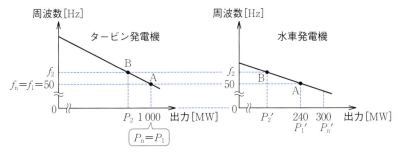

図3　2台の発電機の負荷分担と速度調定率

いま，系統の負荷が減少したために，タービン発電機の出力が $P_2=800$[MW] に減少したとする。発電機は負荷が軽くなるので周波数は上昇し，調速機の働きで周波数が f_2[Hz] で安定して，B 点の状態に移ったとする。このとき，速度調定率の式よりタービン発電機について次式が成り立つ。

$$R=\frac{(f_2-f_1)/f_\mathrm{n}}{(P_1-P_2)/P_\mathrm{n}}=\frac{(f_2-50)/50}{(1\,000-800)/1\,000}=0.05$$

これより，$f_2=50.5$[Hz] と求めることができる。

このとき，水車発電機の出力は，$P_1'=240$[MW] から P_2' に減少し，水車発電機の速度調定率の式より次式が成り立つ。

$$R=\frac{(f_2-f_1)/f_\mathrm{n}}{(P_1'-P_2')/P_\mathrm{n}'}=\frac{(50.5-50)/50}{(240-P_2')/300}=0.03$$

これより，$P_2'=140$[MW] となることがわかる。

発電機運転上の注意
① 発電機の進相運転
深夜の軽負荷時では，系統電圧の上昇を抑えるために励磁電流を減少させて運転する。これを進相運転または低励磁運転という。これにより発電機の安定度は著しく低下する。さらに，タービン発電機では，固定子端部の漏れ磁束が増加し固定子鉄心端部を過熱するほか，発電機端子電圧の低下による所内機器への影響で正常な運転が困難になるおそれがある。

② 発電機と不平衡負荷
不平衡負荷による電流は，平衡負荷時の電流(正相分)の他に相回転が逆の電流(逆相分)を含む。この逆相電流は，タービン発電機の固定子端部を過熱する。

発電機を守る強い味方(各種保護継電器)
① 内部短絡保護→比率差動継電器
② 過電流保護→過電流継電器
③ 地絡保護→地絡過電圧継電器
⑤ 過電圧保護→過電圧継電器
⑥ 原動機保護→電力方向継電器
⑦ 逆相電流による回転子過熱保護→逆相継電器
⑧ 脱調，乱調防止→界磁喪失継電器

これらの継電器が常時監視し，異常を即時検出する。

実践・解き方コーナー

問題1 タービン発電機の水素冷却方式について，空気冷却方式と比較した場合の記述として，誤っているものを次の(1)～(5)のうちから一つ選べ。
(1) 水素は空気に比べ比重が小さいため，風損を減少することができる。
(2) 水素を封入するため全閉形となり，運転中の騒音が小さくなる。
(3) 水素は空気よりも絶縁物に対して化学反応を起こしにくいため，絶縁物の劣化が少ない。
(4) 水素は空気に比べ比熱が小さいため，冷却効果が向上する。
(5) 水素の漏れを防ぐため，密封油装置を設けている。

解 答 （1）は正しい。比重が空気の約7％なので，高速で回転するタービン発電機の風損を大幅に軽減できる。（2）は正しい。水素は空気と一定の割合で混合すると爆発の危険があるため，全閉形(密閉構造)とする必要がある。（3）は正しい。水素自体は空気よりも不活性である。（4）は誤り。比熱量が大きいため冷却効果が向上する。（5）は正しい。記述のとおり。したがって，正解は（4）となる。

問題2 💧💧💧 定格出力1 000 MW，速度調定率5％のタービン発電機と，定格出力300 MW，速度調定率3％の水車発電機が周波数調整用に電力系統に接続されており，タービン発電機は80％出力，水車発電機は60％出力をとって，定格周波数(60 Hz)にてガバナフリー運転を行っている。系統の負荷が急変したため，タービン発電機と水車発電機は速度調定率に従って出力を変化させた。次の（a）及び（b）の問に答えよ。ただし，このガバナフリー運転におけるガバナ特性は直線とし，次式で表される速度調定率に従うものとする。また，この系統内で周波数調整を行っている発電機はこの2台のみとする。

$$速度調定率 = \frac{(n_2 - n_1)/n_n}{(P_1 - P_2)/P_n} \times 100 \, [\%]$$

P_1：初期出力[MW]　　　　　n_1：出力 P_1 における回転速度[min^{-1}]

P_2：変化後の出力[MW]　　　n_2：変化後の出力 P_2 における回転速度[min^{-1}]

P_n：定格出力[MW]　　　　　n_n：定格回転速度[min^{-1}]

（a）　出力を変化させ，安定した後のタービン発電機の出力は900 MW となった。このときの系統周波数の値[Hz]として，最も近いものを次の（1）〜（5）のうちから一つ選べ。

（1）　59.5　　（2）　59.7　　（3）　60　　（4）　60.3　　（5）　60.5

（b）　出力を変化させ，安定した後の水車発電機の出力の値[MW]として，最も近いものを次の（1）〜（5）のうちから一つ選べ。

（1）　130　　（2）　150　　（3）　180　　（4）　210　　（5）　230

(平成27年度)

考え方　速度調定率の式及び記号の意味についての記述があるが，回転速度と出力の添字1，2に要注意。また，回転速度は周波数で表すこともできるので，解法は本文計算例と同じである。

解 答　（a）　n_1，n_2，n_n に対応する周波数を f_1，f_2，f_n とする。タービン発電機の速度調定率の式より，次式が成り立つ。

$$R = \frac{(f_2 - f_1)/f_n}{(P_1 - P_2)/P_n} = \frac{(f_2 - 60)/60}{(800 - 900)/1\,000} = 0.05$$

12

発電機と並行運転

115

これより，$f_2=59.7$[Hz]となる。したがって，正解は（2）となる。
（b） 水車発電機の速度調定率の式より，次式が成り立つ。

$$R=\frac{(f_2-f_1)/f_n}{(P_1'-P_2')/P_n'}=\frac{(59.7-60)/60}{(180-P_2')/300}=0.03$$

これより，$P_2'=230$[MW]となる。したがって，正解は（5）となる。

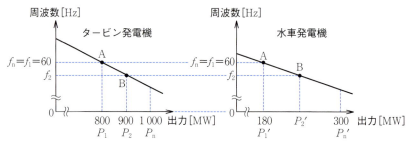

図 12-2-1

補 足 ガバナフリー運転とは，調速機（ガバナ）動作に負荷制限器による制限を設けず，周波数の変動に対して自由に，速度調定率に従って調速機を応動させて運転する状態をいう。この状態では，周波数が低下（発電機の回転速度が低下）した場合は，発電機の出力が増加し，周波数が上昇（発電機の回転速度が上昇）した場合は，出力が減少するよう自動制御されるので，電力系統の周波数の安定維持に効果がある。

出題ランク ★★☆

13 変電所

変電所は文字通り電圧を変える所だから、でかい変圧器があるってことだね。

変圧の他にも役割がある。だから、変圧器以外にも色々な設備がある。

✓ 重要事項・公式チェック

1 変電所の役割

① 電圧の昇圧と降圧　変電所の基本的な役割
② 電圧の調整　負荷変動に応じて供給電圧を一定に保つ
③ 電力潮流の調整　送電ルートの切換で電力の流れを調整
④ 送配電線の保護　事故線路を切り離し事故の波及を防ぐ

2 変電所の諸設備

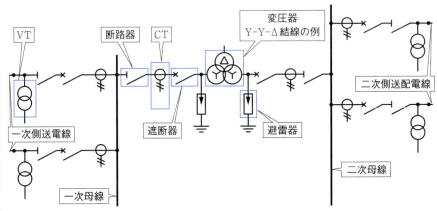

図1　変電所の構成と単線結線図の例（図記号はJIS C 0617による）

例題チャレンジ！

例題 変電所の機能に関する記述として，誤っているものを次の(1)〜(5)のうちから一つ選べ。

(1) 送配電線路で短絡や地絡事故が発生したとき，保護継電器により事故を検出し，遮断器で事故回線を系統から切り離し事故の波及を防ぐ。

(2) 構外から送られてくる電気を，変圧器で適切な電圧に昇圧または降圧して，構外へ送り出す。

(3) 電圧調整は負荷時タップ切換変圧器で行うことができる。

(4) 進相コンデンサや分路リアクトルを投入して有効電力を調整することで，電圧調整を行うことができる。

(5) 変電設備の局部的な過負荷運転を避けるため，開閉装置により系統切換を行って電力潮流を調整する。

ヒント 変電所の役割を確認。電圧調整には，変圧器タップを切り換える方法と調相設備により無効電力を調整する方法がある。

解答 (1)は正しい。送配電線の保護の機能。(2)は正しい。(3)は正しい。電圧の昇圧と降圧の機能。(4)は誤り。無効電力を調整することで供給電圧を一定に保つ，電圧の調整の機能。(5)は正しい。電力潮流の調整の機能。以上から，問題の正解は(4)となる。

なるほど解説

1．変電所の役割
(1) 電圧の昇圧及び降圧

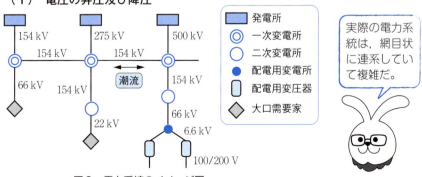

図2 電力系統のイメージ図

図2は電力系統の概略を示したイメージ図である。変電所は大別して一次変電所，二次変電所，配電用変電所等に分類できる（超高圧変電所などの名称も使われており，明確な分類定義はない）。一次変電所では，発電所で昇圧された送電電圧（500 kV，275 kV，154 kV など）を最初に受電し，154 kV，66 kV などに降圧し二次変電所に電力を分配する。二次変電所は，一次変電所から送電された電力を受電し，66 kV，22 kV などに降圧し配電用変電所に電力を分配する。また，50 Hz と 60 Hz の系統間を結ぶ周波数変換所もある。

（2） 電圧の調整
　電力需要が変化しても供給電圧を一定に維持するために，電圧調整を行う。負荷時タップ切換変圧器や負荷時電圧調整器を用いるほか，調相設備で無効電力を調整する方法がある。進相コンデンサは重負荷時の電圧の低下を抑制し，分路リアクトルは軽負荷時の電圧の上昇を抑制する効果がある。

（3） 電力潮流の調整
　図2のように，一次変電所相互間等は送電線で連系され，複数のルートで電力を送電している。このため，連系線には電力の流れである潮流が生じる。電力潮流を適宜調整することで，局部的な送変電設備が過負荷にならず，需要の変化に応じて発電所の電力を有効に送配電できる。

（4） 送配電線の保護
　複数の送配電線は，図1のように母線に接続される。このため，一部の送配電線で発生した事故の影響が他の送配電線に波及するのを防止するために，保護継電器が設置されている。保護継電器は，送配電線に発生した事故を早急に検知して，遮断器に遮断信号を送る。これにより，故障送配電線路を系統から切り離す。

2．変電所の主要な機器
（1） 変圧器
　一般には二巻線変圧器が用いられるが，Y-Y-Δ 結線では三巻線変圧器が用い

られる。また，単巻変圧器は 500 kV 系統等で用いられている。

① 変圧器の結線

Y-Δ 結線は降圧用，Δ-Y 結線は昇圧用の結線に用いられる。Y-Y-Δ 結線は一次変電所等で用いられ，Δ 巻線には調相設備や所内負荷が接続される。Δ-Δ 結線は 33 kV 以下の配電用変電所で用いられる。

Y 結線では中性点が接地でき，Δ 結線では第 3 調波を除去できる。また，一次，二次巻線の結線が異なる場合，一次，二次電圧には $\pi/6(30°)$ の位相差（角変位）が生じる（機械編：単元 ⑩「単相変圧器の三相結線」を参照）。

② 変圧器の冷却

一般の変電所で使用する大容量変圧器では，送油風冷式（絶縁油を強制循環しファンで風冷放熱）が多く採用されている。

③ 中性点の接地

地絡事故時の異常電圧の防止と，事故電流の検出を容易にするために変圧器の中性点を原則として接地する。接地方式は，単元 ⑰「中性点接地と地絡事故」を参照されたい。

④ 変圧器を保護する各種継電器

　　a　過電流継電器（過電流に対する保護）

　　b　比率差動継電器（内部事故に対する保護）

　　c　地絡継電器（地絡事故に対する保護）

　　d　ブッフホルツ継電器（内部事故時の絶縁油流や発生ガスを機械的に検出）

　　e　温度継電器（一定温度を超えると動作）

⑤ 変圧器の保全

変圧器の性能維持及び事故等の未然防止の観点から，定期的な各種検査・試験を実施し，異常や絶縁材料の劣化等をチェックする必要がある。特に，絶縁油，絶縁紙の電気的性能の劣化が変圧器の寿命を大きく左右する。このため，変圧器油については油中ガス分析が実施される他，絶縁材料の劣化判定には部分放電測定，誘電正接（tan δ）測定が実施されている。

（2）　開閉装置

① 遮断器

通常の負荷の開閉の他に，短絡・地絡等の故障時の電流も開閉できる能力を持つ開閉器を遮断器という。開路の瞬間に発生する導電性のアークを消すことを消弧という。遮断器は消弧方法により，空気遮断器（圧縮空気を使用，騒音大），ガ

ス遮断器(SF₆ガスを使用，小型化，密閉構造，遮断器の主流)，真空遮断器(真空の絶縁耐力を利用，66 kV以下で使用)等がある。

② 断路器

変電設備の保守作業を行うときに回路を切り離すもので，無電流時の電路または母線や線路の充電電流の開閉を行う開閉器を断路器という。このため，必ず遮断器と組み合わせて用いられる(図1参照)。

③ 負荷開閉器

事故電流の遮断能力はないが，定格負荷電流を開閉できる開閉器を負荷開閉器という。

（3） 避雷装置

変電所の避雷装置には，架空地線と避雷器がある。架空地線は屋外式変電所の鉄骨柱の最上部に張られた接地線であり，雷による異常電圧から変電設備を保護する。

避雷器は平常時には高い絶縁性を有し，変電所に雷等の異常電圧が侵入した場合に速やかに大地に放電し，続流(引き続いて流れようとする交流)を制限電圧(放電時の避雷器にかかる電圧)以下で遮断し機器を保護する。一般に避雷器は，直列ギャップと特性要素から構成される。近年，送電系統では，優れた非直線抵抗特性を持つ酸化亜鉛(ZnO)を特性要素として用いた，直列ギャップのないギャップレス形避雷器が多く採用されている。

（4） 電圧調整設備

系統電圧の調整は，負荷時タップ切換変圧器や負荷時電圧調整器により直接行う方法と，調相設備による無効電力を調整することで間接的に電圧調整する方法がある。調相設備には以下のものがある。

① 同期調相機

同期電動機を無負荷で運転したもので，界磁電流によるV特性を利用して無

効電力を制御するものを同期調相機という。遅れ，進み両方の無効電力を連続的に調整できる(機械編：単元 20 「同期電動機」を参照)。

② 進相コンデンサ

系統に進み無効電流を流し，負荷の遅れ無効電流(電力)を相殺(補償)する電力用のコンデンサを進相コンデンサという(力率改善コンデンサ，一般名称の電力用コンデンサなどと呼ばれることもある)。無効電力容量は段階的な調節となる。進相コンデンサには，直列リアクトル(高調波電流抑制用，単元 26 「力率改善と負荷の増設」(豆知識)を参照)と放電コイル(停止時の残留電荷を放電)が付属している。

③ 分路リアクトル

系統に遅れ無効電流を流し，ケーブルや長距離線路で生じる進み無効電流(電力)を相殺(補償)するものを分路リアクトルという。無効電力容量は段階的な調節となる。

④ 静止形無効電力補償装置(SVC)

コンデンサやリアクトルに流れる電流を，電力用の半導体素子により制御することで，進み及び遅れ無効電力を高速かつ連続的に調節できるものを静止形無効電力補償装置(SVC)という。

(5) 母線

一般に，変電所では接続される送配電線が複数あるので，それぞれの送配電線は遮断器，断路器等を経由して共通の母線に接続される。図1の例は母線が1つの単母線方式であるが，一般に信頼性，点検や運用の利便性から母線を二つ備えた二重母線方式を採用する場合が多い。

(6) 保護継電器

過電流継電器，地絡継電器を始めとする各種保護継電器が使われている(単元 18 「過電流継電器と送配電線の保護方式」を参照)。

(7) 計器用変成器

高圧回路の電圧や電流を，指示計器や保護継電器に適した大きさに変成する装置である。電圧を変圧する計器用変圧器(VT)(超高圧用としてはコンデンサ形計器用変圧器 CVT)と電流を変流する変流器(CT)がある。また，三相の線を一括したものを一次側として，地絡事故時に発生する零相電流を検出する変流器を零相変流器(ZCT)という。

13

変電所

123

SF₆ ガスの性質

　SF₆(六フッ化硫黄)ガスは空気の 2～3 倍の絶縁耐力がある。3～4 気圧に圧縮したガスの絶縁耐力は絶縁油と同等となり，アーク消弧能力は空気の 100 倍程度ある。SF₆ ガスの化学的性質は，不活性，不燃性，無色，無臭，無毒で，500 ℃ 程度まで安定している。しかし一方で，SF₆ ガスは温室効果ガス(地球温暖化係数が CO_2 の約 24 000 倍)であり，排出規制対象となっている。

フロンガスに似ているね。たしか最初は「夢の物質」だったでしょ。

負の面もあるから，うまく使うしかない。万事，諸刃の剣だからね。科学は先ず人間ありき，を忘れてはいかんよ。

ガス絶縁開閉装置

　遮断器，断路器，電路，母線，変成器等を接地した密閉金属容器に収め，容器内に SF₆ ガスを充填した設備を**ガス絶縁開閉装置**(GIS)という。密閉構造のため，信頼性や安全性が高いのはもちろん，SF₆ ガスの絶縁性により，従来の気中に設置された変電設備に比べ設置面積が 10 % 程度まで縮小できる。地下変電所として，また，地価の高騰や塩害汚損等の問題を抱える我が国に適した設備である。

実践・解き方コーナー

　問題1　変電所に設置される機器に関する記述として，誤っているものを次の(1)～(5)のうちから一つ選べ。

(1)　周波数変換装置は，周波数の異なる系統間において，系統または電源の事故後の緊急応援電力の供給や電力の融通等を行うために使用する装置である。

(2)　線路開閉器(断路器)は，平常時の負荷電流や異常時の短絡電流及び地絡電流を通電でき，遮断器が開路した後，主として無負荷状態で開路して，回路の絶縁状態を保つ機器である。

(3)　遮断器は，負荷電流の開閉を行うだけではなく，短絡や地絡などの事故が生じたとき事故電流を迅速確実に遮断して，系統の正常化を図る機器である。

(4)　三巻線変圧器は，一般に一次側及び二次側を Y 結線，三次側を Δ 結線とする。

三次側に調相設備を接続すれば，送電線の力率調整を行うことができる。

（5）　零相変流器は，三相の電線を一括したものを一次側とし，三相短絡事故や3線地絡事故が生じたときのみ二次側に電流が生じる機器である。

（平成20年度）

解答　（1）は正しい。我が国では50 Hzと60 Hzの周波数が使われているが，異なる周波数の系統間で電力の融通を行うのが周波数変換所であり，周波数変換装置が設置されている。（2）は正しい。断路器は電流の遮断能力はないが，通電はできる。（3）は正しい。遮断器は，電流遮断時に発生するアークを消弧できる仕組みを持った開閉器であるため，定格遮断電流以下の事故電流を遮断できる。（4）は正しい。Δ結線があることで第3調波の発生を防止できるほか，三次側に調相機や所内負荷を接続することが行われている。（5）は誤り。零相変流器は地絡事故を検出するために設けられるもので，事故時の零相電流を検出する。三相短絡事故，3線地絡事故では各相の電流ベクトルの和は零となり，零相電流は発生しない。したがって，正解は（5）となる。

問題2🔋🔋　次の文章は調相設備に関する記述である。

送電線路の送・受電端電圧の変動が少ないことは，需要家ばかりでなく，機器への影響や電線路にも好都合である。負荷変動に対応して力率を調整し，電圧値を一定に保つため，調相設備を負荷と　（ア）　に接続する。調相設備には，電流の位相を進めるために使われる　（イ）　，電流の位相を遅らせるために使われる　（ウ）　，また，両方の調整が可能な　（エ）　や近年ではリアクトルやコンデンサの容量をパワーエレクトロニクスを用いて制御する　（オ）　装置もある。

上記の記述中の空白箇所（ア），（イ），（ウ），（エ）及び（オ）に当てはまる組合せとして，正しいものを次の（1）～（5）のうちから一つ選べ。

	（ア）	（イ）	（ウ）	（エ）	（オ）
（1）	並列	電力用コンデンサ	分路リアクトル	同期調相機	静止形無効電力補償
（2）	並列	直列リアクトル	電力用コンデンサ	界磁調整器	PWM制御
（3）	直列	電力用コンデンサ	直列リアクトル	同期調相機	静止形無効電力補償
（4）	直列	直列リアクトル	分路リアクトル	界磁調整器	PWM制御
（5）	直列	分路リアクトル	直列リアクトル	同期調相機	PWM制御

（平成24年度）

解答　負荷変動に対応して力率を調整し，電圧値を一定に保つため，調相設備を負荷と並列に接続する。調相設備には，電流の位相を進めるために使われる電力用コンデンサ，電流の位相を遅らせるために使われる分路リアクトル，また，両方の調整が可能

13

変電所

125

な同期調相機や近年ではリアクトルやコンデンサの容量をパワーエレクトロニクスを用いて制御する静止形無効電力補償装置もある。したがって，正解は(1)となる。

問題3 👣👣 次の文章は避雷器とその役割に関する記述である。

避雷器とは，大地に電流を流すことで雷または回路の開閉に起因する ┃ (ア) ┃ を抑制して，電気施設の絶縁を保護し，かつ， ┃ (イ) ┃ を短時間のうちに遮断して，系統の正常な状態を乱すことなく，原状に復帰する機能をもつ装置である。避雷器には，炭化けい素(SiC)素子や酸化亜鉛(ZnO)素子などが用いられているが，性能面で勝る酸化亜鉛素子を用いた酸化亜鉛形避雷器が，現在，電力設備や電気設備で広く用いられている。なお，発変電所用避雷器では，酸化亜鉛形 ┃ (ウ) ┃ 避雷器が主に使用されているが，配電用避雷器では，酸化亜鉛形 ┃ (エ) ┃ 避雷器が多く使用されている。電力系統には，変圧器をはじめ多くの機器が接続されている。これらの機器を異常時に保護するための絶縁強度設計は，最も経済的かつ合理的に行うとともに，系統全体の信頼度を考慮する必要がある。これを ┃ (オ) ┃ という。このため，異常時に発生する ┃ (ア) ┃ を避雷器によって確実にある値以下に抑制し，機器の保護を行っている。

上記の記述中の空白箇所(ア)，(イ)，(ウ)，(エ)及び(オ)に当てはまる組合せとして，正しいものを次の(1)～(5)のうちから一つ選べ。

	(ア)	(イ)	(ウ)	(エ)	(オ)
(1)	過電圧	続流	ギャップレス	直列ギャップ付き	絶縁協調
(2)	過電流	電圧	直列ギャップ付き	ギャップレス	電流協調
(3)	過電圧	電圧	直列ギャップ付き	ギャップレス	保護協調
(4)	過電流	続流	ギャップレス	直列ギャップ付き	絶縁協調
(5)	過電圧	続流	ギャップレス	直列ギャップ付き	保護協調

(平成27年度)

解答 避雷器とは，大地に電流を流すことで雷または回路の開閉に起因する過電圧を抑制して，電気施設の絶縁を保護し，かつ，続流を短時間のうちに遮断して，系統の正常な状態を乱すことなく，原状に復帰する機能をもつ装置である。避雷器には，炭化けい素(SiC)素子や酸化亜鉛(ZnO)素子などが用いられているが，性能面で勝る酸化亜鉛素子を用いた酸化亜鉛形避雷器が，現在，電力設備や電気設備で広く用いられている。なお，発変電所用避雷器では，酸化亜鉛形ギャップレス避雷器が主に使用されているが，配電用避雷器では，酸化亜鉛形直列ギャップ付き避雷器が多く使用されている。電力系統には，変圧器をはじめ多くの機器が接続されている。これらの機器を異常時に保護するための絶縁強度設計は，最も経済的かつ合理的に行うとともに，系統全体の信頼度を考慮する必要がある。これを絶縁協調という。したがって，正解は(1)となる。

126

補 足 従来の炭化けい素(SiC)素子は非直線抵抗特性が優れず，通常の対地電圧においても数10から数100 A の続流が流れるため，これを遮断するために直列ギャップが必要であった。また，直列ギャップの電気的な特異性からも，信頼性や実用性能等に問題があった。一方，酸化亜鉛(ZnO)素子は非直線抵抗特性が優れ，対地電圧に対する続流もほぼ零となるため直列ギャップが不要となるので，ギャップレス避雷器が可能となった。高信頼性が要求される発変電所等に採用されている。しかし，配電用の避雷器は設置数が多いので，ギャップレスにすると対地静電容量の影響が大きくなるため，直列ギャップ付き避雷器が多く使用されている。

問題4 次の文章はガス絶縁開閉装置(GIS)に関する記述である。

ガス絶縁開閉装置(GIS)は，絶縁ガスとしては， (ア) ガスが現在広く用いられている。遮断器，断路器等の機器の充電部を密閉した金属容器は (イ) されているため感電の危険性がほとんどない。また，気中絶縁の設備に比べて装置が (ウ) する。このようなことから大都市の地下変電所や (エ) 対策の開閉装置として適している。

上記の記述中の空白箇所(ア)，(イ)，(ウ)及び(エ)に当てはまる組合せとして，正しいものを次の(1)～(5)のうちから一つ選べ。

	(ア)	(イ)	(ウ)	(エ)
(1)	SF_6	絶縁	小形化	塩害
(2)	C_3F_6	絶縁	大形化	水害
(3)	SF_6	接地	小形化	塩害
(4)	C_3F_6	絶縁	大形化	塩害
(5)	SF_6	接地	小形化	水害

(平成24年度)

解 答 ガス絶縁開閉装置(GIS)は，絶縁ガスとしては，SF_6 ガスが現在広く用いられている。遮断器，断路器等の機器の充電部を密閉した金属容器は接地されているため感電の危険性がほとんどない。また，気中絶縁の設備に比べて装置が小形化する。このようなことから大都市の地下変電所や塩害対策の開閉装置として適している。したがって，正解は(3)となる。

問題5 1バンクの定格容量25 MV・A の三相変圧器を3バンク有する配電用変電所がある。変圧器1バンクが故障した時に長時間の停電なしに故障発生前と同じ電力を供給したい。この検討に当たっては，変圧器故障時には，他の変電所に故障発生前の負荷10 % を直ちに切り換えることができるとともに，残りの健全な変圧器は，定格容量の125 % まで過負荷することができるものとする。力率は常に95 %(遅れ)で変化し

13

変電所

127

ないものとしたとき，故障発生前の変電所の最大総負荷の値[MW]として，最も近いものを次の(1)～(5)のうちから一つ選べ。

（1） 32.9　　（2） 53.4　　（3） 65.9　　（4） 80.1　　（5） 98.9

(平成 26 年度)

考え方　故障発生前の変電所の最大総負荷の 90 % を 2 バンクの変圧器が 125 % 過負荷で負担すればよい。

解　答　故障発生前の変電所の最大総負荷を P[MW]とすると，故障発生時に残りの 2 バンクの負担分は，

$$\frac{P}{0.95} \times 0.9 [\mathrm{MV \cdot A}]$$

である。一方，変圧器 2 バンクを 125 % 負荷で運転したときの供給可能容量は，$25 \times 2 \times 1.25 = 62.5 [\mathrm{MV \cdot A}]$ となる。両者は等しいので，

$$\frac{P}{0.95} \times 0.9 = 62.5$$

$P \fallingdotseq 65.97$[MW]　→　65.9 MW

となる。したがって，正解は(3)となる。

補　足　問題のように，変圧器の故障等が発生したとき，長時間の停電なしに故障発生前と同じ電力を供給する必要があれば，健全な変圧器を過負荷で運転しなければならなくなる。しかし，変圧器の過負荷運転は変圧器の寿命に極めて影響が大きいため，特に定められた条件下で行うことが，電気学会の「変圧器過負荷運転指針」に示されている。これによれば，いかなる場合でも 150 % 負荷を超えてはならないとされている。

出題ランク ★★☆

14 変圧器の百分率インピーダンス降下と並行運転

機械科目でも，変圧器を扱うでしょ。内容が重複しないの？

送電系統の計算では，百分率インピーダンス降下が使われる。変圧器もその一つだから，ちょっと確認しておこう。

✓ 重要事項・公式チェック

1 変圧器の百分率インピーダンス降下

① 定格電圧 E_n の巻線から見た百分率インピーダンス降下 %z

$$\%z = \frac{zI_n}{E_n} \times 100 = \frac{zS_n}{E_n^2} \times 100 [\%]$$

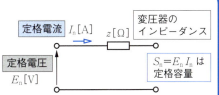

図1 変圧器の等価回路と百分率インピーダンス降下

② 三相変圧器の %z も同形の式となる

$$\%z = \frac{zI_n}{V_n/\sqrt{3}} \times 100 = \frac{zS_{n3}}{V_n^2} \times 100 [\%]$$

③ 一次側から見ても二次側から見ても %z の値は同じ

2 百分率インピーダンス降下の異なる基準容量への換算

✓ 換算値は基準容量に比例する

3 変圧器の並行運転時の負荷分担（分担電流）

✓ $I_A = \dfrac{\%z_B}{\%z_A + \%z_B} I_L$ ， $I_B = \dfrac{\%z_A}{\%z_A + \%z_B} I_L$

%z_A, %z_B は，同一基準容量に換算された値。
負荷分担は，単相も三相も同じ計算方法。

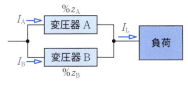

原理は，インピーダンスの並列回路における電流の分流だ。

図2 負荷分担

例題チャレンジ！

例題 定格容量が 16 MV·A，一次定格電圧が 66 kV，二次定格電圧が 6.6 kV の三相変圧器 A がある。変圧器の百分率インピーダンス降下が 7 %（自己容量基準表示）であるとき，次の(a)，(b)及び(c)の問に答えよ。

（a） この変圧器の一次側に換算したインピーダンス[Ω]の値（1 相分）として，最も近いものを次の(1)～(5)のうちから一つ選べ。

(1) 0.036　(2) 0.548　(3) 1.02　(4) 6.87　(5) 19.1

ヒント 百分率インピーダンス降下の定義式から求める。このとき，電圧は一次側の値を使う。

（b） 基準容量を 20 MV·A としたときの，この変圧器 A の百分率インピーダンス降下[%]の値として，最も近いものを次の(1)～(5)のうちから一つ選べ。

(1) 4.45　(2) 5.82　(3) 7.33　(4) 8.75　(5) 12.2

ヒント 百分率インピーダンス降下の換算値は，基準容量に比例する。

（c） 負荷の増加に対応するために，定格容量 20 MV·A，百分率インピーダンス降下が 8 % である三相変圧器 B を増設して並行運転を行うとき，両変圧器が過負荷にならずに運転できる最大負荷[MV·A]の値として，最も近いものを次の(1)～(5)のうちから一つ選べ。

ただし，両変圧器は極性，巻数比，定格電圧，相回転及び角変位が一致しており，抵抗と漏れリアクタンスの比は等しいものとする。

(1) 28.3　(2) 30.8　(3) 32.0　(4) 33.5　(5) 36.0

ヒント 同一の基準容量に換算した百分率インピーダンス降下は，インピーダンスと同様に分流の計算が行える。最大負荷を S_L とするときの各変圧器の分担が，分流計算によりその変圧器の定格容量を超えないような S_L を求める。

解答 **（a）** 一次側に換算したインピーダンスを z[Ω]とすると，百分率インピーダンス降下の定義式より次式が成り立つ。

$$7 = \frac{16 \times 10^6 \, z}{(66 \times 10^3)^2} \times 100$$

これより，$z ≒ 19.1$[Ω]となる。したがって，正解は(5)となる。

（b） 基準容量を 20 MV·A としたときの，変圧器 A の百分率インピーダンス降下を %z_A とすると，百分率インピーダンス降下の換算値は基準容量に比例するので，

130

$$\%z_\mathrm{A} = \frac{20}{16} \times 7 = 8.75\,[\%]$$

となる。したがって，正解は（4）となる。

（c）　最大負荷を S_L とするとき，変圧器 A の負荷分担は，

$$16 = \frac{8}{8.75+8} S_\mathrm{L}$$

より，$S_\mathrm{L} = 33.5\,[\mathrm{MV\cdot A}]$ となる。

変圧器 B の負荷分担は，

$$20 = \frac{8.75}{8.75+8} S_\mathrm{L}$$

より，$S_\mathrm{L} \fallingdotseq 38.3\,[\mathrm{MV\cdot A}]$ となる。

変圧器 B が全負荷のとき，変圧器 A は過負荷になってしまうので，変圧器 A が全負荷となる $S_\mathrm{L} \fallingdotseq 33.5\,[\mathrm{MV\cdot A}]$ が最大負荷となる。したがって，正解は（4）となる。

なるほど解説

1．変圧器の百分率インピーダンス降下

（1）　百分率インピーダンス降下の定義

一般の二巻線変圧器の等価回路を考えるとき，一次側と二次側の電圧が異なるため，変圧器の内部インピーダンスは一次側換算値または二次側換算値として表すことになる。もし，電力系統の計算をインピーダンスで実行すると，変圧器があるごとにいずれかの側に換算しなければならず大変に煩雑な作業となる。そこで，インピーダンス z の代わりに，定格相電圧 E_n に対する定格電流 I_n におけるインピーダンス降下 zI_n の比［%］で表したものを用いる。これを，**百分率インピーダンス降下**といい，本書ではその記号としてインピーダンス記号の前に % を付したもの（例えば %z）で表す。

$$\%z = \frac{zI_\mathrm{n}}{E_\mathrm{n}} \times 100\,[\%] \tag{1}$$

なお，百分率インピーダンス降下は，「**百分率インピーダンス**」，「**百分率短絡インピーダンス**」，「**% インピーダンス**」などと表現されている場合もある。

%z は（1）式を式変形することで，変圧器の定格容量及び定格電圧を用いた式

で表すこともできる。単相変圧器の場合，定格電圧を $E_n[V]$ とすると定格容量は $S_n = E_n I_n [V \cdot A]$ なので，次式となる。

$$\%Z = \frac{zI_n}{E_n} \times 100 = \frac{zI_n E_n}{E_n E_n} \times 100 = \frac{zS_n}{E_n^2} \times 100 [\%] \quad (2)$$

三相変圧器の場合，定格線間電圧は $V_n = \sqrt{3} E_n[V]$，三相定格容量は $S_{n3} = \sqrt{3} V_n I_n [V \cdot A]$ なので次式となる。

$$\%z = \frac{zI_n}{E_n} \times 100 = \frac{zI_n V_n}{(V_n/\sqrt{3})V_n} \times 100 = \frac{zS_{n3}}{V_n^2} \times 100 [\%] \quad (3)$$

以上から，(2)式と(3)式は同形の式となることがわかる。

一般に変圧器などでは，百分率インピーダンス降下を表すための基準容量として自己の定格容量を用いる。これを自己容量基準表示という。

(2) %z はいずれの側から見ても同じ値

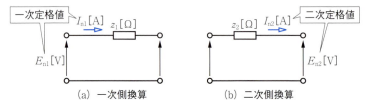

図3　変圧器の等価回路（励磁回路省略）

図3は，1相分についての一次側及び二次側換算の等価回路である。一次側換算及び二次側換算の百分率インピーダンス降下をそれぞれ %z_1，%z_2 とすると，

$$\%z_1 = \frac{z_1 I_{n1}}{E_{n1}} \times 100, \quad \%z_2 = \frac{z_2 I_{n2}}{E_{n2}} \times 100$$

となる。巻数比（変圧比）を a とすると，一次側と二次側の関係は，

$E_{n1} = aE_{n2}, \quad I_{n2} = aI_{n1}, \quad z_1 = a^2 z_2$

で表されるので，

$$\%z_1 = \frac{z_1 I_{n1}}{E_{n1}} \times 100 = \frac{a^2 z_2 (I_{n2}/a)}{aE_{n2}} \times 100 = \frac{z_2 I_{n2}}{E_{n2}} \times 100 = \%z_2$$

となり，一次側及び二次側から見た変圧器の百分率インピーダンス降下は同じ値となる。

2．別の基準容量に換算した百分率インピーダンス降下
（1） 換算することのメリット
変圧器の定格容量と電圧が一定の場合，%z は（3）式より z に比例するので，%z の比は z の比と等しい。これより次のことがいえる。

> ① z の直並列の計算方法は，%z にも適用できる。
> ② z による分流の計算方法は，%z にも適用できる。

このことから，基準容量の異なる各変圧器の %z を，任意の同一基準容量に対する値に換算しておけば，z の代わりに %z で諸計算を行うことができる。

（2） 換算方法
ある変圧器の定格電圧が $V[\mathrm{V}]$，定格容量が $S_\mathrm{M}[\mathrm{V \cdot A}]$ における百分率インピーダンス降下の値が %z_M であるとき，基準容量 $S_\mathrm{N}[\mathrm{V \cdot A}]$ に換算した場合の百分率インピーダンス降下を %z_N とする。次のように式変形すると換算式が得られる。

$$\%z_\mathrm{M} = \frac{z S_\mathrm{M}}{V^2} \times 100 [\%]$$

$$\frac{S_\mathrm{N}}{S_\mathrm{M}} \%z_\mathrm{M} = \frac{z S_\mathrm{M} S_\mathrm{N}}{V^2 S_\mathrm{M}} \times 100 = \frac{z S_\mathrm{N}}{V^2} \times 100 = \%z_\mathrm{N}$$

$$\%z_\mathrm{N} = \frac{S_\mathrm{N}}{S_\mathrm{M}} \%z_\mathrm{M} \tag{4}$$

3．並行運転時の負荷分担

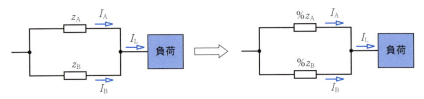

図4　負荷分担

複数の変圧器を並列に接続して同一負荷に電力を供給する方法を，変圧器の並行運転という。

百分率インピーダンス降下の値のみが異なり，他の並行運転の条件はすべて満たされているものとする。図2の並行運転時の等価回路は，図4に示す各変圧器のインピーダンス z_A，z_B の並列接続で表される。$\%z_A$ と $\%z_B$ が同一基準容量に対する値であるとき，変圧器の電流の分流は，

$$I_A = \frac{\%z_B}{\%z_A + \%z_B} I_L \quad , \quad I_B = \frac{\%z_A}{\%z_A + \%z_B} I_L \tag{5}$$

となるので，両変圧器の電圧は等しいことから，各変圧器の負荷の分担電力が計算できる。

なお，（5）式及び並行運転の条件は，機械編：単元 9 「変圧器の並行運転と負荷分担」を参照されたい。

知識

巻数比がわずかに異なる変圧器を並列接続するとどうなる？

単相変圧器 A：巻数比 a_A，インピーダンス（二次側換算）　$\dot{z}_A[\Omega]$

単相変圧器 B：巻数比 a_B，インピーダンス（二次側換算）　$\dot{z}_B[\Omega]$

上記の2台の単相変圧器を並行運転するために並列接続した場合の，無負荷における二次側を流れる循環電流 $\dot{I}_C[A]$ と二次側端子電圧 $\dot{V}_2[V]$ を計算してみよう。ただし，一次側が高圧，二次側が低圧（巻数比 >1）であり $a_B > a_A$ とし，一次側及び二次側の端子電圧をそれぞれ $\dot{V}_1[V]$，$\dot{V}_2[V]$ とする。

このときの二次側等価回路を図5に示す。

$$\dot{I}_C = \frac{\dot{V}_1/a_A - \dot{V}_1/a_B}{\dot{z}_A + \dot{z}_B} [A]$$

$$\dot{V}_2 = \dot{V}_1/a_B + \dot{z}_B \dot{I}_C \text{[V]}$$
$$(= \dot{V}_1/a_A - \dot{z}_A \dot{I}_C \text{[V]} でもよい)$$
$$= \frac{\dot{z}_A/a_B + \dot{z}_B/a_A}{\dot{z}_A + \dot{z}_B} \dot{V}_1 \text{[V]}$$

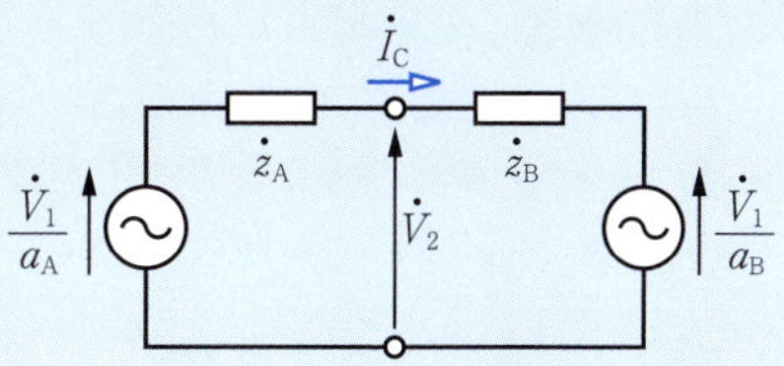

$\dot{V}_1$, $\dot{V}_2$ の大きさを V_1, V_2 として，$a_B = k\, a_A$ と置くと V_2 及び I_C は次式となる。

図5 二次側等価回路

$$V_2 = \left| \frac{\dot{z}_A/a_B + \dot{z}_B/a_A}{\dot{z}_A + \dot{z}_B} \right| V_1 = \left| \frac{\dot{z}_A + k\, \dot{z}_B}{\dot{z}_A + \dot{z}_B} \right| V_1/a_B \text{[V]}, \quad I_C = \frac{(k-1)\,V_1/a_B}{|\dot{z}_A + \dot{z}_B|} \text{[A]}$$

なお，上式において $a_B \fallingdotseq a_A = a$ とすると $k = 1$ となるので，$V_2 = V_1/a$ [V]，$I_C = 0$ [A] となる。

実践・解き方コーナー

問題1 定格容量 $10\,\text{kV·A}$，百分率インピーダンス降下 3% の変圧器Aと，定格容量 $30\,\text{kV·A}$，百分率インピーダンス降下 6% の変圧器Bが並行運転している。基準容量 $20\,\text{kV·A}$ に対する並行運転時における合成の百分率インピーダンス降下[%]の値として，最も近いものを次の(1)〜(5)のうちから一つ選べ。ただし，各変圧器の抵抗とリアクタンスの比は等しいものとする。

（1）2.0　　（2）2.4　　（3）3.2　　（4）5.4　　（5）10.0

解答 変圧器Aと変圧器Bの百分率インピーダンス降下を，基準容量 $20\,\text{kV·A}$ に対する値に換算したものを，それぞれ $\%z_A$，$\%z_B$ とする。

$$\%z_A = \frac{20}{10} \times 3 = 6\,[\%], \quad \%z_B = \frac{20}{30} \times 6 = 4\,[\%]$$

並行運転時の等価回路は図14-1-1となる。合成の百分率インピーダンス降下 $\%z$ は，インピーダンスの並列接続における合成インピーダンスの計算法で行えるので，

$$\%z = \frac{\%z_A \%z_B}{\%z_A + \%z_B} = \frac{6 \times 4}{6 + 4} = 2.4\,[\%]$$

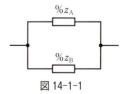

図 14-1-1

となる。したがって，正解は（2）となる。

問題2 変圧器の定格容量及び百分率インピーダンス降下が，それぞれ $S_{n1}[\mathrm{kV\cdot A}]$，$z_1[\%]$ 及び $S_{n2}[\mathrm{kV\cdot A}]$，$z_2[\%]$ である2台の変圧器 A 及び変圧器 B に $S[\mathrm{kV\cdot A}]$ の負荷をかけたとき，変圧器 A が分担する負荷$[\mathrm{kV\cdot A}]$を表す式として，正しいものを次の(1)～(5)のうちから一つ選べ。ただし，各変圧器の抵抗とリアクタンスの比は等しいものとする。

（1） $\dfrac{z_2}{z_2+z_2}S$　（2） $\dfrac{S_{n2}}{S_{n1}+S_{n2}}S$　（3） $\dfrac{z_1 S_{n1}}{z_1 S_{n2}+z_2 S_{n1}}S$

（4） $\dfrac{z_2 S_{n1}}{z_1 S_{n2}+z_2 S_{n1}}S$　（5） $\dfrac{z_2 S_{n2}}{z_1 S_{n2}+z_2 S_{n1}}S$

....

解答 変圧器の容量が異なるので，統一の基準容量として例えば $S_{n1}[\mathrm{kV\cdot A}]$ を採用する。変圧器 B の百分率インピーダンス降下の値を，基準容量が $S_{n1}[\mathrm{kV\cdot A}]$ に対する値 $z_2{}'$ に換算すると次式となる。

$$z_2{}' = \frac{S_{n1}}{S_{n2}}z_2$$

これより，変圧器 A が分担する負荷 $S_A[\mathrm{kV\cdot A}]$ は，

$$S_A = \frac{z_2{}'}{z_1+z_2{}'}S = \frac{(S_{n1}/S_{n2})z_2}{z_1+(S_{n1}/S_{n2})z_2}S = \frac{z_2 S_{n1}}{z_1 S_{n2}+z_2 S_{n1}}S$$

となる。したがって，正解は(4)となる。

補足 統一の基準容量は任意に決定してよい。例えば統一の基準容量を $S_{nD}[\mathrm{kV\cdot A}]$ とすると，変圧器 A 及び変圧器 B の百分率インピーダンス降下を基準容量 S_{nD} に対する値に換算したもの $z_1{}'$，$z_2{}'$ は，

$$z_1{}' = \frac{S_{nD}}{S_{n1}}z_1 \quad , \quad z_2{}' = \frac{S_{nD}}{S_{n2}}z_2$$

となるので，変圧器 A が分担する負荷 $S_A[\mathrm{kV\cdot A}]$ は，

$$S_A = \frac{z_2{}'}{z_1{}'+z_2{}'}S = \frac{(S_{nD}/S_{n2})z_2}{(S_{nD}/S_{n1})z_1+(S_{nD}/S_{n2})z_2}S = \frac{z_2 S_{n1}}{z_1 S_{n2}+z_2 S_{n1}}S$$

となり一致し，統一の基準容量 S_{nD} の値によらないことがわかる。

問題3 定格容量 $15\,\mathrm{MV\cdot A}$，変圧比 $33\,\mathrm{kV}/6.6\,\mathrm{kV}$，百分率インピーダンス降下が自己容量基準表示で5％である変圧器 A と，定格容量 $8\,\mathrm{MV\cdot A}$，変圧比 $33\,\mathrm{kV}/6.6\,\mathrm{kV}$，百分率インピーダンス降下が自己容量基準表示で4％である変圧器 B を並行運転している変電所がある。次の(a)及び(b)の問に答えよ。ただし，各変圧器の抵抗とリアクタンスの比は等しいものとする。

（a） $12\,\mathrm{MV\cdot A}$ の負荷を加えたとき，変圧器 A の分担する負荷$[\mathrm{MV\cdot A}]$の値として，

136

最も近いものを次の（1）～（5）のうちから一つ選べ。

（1） 4.8　（2） 5.3　（3） 6.7　（4） 7.2　（5） 7.8

（b）　変圧器を過負荷にすることなく，並行運転している2台の変圧器が負担できる最大負荷容量[MV・A]の値として，最も近いものを次の（1）～（5）のうちから一つ選べ。

（1） 20　（2） 21　（3） 22　（4） 23　（5） 25

解答　（a）　基準容量 15 MV・A に対する変圧器 B の百分率インピーダンス降下 $\%z_\mathrm{B}$ は，

$$\%z_\mathrm{B}=\frac{15}{8}\times4=7.5[\%]$$

なので，変圧器 A が分担する負荷 S_A は，

$$S_\mathrm{A}=\frac{7.5}{5+7.5}\times12=7.2[\mathrm{MV\cdot A}]$$

となる。したがって，正解は（4）となる。

（b）　2台の変圧器が負担できる最大負荷容量を S としたとき，各変圧器が定格容量を分担するとした場合の S を求める。

変圧器 A　$15=\dfrac{7.5}{5+7.5}S$　より，$S=25[\mathrm{MV\cdot A}]$

変圧器 B　$8=\dfrac{5}{5+7.5}S$　より，$S=20[\mathrm{MV\cdot A}]$

これより，$S=20[\mathrm{MV\cdot A}]$ を超えると変圧器 B が過負荷になるので，$S=20[\mathrm{MV\cdot A}]$ となる。したがって，正解は（1）となる。

問題4　次の文章は，2台の三相変圧器の並行運転に関する記述である。並行運転に必須の条件として，極性が一致していること，巻数比と定格電圧が一致していること，相回転と　(ア)　が一致していることがある。この条件を満たさない場合，両変圧器の巻線間に循環電流が流れ，変圧器を損傷，破壊するおそれがある。また，両変圧器の　(イ)　が一致していない場合は，並行運転時に各変圧器が分担する負荷が各変圧器の定格容量に比例しなくなり，結果として並行運転で供給できる負荷容量が各変圧器の定格容量の和より　(ウ)　なる。変圧器の抵抗とリアクタンスの比が異なると，各変圧器の電流に　(エ)　が生じるため，並行運転で供給できる最大負荷容量が減少する。

上記の記述中の空白箇所(ア)，(イ)，(ウ)及び(エ)に当てはまる組合せとして，正しいものを次の（1）～（5）のうちから一つ選べ。

	（ア）	（イ）	（ウ）	（エ）
(1)	角変位	インピーダンス	小さく	高調波
(2)	角変位	百分率インピーダンス降下	大きく	位相差
(3)	角変位	百分率インピーダンス降下	小さく	位相差
(4)	力率角	百分率インピーダンス降下	大きく	位相差
(5)	力率角	インピーダンス	大きく	高調波

解 答 並行運転に必須の条件として，極性が一致していること，巻数比と定格電圧が一致していること，相回転と角変位が一致していることがある。この条件を満たさない場合，両変圧器の巻線間に循環電流が流れ，変圧器を損傷，破壊するおそれがある。また，両変圧器の百分率インピーダンス降下が一致していない場合は，並行運転時に各変圧器が分担する負荷が各変圧器の容量に比例しなくなり，結果として並行運転で供給できる負荷容量が各変圧器の容量の和より小さくなる。変圧器の抵抗とリアクタンスの比が異なると，各変圧器の電流に位相差が生じるため，並行運転で供給できる最大負荷容量が減少する。したがって，正解は（3）となる。

出題ランク ★★☆

15 送電方式

送電方式が色々あるのはどうして？

最も効率よく，つまり損しないで送る方法を考えたからだよ。
だから，それぞれの特徴を押さえておこう。

✓ 重要事項・公式チェック

1 交流送電方式の比較

交流送電方式		1線当たりの送電電力	線路損失 同じ電線太さ	線路損失 同じ電線量	電線量
単相2線式		100	100	100	100
単相3線式		133 $\left(\dfrac{400}{3}\right)$	25	37.5	37.5
三相3線式		115 $\left(\dfrac{200}{\sqrt{3}}\right)$	50	75	75

＊表は単相2線式を100％とした場合の比較
＊電力，線間電圧，力率は送電端の値
＊1線当たりの送電電力は，線間電圧，線電流，力率を同一とした場合の比較
＊線路損失は，電力，線間電圧，力率，線路こう長を同一とした場合の比較
＊電線量は，電力，線間電圧，力率，線路こう長，線路損失を同一とした場合の比較

2 直流送電の長所，短所

（1）長所

① 電圧は交流の最大値の $1/\sqrt{2}$ なので，絶縁が容易

139

② 周波数維持の必要がなく，安定度の問題がない
③ 充電電流や誘電損がなく，長距離ケーブル送電に適する
④ 異なる周波数の交流系統を連系できる
⑤ 非同期の交流系統を連系できる
⑥ 無効電流がなく，電圧降下，電力損失が少ない

（2） 短所
☑ ① 送受電端に交直変換装置が必要
② 交直変換装置から生じる高調波障害対策が必要
③ 無効電力供給設備が必要
④ 高圧・大電流の直流遮断器の製作が困難

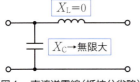

図1　直流送電線（抵抗分省略）

直流送電の特徴は，周波数が0Hzの交流を想像するとわかりやすいんじゃないかな。

例題チャレンジ！

例　題　単相2線式と三相3線式の送電線路において，送電電力，力率，線路こう長，送電電圧（線間）及び電線の断面積が等しいとき，単相2線式に対する三相3線式の線路損失の比の値として，最も近いものを次の(1)～(5)のうちから一つ選べ。ただし，電線は，同じ材質で均一の形状に製作されているものとする。
　(1) 0.375　　(2) 0.5　　(3) 0.75　　(4) 1　　(5) 1.15

ヒント　線路こう長及び電線断面が等しいので，各電線の抵抗値は等しい。送電電力が等しいことから各線電流が求められ，電力損失が計算できる。

解　答　各電線の抵抗 $R[\Omega]$ は等しい。また，電力を $P[W]$，線間電圧を $V[V]$，力率を $\cos\theta$ とすると，単相2線式の線電流 I_2，三相3線式の線電流 I_3 は，

$$I_2 = \frac{P}{V\cos\theta}[A] \quad , \quad I_3 = \frac{P}{\sqrt{3}\,V\cos\theta}[A]$$

となるので，単相2線式及び三相3線式の線路損失を P_{L2}，P_{L3} とすれば，

$$P_{L2}=2RI_2{}^2=2R\frac{P^2}{V^2\cos^2\theta}[\text{W}]$$

$$P_{L3}=3RI_3{}^2=3R\frac{P^2}{3V^2\cos^2\theta}=R\frac{P^2}{V^2\cos^2\theta}[\text{W}]$$

となり，単相2線式に対する三相3線式の線路損失の比は，

$$\frac{P_{L3}}{P_{L2}}=\frac{1}{2}=0.5$$

となる。したがって，正解は(2)となる。

なるほど解説

1．送電方式

　電力系統は送電線路と配電線路に分けられる。送電線路は発電所と変電所間，変電所相互間を結ぶ電線路であり，配電線路は需要家に電力を供給する電線路を指す。電気方式には，交流送電方式と直流送電方式がある。

　送電線路の建設費では直流送電の方が安価であるが，交流は変圧器で容易に昇降圧できるため変電所の建設費は交流送電の方が安価である。このため，長距離大容量送電，異なる周波数系統の連系，非同期の交流系統(同一周波数であるが位相が異なる系統)の連系などの特別な場合以外は，経済的に有利な交流送電方式が採用されている。

　交流送電方式には，単相2線式，単相3線式及び三相3線式(一部の配電線に三相4線式)がある。三相交流は単相交流に比べて，①回転磁界が容易に得られる，②単相交流を取り出すことが容易である，③同一出力の発電機では小型で特性もよい，などの理由から送電線路には三相3線式が用いられている。配電線路では主に，低圧配電線路には単相2線式，単相3線式，三相3線式が用いられ，高圧配電線には三相3線式が用いられている。

2．交流送電方式の比較（電力，線間電圧，力率は送電端の値であり，単相 2 線式を 100 % とした比較を考えるものとする）

（1） 1 線当たりの送電電力

線間電圧 V[V]，線電流 I[A]，力率 $\cos \theta$ を同一とした場合，単相 2 線式，単相 3 線式，三相 3 線式の電力 P_{12}，P_{13}，P_{33} は，

$$P_{12}=VI \cos \theta[\text{W}], \quad P_{13}=2VI \cos \theta[\text{W}], \quad P_{33}=\sqrt{3}\,VI \cos \theta[\text{W}]$$

であるから，1 線当たりの電力は，

$$\frac{P_{12}}{2}=\frac{VI \cos \theta}{2}[\text{W}], \quad \frac{P_{13}}{3}=\frac{2VI \cos \theta}{3}[\text{W}], \quad \frac{P_{33}}{3}=\frac{\sqrt{3}\,VI \cos \theta}{3}[\text{W}]$$

となるので，単相 3 線式，三相 3 線式の 1 線当たりの送電電力比は次の値となる。

$$\frac{(P_{13}/3)}{(P_{12}/2)} \times 100=\frac{400}{3} \fallingdotseq 133[\%] \quad , \quad \frac{(P_{33}/3)}{(P_{12}/2)} \times 100=\frac{200}{\sqrt{3}} \fallingdotseq 115[\%]$$

（2） 同じ太さの電線を用いた場合の線路損失

電力 P[W]，線間電圧 V[V]，力率 $\cos \theta$，線路こう長を同一とした場合，単相 2 線式，単相 3 線式，三相 3 線式の線電流 I_{12}，I_{13}，I_{33} は次式となる。

$$I_{12}=\frac{P}{V \cos \theta}[\text{A}], \quad I_{13}=\frac{P}{2V \cos \theta}[\text{A}]（中性線は 0）, \quad I_{33}=\frac{P}{\sqrt{3}\,V \cos \theta}[\text{A}]$$

また，太さと線路こう長が同じであることから，1 線当たりの抵抗 R[Ω] も同じとなるので，単相 2 線式，単相 3 線式，三相 3 線式の線路損失 $P_{\text{L}12}$，$P_{\text{L}13}$，$P_{\text{L}33}$ は次式となる。

$$P_{\text{L}12}=2RI_{12}{}^2[\text{W}], \quad P_{\text{L}13}=2RI_{13}{}^2[\text{W}], \quad P_{\text{L}33}=3RI_{33}{}^2[\text{W}]$$

これより，単相 3 線式，三相 3 線式の線路損失比は次の値となる。

$$\frac{P_{\text{L}13}}{P_{\text{L}12}} \times 100=\frac{2RI_{13}{}^2}{2RI_{12}{}^2} \times 100=\left(\frac{1}{2}\right)^2 \times 100=25[\%]$$

$$\frac{P_{\text{L}33}}{P_{\text{L}12}} \times 100=\frac{3RI_{33}{}^2}{2RI_{12}{}^2} \times 100=\frac{3}{2} \times \left(\frac{1}{\sqrt{3}}\right)^2 \times 100=50[\%]$$

（3） 同じ電線量を用いた場合の線路損失

電力 P[W]，線間電圧 V[V]，力率 $\cos \theta$，線路こう長を同一とした場合，単相 2 線式，単相 3 線式，三相 3 線式の線電流は（2）で求めた I_{12}，I_{13}，I_{33} となる。電線量（体積）が同一の場合，線路こう長が同じなので 2 線式の電線断面積に対する 3 線式の断面積の比は 2/3 となる。電線 1 線当たりの抵抗は断面積に反比例するので，単相 2 線式の電線 1 線当たりの抵抗値を R[Ω] とすれば，3 線式の電線 1

線当たりの抵抗値は $3R/2=1.5R[\Omega]$ となる。

これより，単相2線式，単相3線式，三相3線式の線路損失 P_{L12}, P_{L13}, P_{L33} は，
$$P_{L12}=2RI_{12}^2[W], \quad P_{L13}=2(1.5R)I_{13}^2[W], \quad P_{L33}=3(1.5R)I_{33}^2[W]$$
となるので，単相3線式，三相3線式の線路損失比は次の値となる。

$$\frac{P_{L13}}{P_{L12}}\times 100=\frac{2(1.5R)I_{13}^2}{2RI_{12}^2}\times 100=1.5\times\left(\frac{1}{2}\right)^2\times 100=37.5[\%]$$

$$\frac{P_{L33}}{P_{L12}}\times 100=\frac{3(1.5R)I_{33}^2}{2RI_{12}^2}\times 100=\frac{3}{2}\times 1.5\times\left(\frac{1}{\sqrt{3}}\right)^2\times 100=75[\%]$$

比較するには，同一なものが何かをしっかり把握しておくことは重要だよね。

そのとおりだ。交流送電方式の比較では，電線量や線路損失の比較は，計算できるようにしておきたいね。

（4） 線路損失が同じ場合の電線量

電力 $P[W]$，線間電圧 $V[V]$，力率 $\cos\theta$，線路こう長 $L[m]$ を同一とした場合，単相2線式，単相3線式，三相3線式の線電流は(2)で求めた I_{12}, I_{13}, I_{33} となる。単相2線式，単相3線式，三相3線式の電線1線当たりの抵抗を $R_{12}[\Omega]$, $R_{13}[\Omega]$, $R_{33}[\Omega]$ とすると，単相2線式，単相3線式，三相3線式の線路損失 P_{L12}, P_{L13}, P_{L33} は，
$$P_{L12}=2R_{12}I_{12}^2[W], \quad P_{L13}=2R_{13}I_{13}^2[W], \quad P_{L33}=3R_{33}I_{33}^2[W]$$
となり，この値が等しいことから，R_{13}, R_{33} を R_{12} で表すと次式となる。

$$2R_{12}I_{12}^2=2R_{13}I_{13}^2 \quad \rightarrow \quad R_{13}=\frac{I_{12}^2}{I_{13}^2}R_{12}=4R_{12}[\Omega]$$

$$2R_{12}I_{12}^2=3R_{33}I_{33}^2 \quad \rightarrow \quad R_{33}=\frac{2I_{12}^2}{3I_{33}^2}R_{12}=\frac{2}{3}\times(\sqrt{3})^2 R_{12}=2R_{12}[\Omega]$$

線路こう長が同じなので電線の断面積は抵抗値に反比例し，単相2線式の電線の断面積を $S[m^2]$ とすると，単相3線式の電線断面積は $S/4=0.25S[m^2]$，三相3線式の電線断面積は $S/2=0.5S[m^2]$ となる。

したがって，単相2線式，単相3線式，三相3線式の電線量(体積) W_{12}, W_{13}, W_{33} は，
$$W_{12}=2SL[m^3], \quad W_{13}=3(0.25S)L=0.75SL[m^3], \quad W_{33}=3(0.5S)L=1.5SL[m^3]$$
となるので，単相3線式，三相3線式の電線量比は次の値となる。

$$\frac{W_{13}}{W_{12}} \times 100 = \frac{0.75SL}{2SL} \times 100 = 37.5[\%], \quad \frac{W_{33}}{W_{12}} \times 100 = \frac{1.5SL}{2SL} \times 100 = 75[\%]$$

3．直流送電

（1）　直流送電の採用

　一般に採用されている交流送電では，我が国のように周波数の異なる 50 Hz 系統と 60 Hz 系統間を連系することができず，同一周波数系統でも非同期系統間の連系はできない。また，長距離のケーブル送電では，架空電線路に比べ電線相互間，対地間の静電容量が大きいため充電電流や誘電損が問題となる。このように，交流送電では技術的に困難なケースを補う形で直流送電方式が採用される。

（2）　直流送電システム

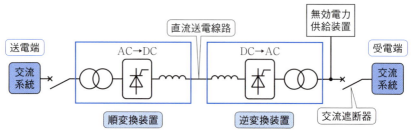

図2　直流送電系統の構成例

　図2は直流送電系統の構成例である。**順変換装置**は，送電端の交流電圧を降圧して**サイリスタコンバータ**で直流に変換し，**平滑リアクトル**で脈動が少ない直流に変換する。**逆変換装置**は，直流を**他励式サイリスタインバータ**で受電端交流系統と同じ周波数の交流に変換する。コンバータとインバータは基本的に同じサイリスタブリッジなので，**制御角**によりコンバータ動作やインバータ動作に切り換えることができる。

　直流送電システムでは，変換装置から発生する高調波を抑制するために**高調波フィルタ**が必要となる。また，変換装置の無効電力を補償するために，受電端に**無効電力供給装置**（調相設備）が必要である。

（3）　直流送電の特徴

① 絶縁は電圧の最大値で決まるので，実効値が同じなら直流の最大値は交流の $1/\sqrt{2}$ となり絶縁が容易となる。

② 直流は周波数が 0 Hz の交流とみなせば，線路リアクタンスの影響を受けない。このため，周波数維持のための安定度の問題がなく（交流送電では誘

導性リアクタンスが大きいほど安定度は低下する）長距離・大容量送電に適する。また，電線相互，対地間の容量性リアクタンスが無限大なので，充電電流や誘電損がなく長距離ケーブル送電に適する。また，無効電流がなく，電圧降下，電力損失が少ない。

③　直流送電を介することで，異なる周波数の交流系統間や非同期系統間の連系ができる。なお，非同期系統間の連系では，事故時に変換装置を制御することで電流を抑制できるので，短絡容量を増加させずに連系ができる。

④　送受電端に高価な交直変換装置が必要となる他，高調波障害対策や無効電力供給設備が必要となる。また，直流の高電圧・大電流の遮断は相当困難（このため通常交流側で遮断する）であることや，直流が大地に漏れると，地中埋設物に電食が生じるおそれがある。

豆知識

公称電圧について

　電力系統において標準電圧を決めておくことは，系統間の連系を容易にするとともに，電気設備の規格化により建設コストが低減され，その経済効果は大きい。我が国では公称電圧[kV]として，3.3，6.6，11，22，33，66（または77），110，154（または187），275（または220），500，1 000 がある。また，最高電圧も標準電圧の一種であり，両者の関係は次式で表される。

$$最高電圧 = \frac{公称電圧}{1.1} \times 1.15 \tag{1}$$

直流送電の採用例

　異周波数系統の連系では佐久間周波数変換所（300 MW），新信濃変電所（600 MW），東清水変電所（300 MW）において 50 Hz 系統と 60 Hz 系統間の連系を行っている（2018 年現在）。

　非同期系統間の連系では南福光連系所（300 MW）において中部電力と北陸電力を結んでいる。海底ケーブルを含む長距離送電では，本州―北海道間の北本連系（（2018 年現在，167 km のうちケーブル 43 km，DC 250 kV，600 MW），（122 km のうちケーブル 24 km，DC 250 kV，300 MW が 2019 年から青函トンネルを利用して運用開始））。本州―四国間の紀伊水道直流連系（99.8 km のうちケーブル 48.9 km，設計では DC 500 kV，2 800 MW だが，2018 年現在 DC 250 kV，1 400 MW）がある。

実践・解き方コーナー

問題1 単相2線式と三相3線式の配電線路において，送電電力，力率，線路こう長，電力損失及び線間電圧が等しいとき，単相2線式に対する三相3線式の電線量の比の値として，最も近いものを次の(1)〜(5)のうちから一つ選べ。ただし，電線は，同じ材質で均一の形状に作られているものとする。

(1) 0.375　　(2) 0.5　　(3) 0.75　　(4) 1　　(5) 1.15

解 答 重量は体積に比例するので，体積比を計算する。送電電力 $P[\mathrm{W}]$，線間電圧 $V[\mathrm{V}]$，力率 $\cos\theta$，線路こう長 $L[\mathrm{m}]$ のとき，単相2線式と三相3線式の線電流 I_2，I_3 は，

$$I_2 = \frac{P}{V\cos\theta}[\mathrm{A}] \quad , \quad I_3 = \frac{P}{\sqrt{3}\,V\cos\theta}[\mathrm{A}]$$

なので，単相2線式と三相3線式の電線1線当たりの抵抗を $R_2[\Omega]$，$R_3[\Omega]$ とすると，単相2線式と三相3線式の線路損失 P_{L2}，P_{L3} は，

$$P_{L2} = 2R_2I_2{}^2 \quad , \quad P_{L3} = 3R_3I_3{}^2$$

となり，$P_{L2}=P_{L3}$ より，

$$R_3 = \frac{2I_2{}^2R_2}{3I_3{}^2} = \frac{2\times(\sqrt{3})^2}{3}R_2 = 2R_2[\Omega]$$

の関係が成り立つ。線路こう長が等しいので，抵抗は断面積に反比例する。このため，単相2線式と三相3線式の電線1線当たりの断面積を S_2，S_3 とすると，$S_3/S_2 = R_2/R_3$ $=0.5$ となる。単相2線式と三相3線式の電線量(体積) W_2，W_3 は，

$$W_2 = 2LS_2[\mathrm{m}^3] \quad , \quad W_3 = 3LS_3[\mathrm{m}^3]$$

となるので，$\dfrac{W_3}{W_2} = \dfrac{3LS_3}{2LS_2} = 0.75$

となる。したがって，正解は(3)となる。

問題2 三相3線式と単相2線式の低圧配電方式について，三相3線式の最大送電電力は，単相2線式のおおよそ何％となるか。最も近いものを次の(1)〜(5)のうちから一つ選べ。ただし，三相3線式の負荷は平衡しており，両低圧配電方式の線路こう長，低圧配電線に用いられる導体材料や導体量，送電端の線間電圧，力率は等しく，許容電流は導体の断面積に比例するものとする。

(1) 67　　(2) 115　　(3) 133　　(4) 173　　(5) 260

(平成27年度)

解 答 導体量は導体体積に比例するので体積は等しい。三相3線式と単相2線式の

電線の断面積を S_3, S_2 とし，線路こう長を L とすると，導体体積が等しいことから次式が成り立つ。

$$3S_3L = 2S_2L \quad \rightarrow \quad S_3/S_2 = 2/3$$

許容電流は導体の断面積に比例するので，三相3線式と単相2線式の電線の線電流を I_3[A]，I_2[A] とすると，次式が成り立つ。

$$I_3/I_2 = S_3/S_2 = 2/3$$

これより，線間電圧 V[V] における単相2線式と三相3線式の最大送電電力を P_2, P_3 とすると，P_2 に対する P_3 の比 P_3/P_2 は，

$$\frac{P_3}{P_2} = \frac{\sqrt{3}\,VI_3\cos\theta}{VI_2\cos\theta} = \frac{\sqrt{3}\,I_3}{I_2} = \frac{2\sqrt{3}}{3} \fallingdotseq 1.15 \quad \rightarrow \quad 115\,\%$$

となる。したがって，正解は(2)となる。

注　意　この問題の解答と，「重要事項・公式チェック」の1線当たりの送電電力(単相2線式に対する比)の数値が一致しているが，比較の条件が異なるので算出の手順が異なる。似ているが異なる問題である。

問題3 🔌🔌　直流送電に関する記述として，誤っているものを次の(1)～(5)のうちから一つ選べ。

(1)　直流送電線は，線路の回路構成をするうえで，交流送電線に比べ導体本数が少なくて済むため，同じ電力を送る場合，送電線路の建設費が安い。

(2)　直流は，変圧器で容易に昇圧や降圧ができない。

(3)　直流送電は，交流送電と同様にケーブル系統での充電電流の補償が必要である。

(4)　直流送電は，短絡容量を増大させることなく異なる交流系統の非同期連系を可能とする。

(5)　直流系統と交流系統の連系点には，交直変換所を設置する必要がある。

(平成24年度)

....

解　答　(1)は正しい。三相3線式に比べ電線条数は1回線当たり2/3，絶縁強度を低く設定できるため送電線の建設費は安い。しかし，直流送電全体では，交直変換装置や調相設備が必要になるので，必ずしも安価とはいえない。(2)は正しい。変圧器は電磁誘導の法則により変圧するので，電圧が一定である直流の変圧は変圧器ではできない。(3)は誤り。直流はリアクタンスの影響がないので充電電流は流れない。(4)は正しい。交直変換装置を制御することで短絡事故時の事故電流を抑制できるので，非同期系統の連系を行っても短絡容量を増大させないことができる。(5)は正しい。記述のとおり。したがって，正解は(3)となる。

147

問題4 電力系統における直流送電について交流送電と比較した記述として，誤っているものを次の(1)〜(5)のうちから一つ選べ。

(1) 直流送電線の送・受電端でそれぞれ交流-直流電力変換装置が必要であるが，交流送電のような安定度の問題がないため，長距離・大容量送電に有利な場合が多い。

(2) 直流部分では交流のような無効電力の問題はなく，また，誘電体損がないので，電力損失が少ない。そのため，海底ケーブルなど長距離の電力ケーブルの使用に向いている。

(3) 系統の短絡容量を増加させないで交流系統間の連系が可能であり，また，異周波数系統間連系も可能である。

(4) 直流電流では電流零点がないため，大電流の遮断が難しい。また，絶縁については，公称電圧値が同じであれば，一般に交流電圧よりも大きな絶縁距離が必要となる場合が多い。

(5) 交流-直流電力変換装置から発生する高調波・高周波による障害への対策が必要である。また，漏れ電流による地中埋設物の電食対策も必要である。

(平成21年度)

解答 (1)は正しい。交流送電の安定度は線路の誘導性リアクタンスの影響を受けるが，直流ではリアクタンスを考える必要がないので長距離・大容量送電に適する。(2)は正しい。ケーブルは静電容量が架空電線に比べ大きく，交流送電では充電電流が多く流れ誘電体損が生じるが，直流では充電電流がない。(3)は正しい。交直変換装置を用いることで可能となる。(4)は誤り。公称電圧値が同じであれば，直流電圧の最大値は交流の$1/\sqrt{2}$となるので，一般に交流電圧よりも絶縁距離は小さい。(5)は正しい。記述のとおり。したがって，正解は(4)となる。

補足 電食とは，埋設された金属体に直流電流(主に漏れ電流が原因)が流れることで，電気化学現象が生じて陽極側の金属が陽イオンとなり溶け出し，金属体が腐食する現象をいう。

出題ランク ★★★

16 三相短絡電流の計算

三相短絡したら、スゴイ事故だよね。

そう、とても大きな電流が流れるから、事故電流を遮断しなければいけない。そのための計算だ。それから、「事故」を「故障」と表すこともあるよ。

✓ 重要事項・公式チェック

1 線路の百分率インピーダンス降下 %Z

✓ $\%Z = \dfrac{ZI_n}{E_n} \times 100$

$= \dfrac{ZS_n}{V_n^2} \times 100 \, [\%]$

($S_n = \sqrt{3}\, V_n I_n$ は定格容量(基準容量))

図1　線路の %Z

電線も変圧器も「電気」にとっては、単にインピーダンスに見えるってことか！

だから、送電線と変圧器がつながった送電系統は、%Zで表すことで、単純な交流回路となる。ただし、%Zは同一の基準容量で表すこと！

2 三相短絡事故

✓ ① P点の定格電流（基準電流）　$I_n = \dfrac{S_n}{\sqrt{3}\, V_n} \, [\text{A}]$

② P点の三相短絡電流　$I_s = \dfrac{100}{\%Z} I_n \, [\text{A}]$

③ P点の三相短絡容量　$S_s = \sqrt{3}\, V_n I_s = \dfrac{100}{\%Z} S_n \, [\text{V}\cdot\text{A}]$

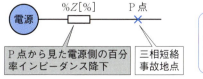

図2　三相短絡事故の計算

3 短絡電流の抑制

- ① 限流リアクトルの使用
- ② 高インピーダンス機器の使用
- ③ 直流連系の採用
- ④ 系統の分割

例題チャレンジ！

例　題　図3のような電力系統において，定格容量 100 MV·A，一次定格電圧 154 kV，二次定格電圧 66 kV の変圧器の二次側で三相短絡事故が発生した。このときの三相短絡電流[kA]の値として，最も近いものを次の

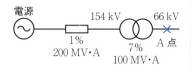

図3　系統図

(1)～(5)のうちから一つ選べ。ただし，変圧器の百分率インピーダンス降下を7%(自己容量基準表示)，変圧器一次側から見た電源側の百分率インピーダンス降下(基準容量 200 MV·A)を1%とする。また，変圧器とA点間のインピーダンス及び，線路，変圧器，電源の抵抗分は無視できるものとする。

(1) 0.87　　(2) 3.54　　(3) 7.35　　(4) 11.7　　(5) 31.3

ヒント─それぞれの百分率インピーダンス降下(題意より百分率リアクタンス降下)を同一基準容量に換算し，A点から見た電源側の合成百分率インピーダンス降下を計算する。A点の定格電流(基準電流)は基準容量から計算する。

解　答　統一基準容量を 100 MV·A とすると，変圧器から電源側の百分率インピーダンス降下は (100/200)×1＝0.5[%] となるので，百分率インピーダンス降下の系統図は図4(a)となる。

(a) 統一基準容量を 100 MV·A とした場合　　(b) 合成%Z

図4　A点から見た電源側の %Z

これより，A 点から見た合成百分率インピーダンス降下 %Z は図 4(b)のように合成できて，%Z＝0.5＋7＝7.5[%]となる。

A 点における定格電流(基準電流) I_n は，

$$I_n = \frac{100 \times 10^6}{\sqrt{3} \times 66 \times 10^3} \fallingdotseq 874.8 [A]$$

なので，三相短絡電流 I_s は，

$$I_s = \frac{100}{\%Z} I_n = \frac{100}{7.5} \times 874.8 \fallingdotseq 11\,660 [A] \rightarrow 11.7\,\text{kA}$$

となる。したがって，正解は(4)となる。

別　解　統一基準容量を 200 MV·A としたときの系統図は図 5 となるので，A 点から見た電源側の百分率インピーダンス降下は，%Z＝1＋14＝15[%]となる。

図 5　基準容量を 200 MV·A とした場合

A 点における基準電流 I_n は，

$$I_n = \frac{200 \times 10^6}{\sqrt{3} \times 66 \times 10^3} \fallingdotseq 1\,750 [A]$$

なので，三相短絡電流 I_s は，

$$I_s = \frac{100}{\%Z} I_n = \frac{100}{15} \times 1\,750 \fallingdotseq 11\,660 [A] \rightarrow 11.7\,\text{kA}$$

と計算できる。統一基準容量は基本的に任意に選べるが，問題に与えられたものの中から選ぶのが普通である。

%Z の大きさだけで，合成 %Z を計算しているけれど，インピーダンスはベクトルだから，これマズイんじゃない？

ラッキーじゃん！

その通りだ，でも実際の計算問題では，計算を簡略化するため，インピーダンス角が等しいか，または誘導性リアクタンスのみとして扱っている。だから，大きさの計算だけでできるんだ。

ただし，%Z について特記がある場合はそれに従うこと。

1. 系統の百分率インピーダンス降下

（1） 線路の百分率インピーダンス降下

短距離送電線は，電気的に抵抗とインダクタンスの直列回路で表すことができるので，変圧器や発電機と同様に線路インピーダンスも百分率インピーダンス降下で表すことができる。

定格線間電圧 V_n[V]，送電容量 S_n[V·A]とすると，線路インピーダンス Z[Ω]の送電線の百分率インピーダンス降下 $\%Z$ は，定義より次式で表すことができる（図1参照）。

$$\%Z = \frac{ZS_n}{V_n^2} \times 100 [\%] \tag{1}$$

（2） 系統の合成百分率インピーダンス降下

百分率インピーダンス降下を用いることで，変圧器を介した換算が不要となり，系統を単なる百分率インピーダンス降下の回路網として扱うことができる。ただし，各機器の百分率インピーダンス降下は，一般に異なる容量を元に算出されたものなので，百分率インピーダンス降下を合成する場合には同一の基準容量に換算する必要がある。

アレ？確か，変圧器のインピーダンスは小文字の z だったけれど，線路インピーダンスは何で大文字 Z なの？

とすると，思い込みで記号を判断するのは，要注意だね。

実は決まっていないのが本当で，文中で定義すれば何を使ってもいいんだよ。ただ，電流は I というように慣例はあるけどね。

同じ物理量でも，テキストによって異なる記号を用いている場合がある。だから，定義をしっかり確認することが重要だよ。

例題 図6に示す送電系統があり，各機器の容量に対する百分率インピーダンス降下が与えられている。20 MV·A を基準容量としたときの A 点から見た電源側の合成百分率インピーダンス降下 %Z を求めよ。ただし，各インピーダンスの抵抗分は無視する。

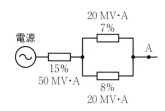

図6　合成百分率インピーダンス降下

答 15％の百分率インピーダンス降下を基準容量 20 MV·A に換算すると，$(20/50)\times15=6[\%]$ となるので，%Z は次式で計算できる。

$$\%Z=6+\frac{7\times8}{7+8}\fallingdotseq9.73[\%]$$

例題 図7に示す送電系統があり，変圧器二次側のA点から電源側の基準容量 120 MV·A における百分率インピーダンス降下は 8％ である。A 点から送電線

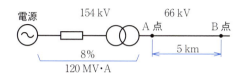

図7 B点から見た合成百分率インピーダンス降下

の線路こう長 5 km 負荷側にある B 点から電源側を見た，基準容量 120 MV·A における百分率インピーダンス降下 %Z_B の値を求めよ。ただし，送電系統のインピーダンスはすべてリアクタンス分であり，送電線の A 点より負荷側のインピーダンスの大きさは 0.5 Ω/km とする。

答 A-B 間のインピーダンスは $0.5\times5=2.5[\Omega]$ なので，基準容量 120 MV·A における百分率インピーダンス降下 %Z_{AB} は，

$$\%Z_{AB}=\frac{2.5\times120\times10^6}{(66\times10^3)^2}\times100\fallingdotseq6.89[\%]$$

となる。したがって，%Z_B は次のように計算できる。

$$\%Z_B=8+\%Z_{AB}=8+6.89\fallingdotseq14.9[\%]$$

なお，この例題では，題意より系統のインピーダンスがすべてリアクタンスであることから，百分率リアクタンス降下と表現してもよい。

2．三相短絡電流の求め方

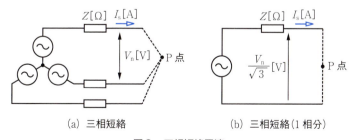

(a) 三相短絡　　　　　(b) 三相短絡（1相分）

図8　三相短絡電流

図8は，三相短絡事故時の回路を示す。図中の $Z[\Omega]$ は電源及び線路を合わせたインピーダンスである。三相短絡事故が起こる前の事故点 P における線間電

圧を $V_n[V]$ とするとき，三相短絡電流 I_s はテブナンの定理より，

$$I_s = \frac{V_n}{\sqrt{3}Z}[A]$$

となるので，(1)式を使い，Z を %Z で表すと次式となる。

$$I_s = \frac{V_n}{\sqrt{3}} \times \frac{S_n \times 100}{\%Z V_n^2} = \frac{100}{\%Z} \times \frac{S_n}{\sqrt{3}V_n}[A]$$

P 点の容量を $S_n[V \cdot A]$ とすると，事故前の P 点の定格電流 I_n は，

$$I_n = \frac{S_n}{\sqrt{3}V_n}[A] \tag{2}$$

なので，三相短絡電流 I_s は次式で表される。

$$I_s = \frac{100}{\%Z}I_n[A] \tag{3}$$

この短絡電流に $\sqrt{3}V_n$ をかけ算して容量で表したものが，三相短絡容量 S_s である。

$$S_s = \sqrt{3}V_n I_s = \frac{100}{\%Z} \times \sqrt{3}V_n I_n = \frac{100}{\%Z}S_n[V \cdot A] \tag{4}$$

三相短絡電流や三相短絡容量は，故障点の定格電流や定格容量に $\frac{100}{\%Z}$ をかけ算するのか！

それから，基準容量と定格容量ってどう違うの？

この式はとても重要な式だ。試験で役立つこと請け合いだよ。

%Z は，基準となる電圧と容量を指定しないと意味をなさない。その容量が定格容量でもかまわない。これを自己容量基準表示という。

線路に設けられる遮断器の定格遮断電流は，その線路の三相短絡電流以上のものを選定しなければならない。

でも博士！基準容量が定格容量と異なると，電流は定格電流ではなくなってしまうよ？

そんなときは，「定格電流」ではなく，「基準電流」と呼ぶことで対処している。
まあ，「イカ」を「スルメ」と言うようなものだ。

3．短絡電流の制限

近年，発電所の大容量化や電力安定供給のための系統間連系が進んできている。これは，電源容量の増加と系統のインピーダンスの低下をもたらし，結果として短絡容量を増大させる。短絡容量の増大は，安定度の向上，電圧変動の低減，送電効率の向上等の利点がある一方で，短絡電流の増大による大容量遮断器の採用などの設備費の増加や，大きな事故電流による付近の通信線への誘導障害も懸念される。このような問題に対処するために，次のような短絡容量の軽減対策がとられる。

> **短絡容量の軽減対策**
> ① 送電線，母線に，直列に限流リアクトルを挿入する。
>   →インピーダンスを高くして短絡電流を低減する。
> ② 高インピーダンスの機器を採用する。
> ③ 直流連系を採用し系統を適切な規模に分割する。
>   →非同期交流系統間の直流連系は短絡容量を増加させない。
> ④ 上位電圧系統を導入して下位電圧系統の分割を行う。

豆知識

2線間で短絡が起こるとどうなる？

図9に示すように，無負荷において三相回路の2線間で短絡が起きたときの短絡電流 I_{s2} について調べてみよう。

三相短絡同様にP点で線間短絡が起きたとする。線間短絡が起こる前の線間電圧を V_n [V]とすると，I_{s2} はテブナンの定理より次式で表される。

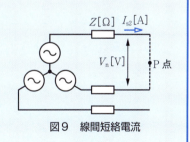

図9　線間短絡電流

$$I_{s2} = \frac{V_n}{2Z} \text{[A]}$$

上式の Z を（1）式により，基準容量 S_n [V・A]に対する%Z で表すと，

$$I_{s2} = \frac{V_n}{2} \times \frac{S_n \times 100}{\%Z V_n^2} = \frac{100}{\%Z} \times \frac{S_n}{2V_n} = \frac{100}{\%Z} \times \frac{\sqrt{3} S_n}{2\sqrt{3} V_n}$$

$$= \frac{100}{\%Z} \times \frac{S_n}{\sqrt{3}\,V_n} \times \frac{\sqrt{3}}{2} = \frac{100}{\%Z} I_n \times \frac{\sqrt{3}}{2} \fallingdotseq 0.866 I_s [\mathrm{A}] \quad ((3)式より)$$

となる．したがって，地点Pにおける線間短絡電流は，その地点における三相短絡電流 I_s の $\sqrt{3}/2 \fallingdotseq 0.866$ 倍となる．

これは次のように考えてもよい．三相短絡（図8(b)参照）に対して，短絡回路の電圧が $\sqrt{3}$ 倍でインピーダンスが2倍となっているので，2線間の短絡電流は三相短絡電流 I_s の $\sqrt{3}/2 \fallingdotseq 0.866$ 倍となる．

実践・解き方コーナー

問題1 図のような交流三相3線式の系統がある．各系統の基準容量と基準容量をベースにした百分率インピーダンス(降下)が図に示された値であるとき，次の(a)及び(b)の問に答えよ．

（a）系統全体の基準容量を 50 000 kV·A に統一した場合，遮断器の設置場所からみた合成百分率インピーダンス(降下)[%]の値として，正しいものを次の(1)～(5)のうちから一つ選べ．

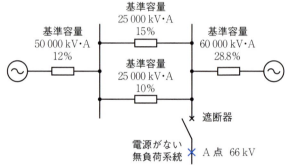

(1) 4.8　(2) 12　(3) 22　(4) 30　(5) 48

（b）遮断器の投入後，A点で三相短絡事故が発生した．三相短絡電流[A]の値として，最も近いものを次の(1)～(5)のうちから一つ選べ．

(1) 842　(2) 911　(3) 1 458　(4) 2 104　(5) 3 645

(平成21年度)

解 答 （a） 基準容量を 50 000 kV·A に統一した場合の各百分率インピーダンス降下を図 16-1-1 に示す。

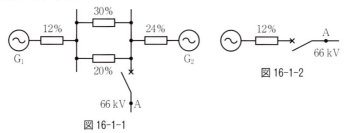

図 16-1-1

図 16-1-2

なお，換算は次のとおり。

$$\frac{50}{25} \times 15 = 30[\%] \quad, \quad \frac{50}{25} \times 10 = 20[\%] \quad, \quad \frac{50}{60} \times 28.8 = 24[\%]$$

この系統は G_1 系統と G_2 系統の並列接続となっているので，G_1 系統の合成百分率インピーダンス降下 $\%Z_1$ は，

$$\%Z_1 = 12 + \frac{30 \times 20}{30 + 20} = 24[\%]$$

である。複数の電源は A 点からみると１つに見えるので，電源相互を接続して一つにすると，電源と A 点間の合成百分率インピーダンス降下 $\%Z$ は，2 系統の並列接続となり，

$$\%Z = \frac{24 \times 24}{24 + 24} = 12[\%]$$

となる（図 16-1-2 参照）。したがって，正解は（2）となる。

（b） A 点の基準電流 I_n は，

$$I_n = \frac{50\,000 \times 10^3}{\sqrt{3} \times 66 \times 10^3} \fallingdotseq 437.4[A]$$

なので，三相短絡電流 I_s は，

$$I_s = \frac{100}{\%Z} I_n = \frac{100}{12} \times 437.4 \fallingdotseq 3\,645[A]$$

となる。したがって，正解は（5）となる。

補 足 問題には明記されていないが，各系統の線路インピーダンスは，抵抗分を無視したものとして考える。

問題2 定格容量 80 MV·A，一次側定格電圧 33 kV，二次側定格電圧 11 kV，百分率インピーダンス降下 18.3 %（定格容量ベース）の三相変圧器 T_A がある。三相変圧器 T_A の一次側は 33 kV の電源に接続され，二次側は負荷のみが接続されている。電源の

百分率内部インピーダンス降下は，1.5 %（系統基準容量 80 MV·A ベース）とする。なお，抵抗分及びその他の定数は無視する。将来の負荷変動等は考えないものとすると，変圧器 T_A の二次側に設置する遮断器の定格遮断電流[kA]の値として，最も適切なものを次の（1）〜（5）のうちから一つ選べ。

（1）　5　　（2）　8　　（3）　12.5　　（4）　20　　（5）　25

（平成 22 年度改）

解　答　この系統図を図 16-2-1 に示す。これより，A 点から見た電源側の合成百分率インピーダンス降下 %Z は，

$$\%Z = 1.5 + 18.3 = 19.8[\%]$$

となる。また，A 点の定格電流 I_n は，

$$I_n = \frac{80 \times 10^6}{\sqrt{3} \times 11 \times 10^3} \fallingdotseq 4\,199[A]$$

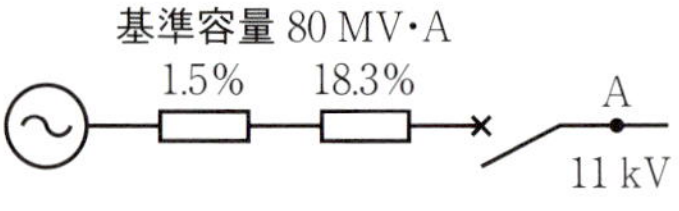

なので，三相短絡電流 I_s は，

$$I_s = \frac{100}{\%Z} I_n = \frac{100}{19.8} \times 4\,199 \fallingdotseq 21\,200[A] \quad \rightarrow \quad 21.2\,kA$$

基準容量 80 MV·A

図 16-2-1

となる。遮断器の定格遮断電流は三相短絡電流以上で，最も近い値を選定する。したがって，正解は（5）となる。

問題3　変電所に設置された一次電圧 66 kV，二次電圧 22 kV，（定格）容量 50 MV·A の三相変圧器に 22 kV の無負荷の線路が接続されている。その線路が，変電所から負荷側 500 m の地点で三相短絡を生じた。三相変圧器の結線は，一次側と二次側が Y-Y 結線となっている。ただし，一次側からみた変圧器の 1 相当たりの抵抗は 0.018 Ω，リアクタンスは 8.73 Ω，故障が発生した線路の 1 線当たりのインピーダンスは 0.2+j0.48 Ω/km とし，変圧器一次電圧側の線路インピーダンス及びその他の値は無視するものとする。短絡電流[kA]の値として，最も近いものを次の（1）〜（5）のうちから一つ選べ。

（1）　0.83　　（2）　1.30　　（3）　1.42　　（4）　4.00　　（5）　10.5

（平成 23 年度改）

考え方　変圧器及び線路がインピーダンスで表示されている場合，インピーダンスから三相短絡電流を計算するには，変圧器のインピーダンスを短絡故障側（二次側）に換算したものを用いる。また別解のように，百分率インピーダンス降下を求めて計算してもよい。

解　答　変圧器の巻数比は 3 なので，変圧器のインピーダンスの二次側換算値は，$(0.018 + j8.73)/3^2 = 0.002 + j0.97[\Omega]$ である。したがって，三相短絡故障点 A から見た 1

相分の回路は図16-3-1となるので，A点より電源側のインピーダンスZは，

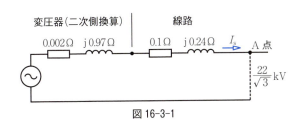

図 16-3-1

$$Z=\sqrt{(0.002+0.1)^2+(0.97+0.24)^2}≒1.214[\Omega]$$

となる。これより，三相短絡電流I_sは，

$$I_s=\frac{22\times 10^3}{\sqrt{3}\times 1.214}≒10\,460[A] \quad \to \quad 10.5\,kA$$

となる。したがって，正解は(5)となる。

別解 参考として，基準容量を50 MV·Aとして百分率インピーダンス降下%Zを求めて，三相短絡電流を計算すると次のようになる。

変圧器及び線路の百分率抵抗降下を%r_T，%r_L，百分率リアクタンス降下を%x_T，%x_Lとする。

$$\%r_T=\frac{0.018\times 50\times 10^6}{(66\times 10^3)^2}\times 100≒0.020\,7[\%]$$

$$\%r_L=\frac{0.1\times 50\times 10^6}{(22\times 10^3)^2}\times 100≒1.033[\%]$$

$$\%x_T=\frac{8.73\times 50\times 10^6}{(66\times 10^3)^2}\times 100≒10.02[\%]$$

$$\%x_L=\frac{0.24\times 50\times 10^6}{(22\times 10^3)^2}\times 100≒2.479[\%]$$

より，%Zは次式で求められる。

$$\%Z=\sqrt{(0.020\,7+1.033)^2+(10.02+2.479)^2}≒12.54[\%]$$

A点の定格電流（基準電流）I_nは，

$$I_n=\frac{50\times 10^6}{\sqrt{3}\times 22\times 10^3}≒1\,312[A]$$

なので，三相短絡電流I_sは次のようになり，一致する。

$$I_s=\frac{100}{\%Z}I_n=\frac{100}{12.54}\times 1\,312≒10\,460[A]$$

問題4 図に示すように，定格電圧 66 kV の電源から送電線と三相変圧器を介して，二次側に遮断器が接続された系統を考える。三相変圧器の電気的特性は，定格容量 20 MV·A，

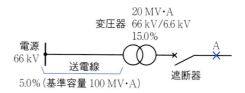

一次側線間電圧 66 kV，二次側線間電圧 6.6 kV，自己容量基準での百分率インピーダンス(降下)は 15% である。一方，送電線から電源をみた電気的特性は，基準容量 100 MV·A の百分率インピーダンス(降下)が 5.0% である。このとき，次の(a)及び(b)の問に答えよ。ただし，百分率インピーダンス(降下)の抵抗分は無視するものとする。

(a) 基準容量を 10 MV·A としたとき，変圧器の二次側から電源側を見た百分率リアクタンス(降下)[%]の値として，正しいものを次の(1)～(5)のうちから一つ選べ。
(1) 2.0 (2) 8.0 (3) 12.5 (4) 15.5 (5) 20.0

(b) 図の A で三相短絡事故が発生したとき，事故電流[kA]の値として，最も近いものを次の(1)～(5)のうちから一つ選べ。ただし，変圧器の二次側から A までのインピーダンス及び負荷は，無視するものとする。
(1) 4.4 (2) 6.0 (3) 7.0 (4) 11 (5) 44

(平成 25 年度)

考え方 問題では題意より，インピーダンスはすべてリアクタンスとみなすことができる。

解答 (a) 10 MV·A 基準容量に換算した線路及び変圧器の百分率インピーダンス降下 $\%Z_L$，$\%Z_T$ は，

$$\%Z_L = \frac{10}{100} \times 5 = 0.5[\%], \quad \%Z_T = \frac{10}{20} \times 15 = 7.5[\%]$$

となるので，合成百分率インピーダンス降下 $\%Z$ は，

$$\%Z = \%Z_L + \%Z_T = 0.5 + 7.5 = 8.0[\%]$$

となり，これは百分率リアクタンス降下とみなすことができる。したがって，正解は(2)となる。

(b) A 点の基準電流 I_n は，

$$I_n = \frac{10 \times 10^6}{\sqrt{3} \times 6.6 \times 10^3} \fallingdotseq 875[A]$$

なので，三相短絡電流 I_s は，

$$I_s = \frac{100}{\%Z} I_n = \frac{100}{8} \times 875 \fallingdotseq 10\,940[A] \rightarrow 11\,kA$$

となる。したがって，正解は(4)となる。

出題ランク ★★☆

17 中性点接地と地絡事故

電路は絶縁しないと危険でしょうが！

確かにそうだが，中性点接地は，地絡事故時の異常から送配電線や機器を保護することが目的なんだ。

✓ 重要事項・公式チェック

1 中性点接地の目的
- ① 異常電圧の抑制による機器の絶縁の低減
- ② 健全相の対地電圧上昇の抑制による機器の絶縁の低減
- ③ 地絡継電器の確実な動作による故障箇所の迅速な除去

2 中性点接地方式
接地方式と1線地絡時の特徴

接地方式	異常電圧の発生	健全相の電位上昇	地絡電流	継電器の動作	電磁誘導障害
直接接地方式 187 kV以上	◎ ない	◎ 小（ほぼ零）	▲ 大	◎ 確実	▲ 大
抵抗接地方式 154 kV〜66 kV	◎ おそれ少ない	約$\sqrt{3}$倍	中	◎ 確実	中
消弧リアクトル接地方式 77 kV〜66 kV	▲ おそれあり	約$\sqrt{3}$倍	◎ 小（ほぼ零）	▲ 困難	◎ 小
非接地方式 33 kV〜6.6 kV	▲ おそれあり	約$\sqrt{3}$倍	◎ 小	▲ 困難	◎ 小

＊表中の記号◎は利点，▲は欠点

例題チャレンジ！

例題 電力系統の中性点接地方式に関する記述として、誤っているものを次の(1)～(5)のうちから一つ選べ。

(1) 直接接地方式は、他の中性点接地方式に比べて地絡事故時の地絡電流は大きいが、健全相の電圧上昇は小さい。

(2) 消弧リアクトル接地方式は、直接接地方式や抵抗接地方式に比べて1線地絡電流が小さい。

(3) 非接地方式は、他の中性点接地方式に比べて三相短絡電流を抑制できる。

(4) 抵抗接地方式は、直接接地方式と非接地方式の中間的な特徴を持ち、154 kV以下の特別高圧系統に採用されている。

(5) 消弧リアクトル接地方式及び非接地方式は、直接接地方式や抵抗接地方式に比べて、通信線に対する誘導障害が少ない。

ヒント 一般に、接地抵抗値が大きいほど地絡電流は小さくなる。地絡事故時の地絡電流の大きさと、事故の検出、健全相の電圧上昇、通信線に対する誘導障害の関係は重要である。

解答 (1)は正しい。地絡電流を制限するものは線路インピーダンスのみなので地絡電流は大きいが、中性点の電位上昇が小さいので健全相の電圧上昇は小さい。(2)は正しい。線路の対地静電容量とリアクトルによる並列共振により、地絡電流は原理上零となる。(3)は誤り。短絡電流の抑制はできない。(4)は正しい。接地抵抗値は、誘導障害の抑制と地絡事故の確実な検出との兼ね合いを検討して決められる。(5)は正しい。地絡電流が小さいので、通信線に対する誘導障害は少ない。したがって、正解は(3)となる。

 なるほど解説

1. 中性点接地の目的

送電線と鉄塔(大地)間のがいし表面にアークが発生して、電気的に接続される状態をアーク地絡といい、地絡事故原因の多くを占め、異常電圧を発生することがある。特に高電圧長距離送電においては線路や機器の絶縁破壊の原因になるため、地絡事故を確実に検出して迅速に除去する必要がある。このため、送電線路では変圧器の中性点を接地する方法が行われている。中性点接地の目的は次のと

おりである。

> ① アーク地絡等による異常電圧を抑制する。
> ② 健全相の対地電圧の上昇を抑制し，線路や機器の絶縁レベルを低減する。
> ③ 保護継電器の動作を確実にして，故障箇所を迅速に除去する。

送電線って電力系統の弱点なんだね。丈夫で頼もしく見えるけど…。

自然現象の影響をもろに受けるからね。線路が長いほどね。

2．直接接地方式と1線地絡事故

図1は，中性点を直接導体で接地した<u>直接接地方式</u>であり，この電線路で1線地絡事故が発生したときの原理図である。$Z[\Omega]$は地絡地点までのインピーダンスである(小さな値)。地絡地点における地絡抵抗を零，相電圧を$E[V]$とすると，地絡電流I_gは次式となる。

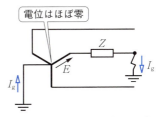

図1　直接接地方式と地絡電流

$$I_g = \frac{E}{Z}[A] \tag{1}$$

Zは小さな値であるため，地絡電流は非常に大きな値となり<u>地絡事故の検出が容易になる</u>。しかし，大きな地絡電流は，<u>付近の通信線に対して電磁誘導障害を起こすおそれがあり</u>，過渡安定度も低下する。

一方，I_gが接地線を流れても中性点の電位は原理上零であるので，健全相の対地電圧はほとんど上昇しない。このため，絶縁が低減でき建設費が安価となる。

直接接地方式は，<u>187 kV以上の超高圧系統</u>で採用されている。

3．抵抗接地方式と1線地絡事故

図2は，中性点を100～1 000 Ω程度の抵抗$R_g[\Omega]$を介して接地した<u>抵抗接地方式</u>であり，この電線路で1線地絡事故が発生したときの原理図である。地絡抵抗を零，変圧器と電線のインピーダン

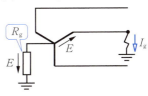

図2　抵抗接地方式と地絡電流

ス及び線路の対地静電容量Cの影響はR_gに対して無視できるものとすると，地絡電流I_gは次式となる。

$$I_g = \frac{E}{R_g} [\text{A}] \quad (2)$$

地絡電流は抵抗R_gにより制限される。R_gの値は，地絡事故時の検出が確実に行え，かつ，電磁誘導障害を生じないような地絡電流となるように設定される。

一方，1線地絡時にはR_gの両端に故障相の相電圧が現れるため，中性点の対地電位が上昇し，健全相の対地電圧はほぼ線間電圧に上昇する。

直接接地方式と非接地方式の中間の性質を持ち，主に66～154 kV系統で採用されている(22 kV，33 kVの特別高圧配電でも採用)。

4．消弧リアクトル接地方式と1線地絡事故

図3は，中性点をインダクタンスL[H]のリアクトルを介して接地した消弧リアクトル接地方式であり，この電線路で1線地絡事故が発生したときの原理図である。ただし，地絡抵抗を零，1線当たりの対地静電容量をC[F]とし，変圧器と電線のインピーダンスは無視できるものとする。

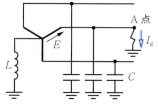

図3　消弧リアクトル接地方式と地絡電流

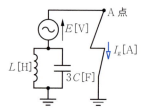

図4　A点からみた等価回路

図4は，地絡地点A点から電線路を見た等価回路である。消弧リアクトル接地方式では，L[H]の値を$3C$[F]と並列共振するように選ぶことで，原理的には地絡電流I_gを零とすることができる。三相交流の角周波数をω[rad/s]とすると，Lは次式を満たす。

$$\omega L = \frac{1}{\omega(3C)} \quad (3)$$

この方式は地絡電流を小さくできるため(原理的には零)，付近の通信線に対する電磁誘導障害も少ない(ない)。また，地絡地点の消弧が速く，故障点の電線の溶断やがいしの破損などの損害を少なくできる。このような利点から66～77 kV系統を中心として採用されているが，一方で，断線時に異常電圧を発生する危険

があること，系統の静電容量の増加に応じてリアクトル容量を増す必要があるなど保守が煩雑なことから，近年は採用されない傾向にある。

 電線路には，対地静電容量Cがあるのか！ここ，ポイントかも。

 消弧リアクトルは，この性質をうまく利用している。それから，非接地では，Cを通して地絡電流が流れるんだ。

5．非接地方式と1線地絡事故

図5は，非接地方式であり，この電線路で1線地絡事故が発生したときの原理図である。ただし，地絡抵抗を$r_g[\Omega]$，1線当たりの対地静電容量を$C[F]$とし，変圧器と電線のインピーダンスは無視できるものとする。

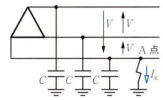

図5　非接地方式と地絡電流

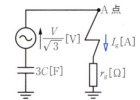

図6　A点からみた等価回路

図6は，地絡地点A点から電線路を見た等価回路である。三相交流の角周波数を$\omega[rad/s]$とすると，地絡前のA点の対地電圧は$V/\sqrt{3}[V]$であるから，テブナンの定理より地絡電流I_gは，

$$I_g = \frac{V/\sqrt{3}}{\sqrt{r_g^2 + \left(\frac{1}{3\omega C}\right)^2}}[A] \tag{4}$$

となる。もし，$r_g=0$であるなら次式となる。

$$I_g = \sqrt{3}\,\omega CV[A] \tag{5}$$

一般に，対地静電容量は非常に小さいため，地絡電流も小さい。このため，付近の通信線に対する電磁誘導障害は少ないが，事故の検出が困難になる。また，健全相の対地電圧は線間電圧に上昇する。

非接地方式は間欠アーク地絡（地絡地点でアークの点弧，消弧を繰り返す現象）を生じて異常電圧を発生しやすいので，33 kV以下の線路こう長の短い系統や，6.6 kV配電線に採用されている。

補　足　非接地式電線路において1線地絡事故が起こると，各相の対地静電容量を通して地絡地点に向かう同相の線電流が流れ，これを<u>零相電流</u>という。地絡電流 I_g は，零相電流の3倍の電流となる。

ちょっと待って！　零相電流って何者？

零相電流を理解するには，非対称三相交流回路の解法で使う対称座標法というものが必要なんだけど，電験三種では守備範囲外。
とりあえず，地絡事故時には，「零相電流」という電流が地絡地点に向かって流れることだけ覚えておけば大丈夫。

でも気になる。簡単に説明して，対称座標法とやらを。

単なる参考だから，理解できなくても気にしないでいいよ。
1線地絡は対称三相交流回路ではないから，対称座標法を用いて非対称の電流，電圧を，①零相分（単相交流）と，②対称三相交流である正相分と，③正相分とは相回転が逆の対称三相交流である逆相分に分解して，単相交流回路と二つの対称三相交流回路の合成として考える。単相回路と対称三相回路なら計算できるからね．
そして，地絡地点における各相の電流は，零相電流 I_0 と正相電流と逆相電流から計算できるんだ。これを計算すると図5の場合，地絡相の電流である地絡電流 I_g は零相電流 I_0 の3倍となり，他の健全相の電流は零となる。
ここで，図5を単線結線図で表すとしよう。単線結線図は3線を一括して見たものとみなせ，各相には零相電流 I_0 が流れているから，単線結線図では地絡地点（A点）に向かって零相電流 I_0 の3倍の地絡電流 I_g が流れるように見える。
また，1線地絡状態では，対称三相電源の中性点に地絡相の相電圧と逆向きの電圧が現れる。これを<u>零相電圧</u>といい，これが零相電流を流す起電力なんだ。

零相，正相，逆相電流なんて，想像もつかないよ。実際の電流はどのように流れているの。

実際はこう流れているんだよ。

これなら，私も納得だ！

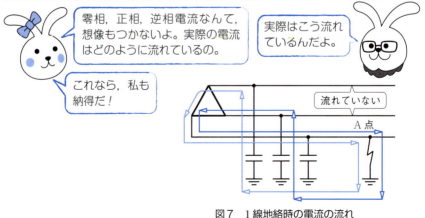

図7　1線地絡時の電流の流れ

豆知識

補償リアクトル接地方式

抵抗接地方式を採用する都市部のケーブル送電では，対地静電容量が架空電線より大きいため，対地充電電流が増加する傾向にある。このような系統での地絡事故の際に起こる異常電圧や誘導障害などを抑制し，継電器の動作を確実にするために，対地充電電流の一部を補償するリアクトルを，中性点接地抵抗と並列に接続する。これを補償リアクトルという。消弧リアクトルに似ているが目的が異なる。

電気で使われるリアクトル色々。全部わかるかな？

○△リアクトルってけっこう出てきたね。
え〜，マズイ！

じゃあ，ちょっとクイズを出そうかな。まだ未学習のものもあるかもしれないが，この際覚えてもいいだろう。

クイズ 下記のリアクトル名と関連がある「用途」，「関連語句」を線で結べ。

リアクトル名	用途	関連語句
平滑リアクトル・	・系統短絡容量を低減	・対地充電電流の補償
分路リアクトル・	・地絡電流の消弧	・並列共振
限流リアクトル・	・抵抗接地方式と併用	・高調波
消弧リアクトル・	・リプル（脈動）を低減	・送電線路・母線
補償リアクトル・	・コンデンサの過熱防止	・調相設備
直列リアクトル・	・進み無効電力を相殺	・直流送電

＊解答は 171 ページ

実践・解き方コーナー

問題1 中性点をインピーダンス Z_n で接地する，中性点接地方式に関する記述として，誤っているものを次の(1)～(5)のうちから一つ選べ。

(1) 中性点接地の主な目的は，1線地絡などの故障に起因する異常電圧(過電圧)の発生を抑制したり，地絡電流を抑制して故障の拡大や被害の軽減を図ることである。

(2) 非接地方式 ($Z_n \to \infty$) では，1線地絡時の健全相電圧上昇率は大きいが，地絡電流の抑制効果が大きいのがその特徴である。6.6 kV 配電系統においてこの方式が広く採用されている。

(3) 直接接地方式 ($Z_n \to 0$) では，故障時の異常電圧(過電圧)倍率が小さいため，187 kV 以上の超高圧系統に採用されている。一方，この方式は接地が簡単なため，77 kV 以下の下位系統でもしばしば採用されている。

(4) 消弧リアクトル接地方式は，送電線の対地静電容量と並列共振するように設定されたリアクトルで接地する方式で，1線地絡時の故障電流はほとんど零に抑制される。このため，遮断器によらなくても地絡故障が自然消滅する。

(5) 抵抗接地方式は，主として 154 kV 以下の送電系統に採用されており，中性点抵抗により地絡電流を抑制して，地絡時の通信線への誘導電圧抑制に大きな効果がある。しかし，地絡リレーの検出機能が低下するので，対策を要する場合もある。

(平成 22 年度改)

解 答 (1)は正しい。目的は覚えておきたい。(2)は正しい。非接地なので(1)の目的は果たせないが，電圧が比較的低く線路こう長が短い配電線路では充電電流も少なく，あまり問題は生じない。むしろ，市街地において通信線と併設される場合が多いので，誘導障害が少ない方が好ましい。(3)は誤り。直接接地方式は，77 kV 以下の下位系統では採用されていない。(4)は正しい。リアクトルの保守等の関係から，近年は採用されることが少ない。(5)は正しい。通信線への電磁誘導障害と地絡リレーの確実な動作は相反する事項であり，同時に十分に目的を果たすことは難しい。したがって，正解は(3)となる。

問題2 図に示すように，中性点をリアクトル L を介して接地している公称電圧 66 kV の系統がある。次の(a)及び(b)の問に答えよ。なお，図中の C は，送電線の対地静電容量に相当する等価キャパシタンスを示す。また，図に表示されていない電気定数は無視する。

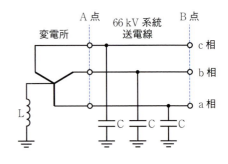

（a）　送電線の線路定数を測定するために，図中の A 点で変電所と送電線を切り離し，A 点で送電線の 3 線を一括して，これと大地間に公称電圧の相電圧相当の電圧を加えて充電すると，一括した線に流れる全充電電流は 115 A であった。このとき，この送電線の 1 相当たりのアドミタンスの大きさ[mS]として，最も近いものを次の（1）〜（5）のうちから一つ選べ。

（1）　0.58　　（2）　1.0　　（3）　1.7　　（4）　3.0　　（5）　9.1

（b）　図中の B 点の a 相で 1 線地絡事故が発生したとき，地絡点を流れる電流を零とするために必要なリアクトル L のインピーダンスの大きさ[Ω]として，最も近いものを次の（1）〜（5）のうちから一つ選べ。ただし，送電線の線路定数は，（a）で求めた値を用いるものとする。

（1）　111　　（2）　196　　（3）　333　　（4）　575　　（5）　1 000

（平成 26 年度）

解　答　（a）　3 線一括では，対地静電容量は 1 相当たりの 3 倍となるので，測定したアドミタンスは 1 相当たりの 3 倍となる。3 線一括でのアドミタンス Y は，

$$Y = \frac{115}{66 \times 10^3 / \sqrt{3}} \fallingdotseq 3.018 \times 10^{-3}[\mathrm{S}] = 3.018[\mathrm{mS}]$$

となるので，1 相当たりのアドミタンスは，この 1/3 倍の 1.006 mS→1 mS となる。したがって，正解は（2）となる。

（b）　1 相分の対地静電容量 C の 3 倍の容量性リアクタンスと，消弧リアクトルの誘導性リアクタンスが等しければ，並列共振して地絡点の電流は零となる。1 相分の対地静電容量 C の 3 倍の容量性リアクタンスは設問（a）で求めた Y の逆数であるから，

$$\frac{1}{Y} = \frac{1}{3.018 \times 10^{-3}} \fallingdotseq 331[\Omega] \quad \rightarrow \quad 333\ \Omega$$

となる。問題では抵抗分は考慮していないので，このリアクタンス値がリアクトル L のインピーダンスとなる。したがって，正解は（3）となる。

問題3👣👣　次の文章は，配電線路の接地方式や 1 線地絡事故が発生した場合の現象に関する記述である。

a. 高圧配電線路は多くの場合，配電用変電所の変圧器二次側の （ア） から 3 線で引き出され，（イ） が採用されている。

b. この方式では，一般に 1 線地絡事故の地絡電流は （ウ） 程度のほか，高低圧線の混触事故の低圧側対地電圧上昇を容易に抑制でき，地絡事故中の （エ） もほとんど問題にならない。

上記の記述中の空白箇所（ア），（イ），（ウ）及び（エ）に当てはまる組合せとして，正し

169

いものを次の(1)〜(5)のうちから一つ選べ。

	(ア)	(イ)	(ウ)	(エ)
(1)	Δ結線	直接接地方式	数百〜数千アンペア	健全相電圧上昇
(2)	Δ結線	非接地方式	数〜数十アンペア	通信障害
(3)	Y結線	直接接地方式	数〜数十アンペア	通信障害
(4)	Δ結線	非接地方式	数百〜数千アンペア	健全相電圧上昇
(5)	Y結線	直接接地方式	数百〜数千アンペア	健全相電圧上昇

(平成26年度)

解 答　a. 高圧配電線路は多くの場合，配電用変電所の変圧器二次側のΔ結線から3線で引き出され，非接地方式が採用されている。

b. この方式では，一般に1線地絡事故の地絡電流は数〜数十アンペア程度のほか，高低圧線の混触事故の低圧側対地電圧上昇を容易に抑制でき，地絡事故中の通信障害もほとんど問題にならない。したがって，正解は(2)となる。

補 足　高圧配電線は市街地に施設されることから，保安面及び通信線への誘導障害が問題となる。非接地方式は1線地絡電流が小さいため，通信線に対する誘導障害を低減でき，高低圧線の混触事故の低圧側対地電圧上昇を容易に抑制(B種接地工事)できる。一方，1線地絡時の健全相の電圧上昇は使用電圧自体が低いので問題にならない。これらの理由から，高圧配電線では非接地方式が採用されている。

問題4　1線当たりの対地静電容量が0.5μF，使用電圧6.6kV，周波数50Hzの中性点非接地式の三相3線式配電線路がある。1線が抵抗1500Ωを通して地絡を生じたときの地絡電流の大きさ[A]の値として，最も近いものを次の(1)〜(5)のうちから一つ選べ。ただし，変圧器のインピーダンス及びその他の線路定数は無視できるものとする。

(1) 0.44　(2) 1.47　(3) 2.15　(4) 3.03　(5) 4.28

解 答　図17-4-1において，地絡地点A点から見た電源側の等価回路は図17-4-2となる。

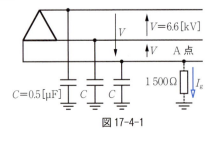

図17-4-1

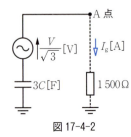

図17-4-2

地絡地点の抵抗値を $r_g[\Omega]$，1線当たりの対地静電容量を $C[F]$，角周波数を $\omega[\mathrm{rad/s}]$ とすると，地絡前の A 点の対地電圧は $V/\sqrt{3}\,[\mathrm{V}]$ であるから，テブナンの定理より地絡電流 I_g は，

$$I_g = \frac{V/\sqrt{3}}{\sqrt{r_g^2 + \left(\dfrac{1}{3\omega C}\right)^2}} = \frac{6.6 \times 10^3/\sqrt{3}}{\sqrt{1\,500^2 + \left(\dfrac{1}{3 \times 100\pi \times 0.5 \times 10^{-6}}\right)^2}}$$

$$\fallingdotseq 1.47[\mathrm{A}]$$

となる。したがって，正解は(2)となる。

クイズの解答

リアクトル名	用途	関連語句
平滑リアクトル	系統短絡容量を低減	対地充電電流の補償
分路リアクトル	地絡電流の消弧	並列共振
限流リアクトル	抵抗接地方式と併用	高調波
消弧リアクトル	リプル(脈動)を低減	送電線路・母線
補償リアクトル	コンデンサの過熱防止	調相設備
直列リアクトル	進み無効電力を相殺	直流送電

（対応関係：
平滑リアクトル — リプル(脈動)を低減 — 直流送電
分路リアクトル — 進み無効電力を相殺 — 調相設備
限流リアクトル — 系統短絡容量を低減 — 送電線路・母線
消弧リアクトル — 地絡電流の消弧 — 対地充電電流の補償
補償リアクトル — 抵抗接地方式と併用 — 並列共振
直列リアクトル — コンデンサの過熱防止 — 高調波）

出題ランク ★☆☆

18 過電流継電器と送配電線の保護方式

困ることは色々あるけど，停電は勘弁してほしいなぁ～。

同感だよ。だから，事故を素早く検知して切り離し，健全部分を守る必要がある。

✓ 重要事項・公式チェック

1 過電流継電器の限時特性

① 電流整定値　継電器が限時動作を始める最小電流

② 動作時間　限時動作開始から遮断信号送出までの時間

③ D の意味　同じ電流に対する動作時間が $\dfrac{D}{10}$ 倍に短縮

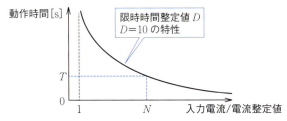

図1　過電流継電器の限時特性(反限時特性)

例えば $D=4$ では，縦軸の値を 0.4 倍したものが動作時間となる。
横軸の電流は，比で表されているから要注意。

なるほど。すると横軸は，継電器を流れる電流と見てもいいわけだから…。
電流が大きいほど，短時間で遮断する特性ということか！

2 送配電系統の保護方式

① 過電流継電方式　末端保護区間の故障ほど速く遮断

② 回線選択継電方式　並行2回線の故障を選択遮断

③ 距離継電方式　保護範囲の距離内の故障を遮断

④ パイロット継電方式　保護区間の両端を同時遮断

例題チャレンジ！

例題 図2のような送電系統において，P点で三相短絡故障が発生して短絡電流1 600 Aが流れた。このとき，過電流継電器の動作時間[s]の値として，最も近いものを次の(1)～(5)のうちから一つ選べ。ただし，CTの変流比は400 A/5 A，過電流継電器の電流整定値は4 A，限時時間整定値は3とする。

(1) 0.15　　(2) 0.36　　(3) 0.58　　(4) 1.2　　(5) 1.6

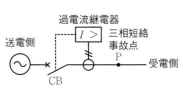

図2　過電流継電器の動作時間

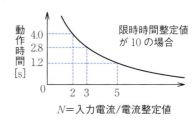

図3　過電流継電器の限時特性

ヒント 過電流継電器を流れる電流を求めることで，この値が電流整定値の何倍かがわかる。これより，与えられた限時特性から限時時間整定値10における動作時間がわかる。

解答 CTの変流比より，過電流継電器を流れる電流は$1\,600 \times (5/400) = 20$ [A]となる。これは電流整定値の5倍なので，図3の限時特性より動作時間1.2 sを得る。題意より限時時間整定値は3なので，動作時間は$1.2 \times (3/10) = 0.36$ [s]となる。したがって，正解は(2)となる。

意外に簡単じゃん！

ただ，異なる名称が使われている場合がある。例えば，「電流整定値」を"電流タップ"など，「限時時間整定値」を"ダイヤル(時限)整定値"や"タイムレバー"，"動作時間整定値"などと記されている場合もあるから，意味をよく考えて判断しよう。

なるほど解説

1．保護継電器
（1） 役割
　電力は公共性の高いエネルギーであり，故障による停電を極力減らし，安定した質の高い電力を供給する必要がある。このためには，送配電系統で短絡故障や地絡故障が発生した場合，迅速かつ確実に故障区間を検知して選択遮断を行い，故障箇所を電路から切り離すことで，電力系統の安定を確保しなければならない。このとき，故障位置，故障の状態を検知して，遮断器に遮断信号を出す役割を担う機器が保護継電器である。

　保護継電器の構造は，以前は誘導形が主流であったが，その後信頼度を高めたアナログ静止形に移行し，現在はマイクロプロセッサ内蔵で演算機能を持つディジタル形が主流である。

（2） 限時特性
　継電器が限時動作を始めてから遮断信号を送出するまでの時間を動作時間という。この動作時間と継電器を流れる電流との関係を表したものを継電器の限時特性といい，図4のような種類がある。

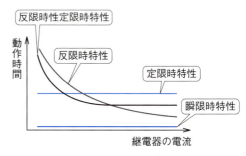

図4　継電器の限時特性

　最もよく用いられる過電流継電器では，継電器の電流増加に伴い動作時間が短くなる反限時特性を持つものが多いが，短絡電流に対処するため瞬限時特性を兼ね備えた過電流継電器を設置する場合もある。

2．過電流継電器の特性
　反限時特性を持つ過電流継電器において，限時動作を開始する最小電流を電流整定値という。電流整定値における動作時間は非常に長い。電流整定値は設定つまみ等で変更できる。また，継電器の限時特性では，過電流継電器の入力電流（横軸）は図1のように電流整定値に対する入力電流値の比 N で表される。

　縦軸の動作時間は，限時時間整定値（ダイヤル（時限）整定値，タイムレバー，動作時間整定値などとも呼ばれる）が 10 における値を表している。限時時間整定値は，動作時間を調整する場合に設定値を変更でき，限時時間整定値が D の動作時

間は，$D/10$ 倍に短縮される。

過電流継電器のパネルに，こんなつまみスイッチがあったよ。

そう，このスイッチで，動作時間が保護に最適になるように設定するんだ。

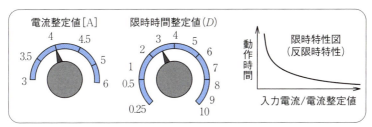

図5　切り替えスイッチの例

3．送配電線の保護継電方式
（1）　保護継電方式が具備する能力
　送配電線路保護のために，後述（2）～（5）の保護継電方式がその重要度に応じて採用されている。また，保護継電方式は，次のような能力が要求される。
① 停電区域を必要最小限に限定するための選択遮断ができる。
② 系統安定度を維持するための迅速遮断ができる。
③ バックアップとして適切な後備保護能力を備えている。
④ 系統構成の変更に際し十分な保護能力を有する。

（2）　過電流継電方式

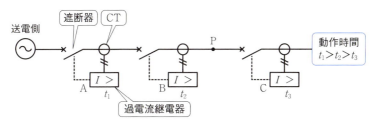

図6　過電流継電方式の原理

　図6のように，放射状の送配電線路の適切な区間ごとに過電流継電器を設け，故障電流が整定値を超えると動作する。末端区間ほど動作時間を短くすることで，故障区間を選択遮断できる。例えばP点の故障に対しては，AよりもBが先

175

に動作し遮断する。この方式は系統が複雑になると時限整定が困難となる場合がある。

（3） 回線選択継電方式

図7のような並行2回線の送配電線路では，故障時の両回線の電流の大きさ，位相（向き）に差が生じる。例えば回線Ⅰで生じた故障に対して，故障電流 $I_1 > I_2$ と故障電流の向きによりAとBが動作して回線Ⅰを選択遮断する。

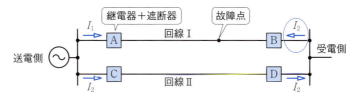

図7　回線選択継電方式の原理（回線Ⅰに故障点がある場合）

（4） 距離継電方式

図8のように，故障時の電圧・電流から故障点までのインピーダンスを演算し，これが整定値より小さい場合に動作する。インピーダンスの値から継電器設置点と故障点間の距離がわかるため，故障点に最も近い継電器が最初に動作する。例えばP点の故障に対しては，BがAより先に動作する。

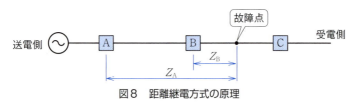

図8　距離継電方式の原理

（5） パイロット継電方式

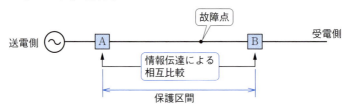

図9　パイロット継電方式の原理

図9のように，保護区間の両端間で情報伝達を行い相互比較することで区間内の故障を検知し，両端同時に高速度で遮断する。この方式は，継電器方式の中で最も信頼性が高い。情報伝達方式により，表示線（パイロットワイヤ）を用いる表

示線式と，電力線搬送，マイクロ波通信，光ファイバ通信を用いる搬送方式がある。

4．再閉路方式

架空電線路に発生する故障のほとんどは，がいし部分のフラッシオーバによる短絡・地絡である。このため，故障を迅速に選択遮断することでアークも消滅し故障が自然に復旧する場合が大部分である。そこで，一定の無電圧期間後に遮断器の再投入を行うことで，送電を継続でき安定度を維持できる。遮断と再投入を自動で行う方式を自動再閉路といい，次のような方式がある。

① 故障相に無関係に三相を再閉路する三相再閉路
② １線地絡時に故障相のみを再閉路する単相再閉路
③ 故障相のみを再閉路する多相再閉路

豆知識

方向継電器というもの

過電流継電器が電流の大きさだけで動作すると，図７の回線選択継電方式のような場合，Bを流れる故障電流 I_2 は健全な回線の継電器Dも流れるので健全な回線の遮断器が誤動作するおそれがある。しかし，方向性も備えた過電流方向継電器であれば，I_2 の方向が逆であることからBのみを動作させ遮断できる。

また，図10のような複数回線を引き出す配電用変電所において，高圧側配電線の一つに地絡故障が発生した場合も方向継電器が必要となる。配電線の地絡故障時には接地形計器用変圧器に発生する零相電圧（地絡故障時に発生）で高圧側配電線に地絡故障が発生したことは検知できるが，どの回線なのか特定できない。また，各回線に設置された零相変流器（地絡電流（零相電流）を検出）には，健全回線にも対地静電容量を通して

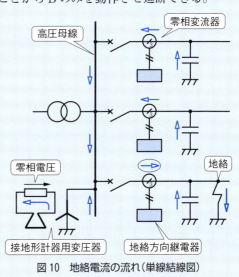

図10　地絡電流の流れ（単線結線図）

故障電流が流れるため，大きさだけでは特定できない。しかし，故障回線では故障電流の方向が異なるため，零相電圧と零相電流の位相から地絡電流の方向を検出できる地絡方向継電器により，故障回線を特定できる。

もらい事故

受電設備では，需要家間の"もらい事故"に注意を要する。これは，需要家構外(配電線または他の需要家構内)の1線地絡事故の際に，自家の需要設備の零相変流器が不必要動作を起こすことで発生する。これは「電気施設管理」で扱うので，法規編：単元23「電気施設の事故・総まとめ」を参照されたい。

実践・解き方コーナー

問題1 図のような系統において，昇圧用変圧器の定格容量は30 MV·A，変圧比11 kV/33 kV，百分率インピーダンス降下は自己容量基準で7.8 %，変流器(CT)の変流比は400 A/5 Aである。系統のF点に

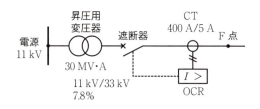

おいて三相短絡事故が発生し，1 800 Aの短絡電流が流れたとき，次の(a)及び(b)の問に答えよ。ただし，CTの磁気飽和は考慮しないものとする。

(a) 系統の基準容量を10 MV·Aとしたとき，事故点Fから見た電源側の百分率インピーダンス降下[%]の値として，最も近いものを次の(1)～(5)のうちから一つ選べ。ただし，変圧器以外の百分率インピーダンス降下は無視できるものとする。

(1) 5.6 (2) 9.7 (3) 12.3 (4) 29.2 (5) 37.0

(b) 過電流継電器(OCR)を0.09 sで動作させるには，OCRの電流タップ値(電流整定値)を何アンペアの位置に整定すればよいか。正しいものを次の(1)～(5)のうちから一つ選べ。ただし，OCRのタイムレバー位置(限時時間整定値)は3に整定されており，タイムレバー位置10における限時特性は図のとおりである。

(1) 3.0 (2) 3.5 (3) 4.0 (4) 4.5 (5) 5.0

(平成18年度)

解 答 （a） 変圧器二次側の基準電流 I_n は，

$$I_n = \frac{10 \times 10^6}{\sqrt{3} \times 33 \times 10^3}[\text{A}]$$

である。また，短絡電流を $I_s[\text{A}]$，F 点から見た電源側の百分率インピーダンス降下を $\%z[\%]$ とすると，

$$I_s = \frac{100}{\%z} I_n$$

が成り立つので，

$$\%z = 100 \times \frac{I_n}{I_s} = 100 \times \frac{10 \times 10^6}{\sqrt{3} \times 33 \times 10^3 \times 1\,800} \fallingdotseq 9.72[\%] \quad \rightarrow \quad 9.7\,\%$$

となる。したがって，正解は（2）となる。

別 解 変圧器の定格容量は 30 MV·A なので，二次側の定格電流 I_n は，

$$I_n = \frac{30 \times 10^6}{\sqrt{3} \times 33 \times 10^3}[\text{A}]$$

となり，短絡電流と $\%z$ の関係から $\%z$ は次のように計算できる。

$$\%z = 100 \times \frac{I_n}{I_s} = 100 \times \frac{30 \times 10^6}{\sqrt{3} \times 33 \times 10^3 \times 1\,800} \fallingdotseq 29.16[\%]$$

この値は 30 MV·A 基準におけるものなので，基準容量を 10 MV·A に換算した値 $\%z'$ は次のようになる。

$$\%z' = \frac{10}{30} \times 29.16 = 9.72[\%]$$

（b） タイムレバー位置 3 における動作時間 0.09 s をタイムレバー位置 10 の値に換算すると，0.09/0.3 = 0.3[s] となる。このときのタップ整定電流の倍数は特性図より 5 である。電流タップ値を I とすると，過電流継電器を流れる電流は $5I[\text{A}]$ であり，これを変流比 400/5 = 80 倍したものが短絡電流 1\,800 A となるので，

$$5I \times 80 = 1\,800 \quad \rightarrow \quad I = 4.5[\text{A}]$$

となる。したがって，正解は（4）となる。

問題2 次の文章は，配電線の保護方式に関する記述である。

高圧配電線路に短絡故障または地絡故障が発生すると，配電用変電所に設置された (ア) により故障を検出して，遮断器にて送電を停止する。この際，配電線路に設置された区分用開閉器は (イ) する。その後に配電用変電所からの送電を再開すると，配電線路に接地された区分用開閉器は電源側からの送電を検知し，一定時間後に動作する。その結果，電源側から順番に区分用開閉器は (ウ) される。また，配電線の故障

が継続している場合は，故障区間直前の区分用開閉器が動作した直後に，配電用変電所に設置された (ア) により故障を検出して，遮断器にて送電を再度停止する。この送電再開から送電を再度停止するまでの時間を計測することにより，配電線路の故障区間を判別することができ， (エ) と呼ばれている。例えば，区分用開閉器の動作時限が7秒の場合，配電用変電所にて送電を再開した後，22秒前後に故障検出により送電を再度停止したときは，図の配電線の (オ) 区間が故障区間であると判断される。

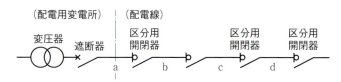

上記の記述中の空白箇所(ア)，(イ)，(ウ)，(エ)及び(オ)に当てはまる組合せとして，正しいものを次の(1)～(5)のうちから一つ選べ。

	(ア)	(イ)	(ウ)	(エ)	(オ)
(1)	保護継電器	開放	投入	区間順送方式	c
(2)	避雷器	開放	投入	時限順送方式	d
(3)	保護継電器	開放	投入	時限順送方式	d
(4)	避雷器	投入	開放	区間順送方式	c
(5)	保護継電器	投入	開放	時限順送方式	c

(平成25年度)

解 答 高圧配電線路に短絡故障または地絡故障が発生すると，配電用変電所に接地された保護継電器により故障を検出して，遮断器にて送電を停止する。この際，配電線路に接地された区分用開閉器は開放する。その後に配電用変電所からの送電を再開すると，配電線路に設置された区分用開閉器は電源側からの送電を検知し，一定時間後に動作する。その結果，電源側から順番に区分用開閉器は投入される。また，配電線の故障が継続している場合は，故障区間直前の区分用開閉器が動作した直後に，配電用変電所に設置された保護継電器により故障を検出して，遮断器にて送電を再度停止する。この送電再開から送電を再度停止するまでの時間を計測することにより，配電線路の故障区間を判別することができ，時限順送方式と呼ばれている。例えば，区分用開閉器の動作時限が7秒の場合，配電用変電所にて送電を再開した後，22秒前後に故障検出により送電を再度停止したときは，遮断器から3つ目の区分用開閉器が投入される時間は $7 \times 3 = 21$ [s]後であり，その直後に変電所の遮断器が動作したのであるから，図の配電線のd区間が故障区間であると判断される。したがって，正解は(3)となる。

問題3 配電用変電所における 6.6 kV 非接地方式配電線路の一般的な保護に関する記述として，誤っているものを次の(1)～(5)のうちから一つ選べ。

(1) 短絡事故の保護のため，各配電線に過電流継電器が設置される。
(2) 地絡事故の保護のために，各配電線に地絡方向継電器が設置される。
(3) 地絡事故検出のために，6.6 kV 母線には地絡過電圧継電器が設置される。
(4) 配電線の事故時には，配電線引出口遮断器は，事故遮断して一定時間の後に再閉路継電器により自動再閉路される。
(5) 主要変圧器の二次側を遮断させる過電流継電器の動作時限は，各配電線を遮断させる過電流継電器の動作時限より短く設定される。

(平成15年度)

解答 (1)は正しい。短絡電流は過電流継電器で検知する。(2)は正しい。非方向性の地絡継電器は，故障回線の選択ができない。(3)は正しい。高圧側配電線の一つに地絡故障が発生すると，高圧母線に設置された接地形計器用変圧器に零相電圧が発生し，地絡過電圧継電器が動作する。(4)は正しい。線路故障の多くは一定時間内に自然に復旧するので，自動再閉路方式が採用される。(5)は誤り。先に主要変圧器の二次側遮断器が動作すると，健全配電線の送電も停止するので，各配電線を遮断させる過電流継電器の動作時限の方を短く設定する。したがって，正解は(5)となる。

出題ランク ★★☆

19 誘導障害の原因と対策

電線はしっかり絶縁されていても、静電誘導や電磁誘導は起こるってことだね。

これは、電気の性質だから仕方ない。だから、弱める方法を考えるしかない。

✓ 重要事項・公式チェック

1 静電誘導障害

☑ 送配電線(電力線)と通信線の静電結合により E_e が生じ、障害を起こす

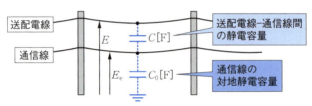

図1　静電誘導障害の原理

2 電磁誘導障害

☑ 送配電線(電力線)と通信線の電磁的結合により E_m が生じ、障害を起こす

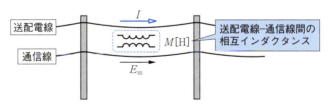

図2　電磁誘導障害の原理

3 主な防止対策

☑ ① 電線路のねん架を十分に行う
　② 送配電線と通信線の離隔距離を十分にとる
　③ 地絡電流を制限する(電磁誘導障害)
　④ 故障電線路を迅速に遮断する
　⑤ 通信線路側に遮蔽線を設ける

例題チャレンジ！

例題 架空電線(電力線)と架空弱電流電線(通信線)とが接近して設置される場合，架空弱電流電線に生じる電磁誘導障害の防止対策として，誤っているものを次の(1)～(5)のうちから一つ選べ。
(1) 架空電線と架空弱電流電線の離隔距離を大きくする。
(2) 架空電線を中性点直接接地方式とする。
(3) 接地した遮蔽線を架空弱電流電線近くに併設する。
(4) 架空電線と架空弱電流電線との併設する部分をできるだけ短くする。
(5) 架空電線における高調波の発生を防止する。

ヒント 地絡電流や，架空電線と架空弱電流電線間の電磁的結合を小さくする方法を考える。

解答 (1)は正しい。両者間の電磁的結合は小さくなる。(2)は誤り。中性点直接接地方式では大きな地絡電流が流れ，電磁誘導障害は大きくなる。(3)は正しい。導電率が大きく接地抵抗が小さい遮蔽線を設けると効果が大きい。(4)は正しい。両者間の電磁的結合は小さくなる。(5)は正しい。弱電流電線に発生する誘導起電力は，高調波電流の大きさと周波数に比例する。したがって，正解は(2)となる。

なるほど解説

1．誘導障害とはなにか

図1及び図2のように，架空送配電線路と架空通信線(架空弱電流電線と表現されることもある)が接近して設置された場合，送配電線路の電圧や電流の影響を受けて通信線に誘導電圧が発生し，通信の妨害や通信機器の損傷及び取扱者への危害を及ぼすことがある。これを**誘導障害**という。

でも博士，送配電線は三相交流でしょ。だから，通信線は3本の線から影響を受けるはずでしょう？

ほ〜。すると，誘導障害は起こらないはずだよね。

その通りだ。でも，対称三相交流は，3線を合わせると電圧や電流は零となるんだったね。

だから通常は起こらないようになっている。
これから詳しく説明するよ。

2. 架空電線路のねん架

図3のように，三相3線式送電線路は，鉄塔の両側に1回線ずつ計2回線で構成されているのが一般であり，1回線はおおよそ縦方向に3本の電線が架設されている。このため，相互間距離や大地からの高さの非対称により，各線の**作用インダクタンス**（自己インダクタンスと相互インダクタンスを合わせたもの）や**作用静電容量**（1線と中性点（大地）間の静電容量）が異なるので，電気的に不平衡な状態になる。

そこで図4のように，線路こう長を3区間に分けて各区間ごとに各電線の位置を入れ換えることで，作用インダクタンスや作用静電容量を等しくしている。これを**ねん架**という。

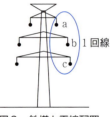

図3　鉄塔と電線配置

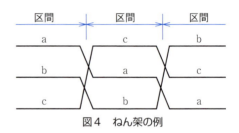

図4　ねん架の例

3. 静電誘導障害

（1）誘導電圧の計算

静電誘導により通信線に誘導される電圧 $\dot{E}_e[V]$ を計算してみよう。

図5のように，三相3線式送電線路と通信線が小さな離隔距離で併設されている場合を考える。図中の C_a, C_b, C_c は送電線の各相（a相，b相，c相）と通信線間の静電容量[F]であり，C_0 は通信線の対地静電容量[F]である。また，各相の電圧を $\dot{E}_a[V]$, $\dot{E}_b[V]$, $\dot{E}_c[V]$，角周波数を $\omega[rad/s]$ とする。このとき，$\dot{I}_a$, $\dot{I}_b$, $\dot{I}_c$ は次式で表される。

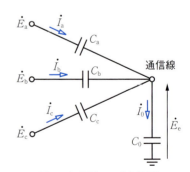

図5　通信線への静電誘導

$$\dot{I}_a = j\omega C_a(\dot{E}_a - \dot{E}_e), \quad \dot{I}_b = j\omega C_b(\dot{E}_b - \dot{E}_e), \quad \dot{I}_c = j\omega C_c(\dot{E}_c - \dot{E}_e)$$

キルヒホッフの電流則より $\dot{I}_0 = \dot{I}_a + \dot{I}_b + \dot{I}_c$ が成り立つので，$j\omega C_0 \dot{E}_e = \dot{I}_0$ より $\dot{E}_e$ が求められる。

$$j\omega C_0\dot{E}_e = j\omega C_a(\dot{E}_a - \dot{E}_e) + j\omega C_b(\dot{E}_b - \dot{E}_e) + j\omega C_c(\dot{E}_c - \dot{E}_e)$$

$$C_0\dot{E}_e = C_a(\dot{E}_a - \dot{E}_e) + C_b(\dot{E}_b - \dot{E}_e) + C_c(\dot{E}_c - \dot{E}_e)$$

$$(C_0 + C_a + C_b + C_c)\dot{E}_e = C_a\dot{E}_a + C_b\dot{E}_b + C_c\dot{E}_c$$

$$\dot{E}_e = \frac{C_a\dot{E}_a + C_b\dot{E}_b + C_c\dot{E}_c}{C_0 + C_a + C_b + C_c}[\text{V}] \tag{1}$$

　もし，送電線のねん架が十分行われているとすると，$C_a = C_b = C_c = C$ となる。これより，$\dot{E}_a + \dot{E}_b + \dot{E}_c = 0$ であることから $\dot{E}_e = 0$ となり，静電誘導は起きないことがわかる。

$$\dot{E}_e = \frac{C_a\dot{E}_a + C_b\dot{E}_b + C_c\dot{E}_c}{C_0 + C_a + C_b + C_c} = \frac{C(\dot{E}_a + \dot{E}_b + \dot{E}_c)}{C_0 + 3C} = 0[\text{V}] \tag{2}$$

> ほ～。早速ねん架の威力が現れたね。

> でも地絡事故などで，各線の電圧が不均衡になると，誘導電圧が現れる。

> 2回線あるときも，同じなの？

> 原理は同じだ。ただ，両回線からの影響を受ける場合は，両回線の相順をかえると，誘導電圧が低下することもわかっているんだ。

（2）　静電誘導障害への対策

① 　十分なねん架を行い静電容量の不均衡をなくすことで，原理的に誘導電圧を零にする。

② 　並行2回線の送電線では，両回線の相順を変える（図4においてもう一方の回線の二相，例えば a 相と b 相を入れ換える）ことで，両回線からの誘導電圧を平衡させ，誘導電圧を低減する。

③ 　通信線との離隔距離を大きくとることで，送電線と通信線間の静電容量を小さくして，誘導電圧を低減する。

④ 　1線地絡故障が発生した場合，迅速に遮断することで誘導障害の影響を低減する。

⑤ 　通信線に遮蔽線を設け不完全ながら静電遮蔽状態にすることで，通信線への誘導電荷が小さくなり誘導電圧は低減する。また，同様な理由から，通信線にケーブル（同軸ケーブルや光ケーブル）を使用したり地中埋設する方法もある。

185

4．電磁誘導障害
（1） 誘導電圧の計算
電磁誘導により通信線に誘導される電圧 $\dot{E}_m[V]$ を計算してみよう。

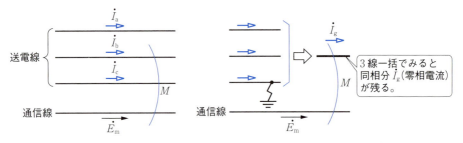

図6　通信線への電磁誘導　　　　　図7　1線地絡と零相電流

図6のように，三相3線式送電線路と通信線が接近して併設されている場合を考える。ただし，送電線は十分にねん架され各線の線路リアクタンスは等しいものとし，各線と通信線間の相互インダクタンスは等しく $M[H]$ であり，送電線の線電流を $\dot{I}_a[A]$，$\dot{I}_b[A]$，$\dot{I}_c[A]$，角周波数を $\omega[rad/s]$ とする。このとき $\dot{E}_m$ は，
$$\dot{E}_m = j\omega M(\dot{I}_a + \dot{I}_b + \dot{I}_c)[V] \tag{3}$$
と表されるが，通常の三相交流では $\dot{I}_a + \dot{I}_b + \dot{I}_c = 0$ に近い状態であることから，$\dot{E}_m$ はほぼ零となり誘導電圧はほとんど現れない。

しかし，1線地絡事故が起こると線電流の和は零にならず，地絡電流（単相交流成分である<u>零相電流</u>分）$\dot{I}_g$ が残るため，$\dot{E}_m = j\omega M\dot{I}_g[V]$ の電圧が通信線に誘導され電磁誘導障害の原因となる。

（2） 電磁誘導障害への対策
① 十分なねん架を行い，各線の線路リアクタンスを等しくして対称三相電流とする。また，適切なねん架により相互インダクタンスを等しくして，通常の誘導電圧をほぼ零にする。
② 通信線との離隔距離を大きく取ることで，送電線と通信線間の相互インダクタンスを小さくして，誘導電圧を低減する。
③ 中性点抵抗接地方式や非接地方式など，<u>1線地絡電流が小さい接地方式</u>を採用することで，誘導電圧を低減する。
④ 1線地絡事故が発生した場合，<u>迅速に遮断する</u>ことで誘導障害の影響を低減する。
⑤ 通信線と送電線間に導電率の高い接地した<u>遮蔽線</u>を設ける。遮蔽線に流れ

る誘導電流により誘導障害を起こす磁束を打ち消すことで，相互インダクタンスが小さくなり，通信線の誘導電圧が低減する。また，同様の理由から遮蔽効果がある通信ケーブルを採用してもよい。

博士，誘導障害は三相短絡事故で生じる大電流では起こらないの？

1線を流れる電流は確かに大きいが，各相の電流は対称三相電流なので，一括してみると零になるから，ねん架が十分なら原理上起こらない。

豆知識

誘導障害は通信線だけではない！

静電誘導作用や電磁誘導作用により，感電や人体の健康に悪影響があってはならない。そのため，「電気設備技術基準・解釈」には次のように規定されている。

① 電気設備技術基準第27条の抜粋

特別高圧の架空電線路は，通常の使用状態において，静電誘導作用により人による感知のおそれがないよう，地表上1mにおける電界強度が3kV/m以下になるように施設しなければならない。電磁誘導作用により弱電流電線路を通じて人体に危害を及ぼすおそれがないように施設しなければならない。

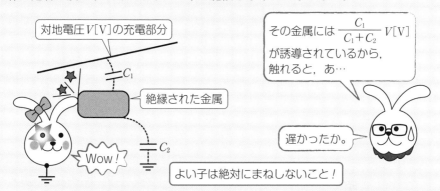

その金属には $\dfrac{C_1}{C_1+C_2}V[\mathrm{V}]$ が誘導されているから，触れると，あ…

対地電圧 $V[\mathrm{V}]$ の充電部分

C_1

絶縁された金属

C_2

Wow！

遅かったか。

よい子は絶対にまねしないこと！

② 電気設備技術基準第27条の2の抜粋

通常の使用状態において，当該電気機械器具等からの電磁誘導作用により人の健康に影響を及ぼすおそれがないよう，当該電気機械器具等のそれぞれの付近において，人によって占められる空間に相当する空間の磁束密度の平均値が，商用周波数において200μT以下（「解釈」では磁界が均一と考えられる場合は地表等から1mの高さの測定値）になるように施設しなければならない。

実践・解き方コーナー

問題1 送電線の1線地絡時に電磁誘導によって通信線に誘導される電圧[V]を表す式として，正しいものを次の(1)～(5)のうちから一つ選べ。ただし，M は送電線と通信線の大地帰路相互インダクタンス[H/km]，L は送電線と通信線の並行長[km]，I は通信線に誘導起電力を発生させる地絡電流(起誘導電流)[A]，ω は送電線の電源の角周波数[rad/s]である。

(1) $V = MLI^2$ 　(2) $V = M^2LI$ 　(3) $V = \omega M^2LI^2$

(4) $V = \omega MLI$ 　(5) $V = \omega M^2LI^2$

....

解答 相互インダクタンスは ML[H]なので，通信線に誘導される電圧 V は，

$$V = \omega(ML)I\,[\text{V}]$$

となる。したがって，正解は(4)となる。

問題2 架空電線路が通信線路に接近していると，通信線路に電圧が誘導されて設備やその取扱者に危害を及ぼす等の障害が生じるおそれがある。この障害を誘導障害といい，次の2種類がある。

①　架空送電線路の電圧により通信線路に誘導電圧を発生させる　(ア)　障害。

②　架空送電線路の電流が，架空送電線路と通信線路間の　(イ)　を介して通信線路に誘導電圧を発生させる　(ウ)　障害。

三相架空送電線路が十分にねん架されていれば，各相の電圧や電流によって通信線路に現れる誘導電圧は　(エ)　となるので，原理的に平常時は0Vとなる。三相架空送電線路に　(オ)　事故が生じると，電圧や電流は不平衡となり，通信線に誘導電圧が現れ，誘導障害が生じる。

上記の記述中の空白箇所(ア)，(イ)，(ウ)，(エ)及び(オ)に当てはまる組合せとして，正しいものを次の(1)～(5)のうちから一つ選べ。

	(ア)	(イ)	(ウ)	(エ)	(オ)
(1)	静電誘導	相互インダクタンス	電磁誘導	ベクトルの和	1線地絡
(2)	磁気誘導	自己インダクタンス	電磁誘導	大きさの和	三相短絡
(3)	磁気誘導	自己インダクタンス	静電誘導	大きさの和	1線地絡
(4)	静電誘導	自己インダクタンス	電荷誘導	大きさの和	1線地絡
(5)	磁気誘導	相互インダクタンス	電荷誘導	ベクトルの和	三相短絡

(平成18年度)

....

解答 ①　架空送電線路の電圧により通信線路に誘導電圧を発生させる<u>静電誘導</u>障害。

②　架空送電線路の電流が，架空送電線路と通信線路間の<u>相互インダクタンス</u>を介し

て通信線路に誘導電圧を発生させる電磁誘導障害。

　三相架空送電線路が十分にねん架されていれば，各相の電圧や電流によって通信線路に現れる誘導電圧はベクトルの和となるので，原理的に平常時は 0 V となる。三相架空送電線路に 1 線地絡事故が生じると，電圧や電流は不平衡となり，通信線に誘導電圧が現れ，誘導障害が生じる。したがって，正解は(1)となる。

　問題3 🥕🥕　架空送配電線路の誘導障害に関する記述として，誤っているものを次の(1)〜(5)のうちから一つ選べ。
　(1)　誘導障害には静電誘導障害と電磁誘導障害とがある。前者は電力線と通信線や作業者などの間の静電容量を介しての結合に起因し，後者は主として電力線側の電流経路と通信線や他の構造物との間の相互インダクタンスを介しての結合に起因する。
　(2)　平常時の三相 3 線式送配電線路では，ねん架が十分に行われ，かつ，各電力線と通信線路や作業者などとの距離がほぼ等しければ，誘導障害はほとんど問題にならない。しかし，電力線のねん架が十分でも，1 線地絡故障を生じた場合には，通信線や作業者などに静電誘導電圧や電磁誘導電圧が生じて障害の原因となることがある。
　(3)　電力系統の中性点接地抵抗を高くすること及び故障電流を迅速に遮断することは，ともに電磁誘導障害防止策として有効な方策である。
　(4)　電力線と通信線の間に導電率の大きい地線を布設することは，電磁誘導障害対策として有効であるが，静電誘導障害に対してはその効果を期待することはできない。
　(5)　通信線の同軸ケーブル化や光ファイバー化は，静電誘導障害に対しても電磁誘導障害に対しても有効な方策である。

(平成 23 年度)

　解　答　(1)は正しい。記述のとおり。(2)は正しい。記述のとおり。(3)は正しい。中性点接地抵抗を高くすることは地絡時の故障電流を小さくすることなので，電磁誘導障害を低減できる。しかし，故障電流が小さいことは故障の検出を難しくする。接地抵抗の値は両者を勘案して決める必要がある。(4)は誤り。地線(接地した遮蔽線)は静電誘導障害に対しても効果がある。(5)は正しい。同軸ケーブルは遮蔽効果がある。光ケーブルは導体ではないので静電誘導も電磁誘導も起こらない。したがって，正解は(4)となる。

問題4 電圧 154 kV の三相並行2回線送電線があり,その1回線は送電を停止しており,停止回線は系統から切り離されている。次の(a)及び(b)の問に答えよ。ただし,送電中の回線 a, b, c 相と停止回線中の1線との間の静電容量は,a 相が 0.002 μF/km,b 相が 0.003 μF/km,c 相が 0.002 μF/km とし,停止回線中の1線の対地静電容量は 0.005 μF/km とする。また,送電線の電圧は対称三相交流電圧であり,静電誘導以外の影響は無視できるものとする。

(a) a 相の電圧のみを考慮し,b 相 c 相の電圧を無視したとき,停止回線の1線に誘導される静電誘導電圧[kV]の値として,最も近いものを次の(1)~(5)のうちから一つ選べ。

(1) 5.8　(2) 17.3　(3) 25.4　(4) 44.0　(5) 63.5

(b) 送電中の回線から停止回線の1線に誘導される静電誘導電圧[kV]の値として,最も近いものを次の(1)~(5)のうちから一つ選べ。

(1) 7.4　(2) 15.9　(3) 54.7　(4) 76.2　(5) 95.6

解答 (a) 等価回路は図19-4-1となる。線路こう長を L[km],角周波数を ω[rad/s] とする。E_e と a 相の電圧は同相であり,各コンデンサを流れる電流は等しいので次式が成り立つ。

$$\omega \times 0.002L \times 10^{-6} \times (154/\sqrt{3} - E_e)$$
$$= \omega \times 0.005L \times 10^{-6} \times E_e$$

$$E_e = \frac{2}{5+2} \times 154/\sqrt{3} \fallingdotseq 25.4[\text{kV}]$$

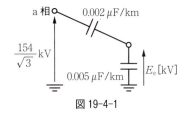

図 19-4-1

となる。したがって,正解は(3)となる。

補足 コンデンサの分圧から計算してもよい。このとき,インピーダンスの分圧を利用してもよいが,E_e と a 相の電圧が同相であることから直流回路として考え,コンデンサの分圧は静電容量に反比例する関係を用いてもよい。

(b) 図19-4-2において,a 相,b 相,c 相の電圧を $\dot{E}_a$, $\dot{E}_b$, $\dot{E}_c$ とし,停止線の1線の電圧を $\dot{E}_e$ とする。

$\dot{I}_a = j0.002L \times 10^{-6}\omega(\dot{E}_a - \dot{E}_e)$[A]
$\dot{I}_b = j0.003L \times 10^{-6}\omega(\dot{E}_b - \dot{E}_e)$[A]
$\dot{I}_c = j0.002L \times 10^{-6}\omega(\dot{E}_c - \dot{E}_e)$[A]
$\dot{I}_0 = j0.005L \times 10^{-6}\omega\dot{E}_e$[A]

$\dot{I}_0 = \dot{I}_a + \dot{I}_b + \dot{I}_c$ より

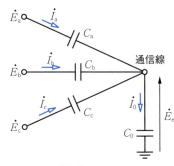

図 19-4-2

$$j0.005L \times 10^{-6}\omega \dot{E}_e = j0.002L \times 10^{-6}\omega(\dot{E}_a - \dot{E}_e)$$
$$+ j0.003L \times 10^{-6}\omega(\dot{E}_b - \dot{E}_e)$$
$$+ j0.002L \times 10^{-6}\omega(\dot{E}_c - \dot{E}_e)$$

が成り立つ。$\dot{E}_a + \dot{E}_b + \dot{E}_c = 0$ より，整理して $\dot{E}_e$ を求めると次のようになる。

$$5\dot{E}_e = 2(\dot{E}_a - \dot{E}_e) + 3(\dot{E}_b - \dot{E}_e) + 2(\dot{E}_c - \dot{E}_e)$$
$$(5+2+3+2)\dot{E}_e = 2\dot{E}_a + 3\dot{E}_b + 2\dot{E}_c = 2(\dot{E}_a + \dot{E}_b + \dot{E}_c) + \dot{E}_b = \dot{E}_b$$

$$\dot{E}_e = \frac{\dot{E}_b}{12} \, [\text{V}]$$

$|\dot{E}_b| = 154/\sqrt{3}$ [kV] であるから，

$$E_e = \frac{154/\sqrt{3}}{12} \fallingdotseq 7.41 \, [\text{kV}] \quad \rightarrow \quad 7.4 \, \text{kV}$$

となる。したがって，正解は(1)となる。

補足 三線からの誘導電圧はそれぞれ位相が異なるので，各電圧はベクトルとして計算しなければならない。このとき，各相からの誘導電圧を求めてそのベクトル和として $\dot{E}_e$ を求めてもよいが，計算が煩雑になる。そこで，解答では $\dot{E}_e$ が満たす回路方程式（この場合はキルヒホッフの電流則）を用いて計算した。

20 架空送電線路

出題ランク ★★☆

架空電線路は，電線を電柱(鉄塔)が支えているだけでしょ？

いや，色々な部品が必要だよ。特に重要なものは知っておきたいね。

✓ 重要事項・公式チェック

1 架空電線路の主な構成材

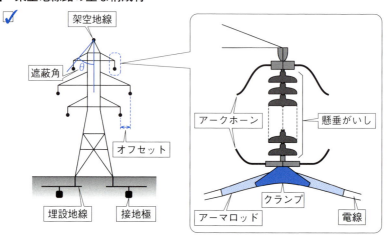

図1　鉄塔と電線の支持物(一般的な四角鉄塔における概略図)

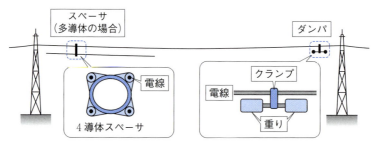

図2　電線の付属物(略図)

2 異常電圧

(1) 外部異常電圧

① 直撃雷　電線路への直接落雷であり過電圧の中で最大
② 誘導雷　雷雲による誘導電荷が雷放電後に伝搬

（2）内部異常電圧
① 開閉サージ　遮断器の開閉に伴い過渡的に発生
　　　　　　　　　　間欠アーク地絡により発生
② 商用周波過電圧　フェランチ効果，発電機の自己励磁
　　　　　　　　　　地絡時健全相異常電圧，負荷の開閉時

例題チャレンジ！

例題　送電線路に発生する異常電圧と，異常電圧に対する保護に関する記述として，誤っているものを次の(1)～(5)のうちから一つ選べ。
（1）送電線路で発生する内部異常電圧に対して，がいしはフラッシオーバを起こさず十分に耐えられる性能を有すること。
（2）雷撃に対しては，電力線への落雷を防止するために架空地線を設ける。架空地線の遮蔽角は大きいほど遮蔽効果が大きい。
（3）架空地線に落雷したとき，雷電流による鉄塔の電位が異常に高くなることを防止するため，一般に鉄塔に埋設地線を設ける。
（4）アークホーンは，送電線路への雷撃によりがいしがフラッシオーバする状態に至ったとき，代わりにアーク放電を起こさせてがいしをアーク熱による破損から保護するものである。
（5）アーマロッドは，フラッシオーバ時の電線支持部におけるアークによる電線の溶断を防止する効果がある。

ヒント　がいしの絶縁耐力は，内部異常電圧に対して十分耐えうる必要があるが，直撃雷に耐えうることは困難であり，がいし表面でフラッシオーバを起こす。架空地線の雷撃からの遮蔽効果は，送電線が架空地線の直下に近いほど大きい。

解答　(1)は正しい。記述のとおり。(2)は誤り。架空地線の遮蔽角は小さいほど効果が大きい。(3)は正しい。埋設地線は，鉄塔の接地抵抗を小さくする効果がある。(4)は正しい。記述のとおり。(5)は正しい。アーマロッドは電線の振動による素線切れを防止する効果もある。したがって，正解は(2)となる。

なるほど解説

1. 架空電線路の主な構成材

（1） 架空地線と遮蔽角

鉄塔上部に張られ，鉄塔とともに接地された裸導線を<u>架空地線</u>といい，送電線を直撃雷や誘導雷から遮蔽する効果がある。図1に示す θ を<u>遮蔽角</u>といい，この角が小さいほど直撃雷からの遮蔽効果は大きい。また，架空地線は，誘導雷の波高値を低減する効果もある。

（2） がいし

電線を鉄塔など支持物に固定する際，電線を支持物から絶縁するために設けるものを<u>がいし</u>（碍子）という。送電線路では図1のように，<u>懸垂がいし</u>を系統電圧に応じて必要個数連結して使用する例が最も多い。また，図3に示すかさ形のひだの付いた棒状の<u>長幹がいし</u>は，<u>雨洗効果</u>（がいし表面の付着物が雨水で洗い流される効果）が高い。

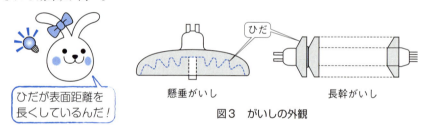

ひだが表面距離を長くしているんだ！

図3　がいしの外観

（3） アークホーン

雷撃によりがいし表面に発生するアーク放電を<u>フラッシオーバ</u>といい，アーク熱でがいしを破損するおそれがある。この対策として，図1に示すような，がいしの外側に設置された<u>アークホーン</u>間でアークを発生させることでがいしを保護する。

（4） 埋設地線

架空地線が直撃雷を受けたとき，鉄塔の接地抵抗が大きいと非常に大きな雷電流を大地に放電した際，鉄塔の電位が上昇して鉄塔から送電線に<u>逆フラッシオーバ</u>を起こすおそれがある。これを防止するため，図1に示すような<u>埋設地線</u>及び接地極を設け鉄塔の接地抵抗を小さくする。

(5) アーマロッド

図1に示すように，電線を直接支持するクランプ付近の電線を，電線と同一材質の素線を巻き付けることで補強したものをアーマロッドという。これは，クランプ付近における電線の振動による素線切れや，フラッシオーバ時の熱による電線の溶断を防止する役割を担う。

2. 架空電線

（1） 電線の種類

架空送電線用の電線としては，硬銅より線，鋼心アルミより線及び鋼心耐熱アルミ合金より線が用いられている。

① 硬銅より線（HDCC）

硬銅線をより合わせ可とう性を持たせたもので，導電率が高く（パーセント導電率97%）機械的強度が大きい。しかし，重量が重く高価であるため，一部の77 kV以下の電線路で用いられている例はあるが最近の採用例は少ない。

② 鋼心アルミより線（ACSR）

図4のように，亜鉛めっきされた鋼線をより合わせたものを心線として，その周囲に硬アルミ線をより合わせた構造をしている。機械的強度は心線が，電気伝導は軽量のアルミより線（パーセント導電率61%）が分担するため，硬銅より線と比較して軽量で強度が大きい。同一抵抗の硬銅より線に比べ外形が大きく，コロナ放電が発生しにくい。

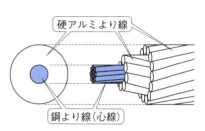

図4　鋼心アルミより線の構造

③ 鋼心耐熱アルミ合金より線（TACSR）

鋼心アルミより線と同じ構造であるが，導電部に耐熱性のアルミ合金より線を採用したものであり，許容温度が高く許容電流を大きくとれる。近年，超高圧大容量送電線で広く採用されている。

補足 パーセント導電率は，単元33「電気材料の総まとめ」を参照。

（2） 単導体方式と多導体方式

1相分の送電に電線を1本使用する方式を単導体方式いう。一方，1相分の送電に，2～8本の電線をスペーサ（図2参照）で30～50 cmの間隔で保持した電線群を用いる方式を多導体方式という。

多導体方式の単導体方式と比較した特徴

① 電流容量が増えるので，大容量送電に適する。
② 線路の誘導性リアクタンスが減少し，安定度が向上する。
③ 線路静電容量は増加する。
④ 等価的に電線断面が増加した効果を生み，電線表面の電位傾度（電界の強さ）が小さくなるため，コロナ放電が発生しにくい。

以上の特徴から，275 kV 以上の系統では多導体方式が採用されている。

多導体にすると，等価的に太い電線と同じ効果が得られるんだね。

特に，超高圧，大容量送電では，メリットが際立っているから，採用しない手はない。

（3） 電線の振動現象と対策

① 微風振動

電線に比較的弱い一様な風が当たると，電線背後にカルマン渦が発生し電線が上下に振動する。これを微風振動といい，軽い電線で支持径間が長く，張力が大きい場合に起こりやすい。長期間起こると電線がクランプ付近で疲労劣化による断線を起こすおそれがある。対策として，ダンパ（図2参照）を取り付け振動エネルギーを吸収する方法，及びアーマロッドにより電線を補強する方法がとられる。

② ギャロッピング

電線に氷雪が付着して断面が扁平状（翼状）になった状態で強風が当たると，大きな揚力が発生して大きな振幅の振動が発生する。これをギャロッピングという。振幅が大きく相間短絡を起こすおそれがある場合，相間スペーサやオフセット（図1参照）を設けるなどの方法で対処する。ギャロッピングは単導体よりも多導体に発生しやすい。

③ スリートジャンプ

電線に付着した氷雪が脱落したとき，その反動で電線が跳ね上がり振動する現象をスリートジャンプといい，相間短絡を起こすおそれがある。対処はギャロッピングの場合と同様である。

④ その他の振動

水滴により電位傾度が大きくなりコロナ放電が発生したとき，水滴が電線から放出されその反動で起こる上下振動を**コロナ振動**という。

また，多導体方式において，スペーサ間で起こる振動を**サブスパン振動**という。これは，スペーサの取り付け位置の調整で対処する。

3．異常電圧

（1） 外部異常電圧

外部異常電圧の大半は落雷により発生する。送電線への**直撃雷**により生じる過電圧は異常電圧の中でも最大であり，がいし部にフラッシオーバを起こす（逆フラッシオーバも含む）。このような過電圧，過電流を**雷サージ**という。また，雷雲により送電線や架空地線に誘導され拘束状態にある誘導電荷が，雷放電後に自由電荷となり導体上を伝搬する現象を**誘導雷**といい，一般の配電線路では発生頻度が最も多い。

雷害から電線路を保護するために，次のような対策がとられる。

① 架空地線や埋設地線，アークホーン，アーマロッドを設ける。
② 並行2回線送電線路では，あえて両回線の絶縁強度に差を設けることで絶縁の弱い回線でフラッシオーバさせ，同時事故を防ぐ**不平等絶縁**を採用する。
③ 変圧器等を含めた電力設備を保護するために，**避雷器**を設置する。
④ 雷撃で発生するフラッシオーバによる地絡事故は瞬間的なものである場合が多いため，事故時に直ちに高速遮断した後，アーク消弧後に遮断器を再閉路する**高速度再閉路方式**を採用する。

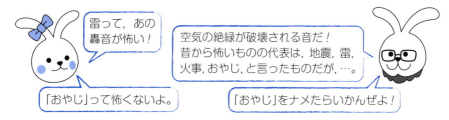

（2） 内部異常電圧

内部異常電圧は波形的特徴から，**開閉過電圧**と**持続性過電圧**に分類される。

遮断器の開閉に伴い過渡的に発生する過電圧や，中性点非接地方式において地絡事故時に生じる間欠アーク地絡により発生する異常電圧など，持続時間が数ミリ秒以下の短いものを開閉過電圧（**開閉サージ**）という。

一方，持続時間が比較的長いものを持続性過電圧（**短時間交流過電圧**ともいう）といい，フェランチ効果や発電機の自己励磁現象，負荷遮断を原因として起こるもの及び，1線地絡時の健全相電圧の上昇などがあり，これらを**商用周波過電圧**と呼んでいる。

送電線路では，内部異常電圧に対して事故を起こさないことを基本として絶縁設計がなされるが，過電圧を低減するために遮断器の抵抗投入や，高性能の自動電圧調整器などでも対処している。

豆知識

がいしはお肌が命

がいしの材質は主に硬質磁器であり，その表面は，世の女性の羨望となる？ほどツルンとして光沢がある。これは美しさを競うというより，がいしにとっては非常に重要な用件だからである。がいしのお肌が良好（がいし表面に汚損がない）のとき，線路電圧によりがいし表面を流れる漏れ電流はほとんどなく絶縁が維持される。しかし，多くのがいしは屋外で使用されるため，常に風雨や，ばい煙，塩分を含んだ粉じんに晒され，汚れ（導電性のある物質）が付着する。この状態がある限度を超えると，がいし表面の漏れ電流が増し絶縁が低下しフラッシオーバを起こす危険がある。これを**塩害**という。根本的な塩害対策はがいし表面の洗浄であるが，次のような方法も採用されている。

① 懸垂がいしの連結個数を増やして**過絶縁**とし，**表面漏れ距離**を長くする。

② **雨洗効果**のよい長幹がいしや，**耐塩害がいし**などの特殊がいしを採用する。

③ がいしに**撥水性物質**を塗布して，汚れが付きにくくする。

実践・解き方コーナー

問題1 架空送電線路の構成要素に関する記述として，誤っているものを次の(1)～(5)のうちから一つ選べ。

(1) 鋼心アルミより線：中心に亜鉛めっき鋼より線を配置し，その周囲に硬アルミ線を同心円状により合わせた電線。

(2) アーマロッド：クランプ部における電線の振動疲労防止対策及び溶断防止対策として用いられる装置。

（3）　ダンパ：微風振動に起因する電線の疲労，損傷を防止する目的で設置される装置。

（4）　スペーサ：多導体方式において，負荷電流による電磁吸引力や強風などによる電線相互の接近・衝突を防止するために用いられる装置。

（5）　懸垂がいし：電圧階級に応じて複数個を連結して使用するもので，棒状の絶縁物の両側に連結用金具を接着した装置。

（平成 25 年度）

解答　（1）は正しい。近年，超高圧大容量線路の電線として，耐熱アルミ合金を用いた鋼心耐熱アルミ合金より線が多く採用されている。（2）は正しい。溶断防止とは，フラッシオーバ時のアーク熱によることを指す。（3）は正しい。ダンパは振動エネルギーを吸収して，微風振動を低減する。また，振動による電線の疲労損傷防止対策には，アーマロッドにより電線を補強する方法もある。（4）は正しい。多導体の各導体には同じ方向に電流が流れるため，導体間に電磁吸引力が働く。（5）は誤り。懸垂がいしの形状は，棒状ではなく傘状である。したがって，正解は（5）となる。

問題2　次の文章は，送配電線路での過電圧に関する記述である。

送配電系統の運転中には，様々な原因で，公称電圧ごとに定められている最高電圧を超える異常電圧が現れる。このような異常電圧は過電圧と呼ばれる。過電圧は，その発生原因により，外部過電圧と内部過電圧に大別される。外部過電圧には主に自然雷に起因し，直撃雷，誘導雷，逆フラッシオーバに伴う過電圧などがある。このうち一般の配電線で発生頻度が最も多いのは　（ア）　に伴う過電圧である。内部過電圧の代表的なものとしては，遮断器や断路器の動作に伴って発生する　（イ）　過電圧や，　（ウ）　時の健全相に現れる過電圧，さらにはフェランチ現象による過電圧などがある。また，過電圧の波形的特徴から，外部過電圧や，内部過電圧のうち　（イ）　過電圧は　（エ）　過電圧，　（ウ）　やフェランチ現象に伴うものなどは　（オ）　過電圧と分類されることもある。

上記の記述中の空白箇所（ア），（イ），（ウ），（エ）及び（オ）に当てはまる組合せとして，正しいものを次の（1）～（5）のうちから一つ選べ。

	（ア）	（イ）	（ウ）	（エ）	（オ）
（1）	誘導雷	開閉	一線地絡	サージ性	短時間交流
（2）	直撃雷	アーク間欠地絡	一線地絡	サージ性	短時間交流
（3）	直撃雷	開閉	三相短絡	短時間交流	サージ性
（4）	誘導雷	アーク間欠地絡	混触	短時間交流	サージ性
（5）	逆フラッシオーバ	開閉	混触	短時間交流	サージ性

（平成 23 年度）

解答 外部過電圧のうち一般の配電線で発生頻度が最も多いのは誘導雷に伴う過電圧である。内部過電圧の代表的なものとしては，遮断器や断路器の動作に伴って発生する開閉過電圧や，1線地絡時の健全相に現れる過電圧，さらにはフェランチ現象による過電圧などがある。また，過電圧の波形的特徴から，外部過電圧や，内部過電圧のうち開閉過電圧はサージ性過電圧，1線地絡やフェランチ現象に伴うものなどは短時間交流過電圧と分類されることもある。したがって，正解は(1)となる。

問題3 🔋🔋 架空電線が電線と直角方向に毎秒数メートル程度の風を受けると，電線の後方に渦を生じて電線が上下に振動することがある。これを微風振動といい，これが長時間継続すると電線の支持点付近で断線する場合もある。微風振動は ┃ (ア) ┃ 電線で，径間が ┃ (イ) ┃ ほど，また，張力が ┃ (ウ) ┃ ほど発生しやすい。対策としては，電線にダンパを取り付けて振動そのものを抑制したり，断線防止策として支持点近くをアーマロッドで補強したりする。電線に翼形に付着した氷雪に風が当たると，電線に揚力が働き複雑な振動が生じる。これを ┃ (エ) ┃ といい，この振動が激しくなると相間短絡事故の原因となる。主な防止策として，相間スペーサの取り付けがある。また，電線に付着した氷雪が落下したときに発生する振動は ┃ (オ) ┃ と呼ばれ，相間短絡防止策としては，電線配置にオフセットを設けることがある。

上記の記述中の空白箇所(ア)，(イ)，(ウ)，(エ)及び(オ)に当てはまる組合せとして，正しいものを次の(1)～(5)のうちから一つ選べ。

	(ア)	(イ)	(ウ)	(エ)	(オ)
(1)	軽い	長い	大きい	ギャロッピング	スリートジャンプ
(2)	重い	短い	小さい	スリートジャンプ	ギャロッピング
(3)	軽い	短い	小さい	ギャロッピング	スリートジャンプ
(4)	軽い	長い	大きい	スリートジャンプ	ギャロッピング
(5)	重い	長い	大きい	ギャロッピング	スリートジャンプ

(平成22年度)

解答 微風振動は長時間継続すると電線の支持点付近で断線する場合もある。微風振動は軽い電線で，径間が長いほど，また，張力が大きいほど発生しやすい。対策としては，電線にダンパを取り付けて振動そのものを抑制したり，断線防止策として支持点近くをアーマロッドで補強したりする。電線に翼形に付着した氷雪に風が当たると，電線に揚力が働き複雑な振動が生じる。これをギャロッピングといい，この振動が激しくなると相間短絡事故の原因となる。主な防止策として，相間スペーサの取り付けがある。また，電線に付着した氷雪が落下したときに発生する振動はスリートジャンプと呼ばれ，

200

相間短絡防止策としては，電線配置にオフセットを設けることがある。したがって，正解は（1）となる。

問題4 架空送電線路のがいしの塩害現象及びその対策に関する記述として，誤っているものを次の（1）〜（5）のうちから一つ選べ。
（1） がいし表面に塩分等の導電性物質が付着した場合，漏れ電流の発生により，可聴雑音や電波障害が発生する場合がある。
（2） 台風や季節風などにより，がいし表面に塩分が急速に付着することで，がいしの絶縁が低下して漏れ電流の増加やフラッシオーバが生じ，送電線故障を引き起こすことがある。
（3） がいしの塩害対策として，がいしの洗浄，がいし表面への撥水性物質の塗布の採用や多導体方式の適用がある。
（4） がいしの塩害対策として，雨洗効果の高い長幹がいし，表面漏れ距離の長い耐霧がいしや耐塩がいしが用いられる。
（5） 架空電線路の耐汚損設計において，がいしの連結個数を決定する場合には，送電線路が通過する地域の汚損区分と電圧階級を加味する必要がある。

（平成 27 年度）

解　答　（1）は正しい。可聴雑音や電波障害はコロナ雑音と呼ばれるものである。（2）は正しい。塩害はがいし表面の汚損の程度が問題なので，気象状況や設置場所の立地条件に大きく左右される。（3）は誤り。多導体方式と塩害は直接関係はない。（4）は正しい。記述のとおり。（5）は正しい。塩害対策に過絶縁で対処する場合は，送電線路が通過する地域の汚損区分と電圧階級が重要な要因となる。したがって，正解は（3）となる。

出題ランク ★★★

21 電線のたるみ

電線の"たるみ"のゆるさ、たまらなく癒される…。

確かに"ゆるい"。まあ、電線の張力がゆるいからね。

✓ 重要事項・公式チェック

1 電線のたるみ

☑ たるみ $D = \dfrac{wS^2}{8T}$ [m]

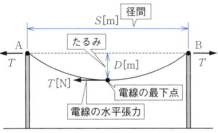

図1 電線のたるみ

w[N/m]は電線1m当たりの荷重(電線の自重と風圧荷重を合成したもの)

支持A，Bは同じ水平面上にあるとするよ。

2 電線の実長

☑ 電線の実長 $L = S + \dfrac{8D^2}{3S}$ [m]

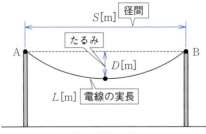

図2 電線の実長

見たとおり、実長(曲線)は、径間(直線)より $\dfrac{8D^2}{3S}$ 長くなる。

202

例題チャレンジ！

例　題　電線両端の支持点間に高低差がなく，径間距離が250 mである架空電線路がある。電線1 m当たりの重量が20.0 N，電線の水平方向の張力が43.3 kNで架設されている。次の（a）及び（b）の問に答えよ。ただし，電線に作用する風圧荷重及び温度による電線の伸縮は無視できるものとする。

（**a**）　たるみ（弛度）[m]の値として，最も近いものを次の（1）～（5）のうちから一つ選べ。

（1）　1.8　　（2）　2.5　　（3）　3.6　　（4）　5.1　　（5）　6.6

（**b**）　両支持点間の電線の実長[m]の値として，最も近いものを次の（1）～（5）のうちから一つ選べ。

（1）　250.14　　（2）　251.88　　（3）　253.60　　（4）　255.13

（5）　260.48

ヒント　たるみ及び実長の計算式をそのまま使う。

- -

解　答　（**a**）　たるみの計算式に数値を代入して計算する。

$T = 43.3 \times 10^3$[N]，$w = 20$[N/m]，$S = 250$[m]より，たるみDは，

$$D = \frac{wS^2}{8T} = \frac{20 \times (250)^2}{8 \times 43.3 \times 10^3} \fallingdotseq 3.61 \text{[m]} \quad \rightarrow \quad 3.6 \text{ m}$$

となる。したがって，正解は（3）となる。

（**b**）　実長Lは計算式より，

$$L = S + \frac{8D^2}{3S} = 250 + \frac{8 \times (3.61)^2}{3 \times 250} \fallingdotseq 250.14 \text{[m]}$$

となる。したがって，正解は（1）となる。

補　足　一般に，電線の実長は径間とほぼ等しくなるため，近似的に$L \fallingdotseq S$として扱う場合もある。

なるほど解説

1．同一水平面上の二点で架設する場合のたるみ

（1）　電線のたるみとは

図1のように，支持点A，Bが同一水平面上にあるとし，電線には重力のみが働くとする。ここで均一材質で均一形状の電線を支持点A-B間に架設すると，

電線の自重により電線は下方向(重力方向)に"たわむ"ことを，私たちは日常経験から知っている。このとき，支持点を結ぶ直線と電線の最下点との距離を，電線のたるみ(弛度)という。

注　意　電線に風圧荷重(法規編：単元11「架空電線路の荷重と支持物・支線」を参照)が加わる場合のたるみは，法規編：単元12「支線の計算，たるみの計算」を参照されたい。

(2) 水平方向の張力と安全率

電線を水平方向に強く引っ張るとたるみは小さくなり，逆に引っ張る力を弱くするとたるみは大きくなることも，私たちは日常経験から知っている。ここで，電線を水平方向に引っ張る力を水平張力といい，記号を T，単位をニュートン(単位記号[N])で表す。

図1のように，支持点 A 及び B において電線に加わる水平方向の張力は，電線の最下点における張力と等しい。また，支持点 A 及び B において電線に加わる張力は，水平方向の張力と電線の自重による力のベクトル和となるが，この張力は近似的に水平方向の張力と等しいとみなすことができる。

電線をピンと張りたければ，電線を強く引っ張ればいいんだね。

電線の水平方向の張力に限界があるから，たるみが必要になるのか！

そのとおり，でも強く引っ張りすぎると，電線が切断してしまうから要注意だ！

でも，たるみが大きいと高い支柱(鉄塔)が必要になる。だから，ベストを見つけるために，たるみの計算が必要になるというわけなんだ。

電線は強く引っ張ると切断してしまう。この限界値を電線の引張強さといい，単位はニュートンを用いる(単位断面積当たりの張力で表す場合もある)。電線を架設する場合，張力による切断を避けるために電線の張力は電線の引張強さより小さく設定しなければならない。電線の張力の最大値を電線の許容引張荷重または許容張力といい，電線の許容引張荷重に対する電線の引張強さを安全率という。

$$安全率 = \frac{電線の引張強さ}{電線の許容引張荷重} \quad (1)$$

(3) 電線の"たわみ"の形とたるみの計算式

電線のたわみの形は最下点 Q について対称形をしているため，図3のように

径間の半分について電線に働く力の関係を考えることにする。P点において電線に働く力の大きさは，水平方向の張力 T と，P-Q間の電線の質量による重力 T_g のベクトル和の大きさ T_w である。このときの T_w の向きは，たわみの曲線のP点における接線の向きと一致している（一致していないと接線に対して垂直な方向の力のために，たわみの形が変わってしまうため）。

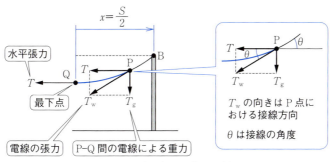

図3　P点に加わる力の関係

ここで，Q点を原点，水平軸を x 軸，垂直軸を y 軸として，たわみの形 y を x の関数 $y = f(x)$ として表すことを考えてみよう。電線1m当たりの荷重を力で表したものを $w[\text{N/m}]$ とする。T_g を求めるにはP-Q間の長さ $L[\text{m}]$ より，

$T_g = wL$

となるが，L は"積分"で計算しなければならない。しかし，たわみが小さい一般の場合では，L はP-Q間の水平距離 $x[\text{m}]$ とほぼ等しいと近似できる。この近似により次の関係式が成り立つ。

$T_g = wx[\text{N}]$

$\tan\theta = \dfrac{T_g}{T} = \dfrac{wx}{T}$

$\tan\theta$ はP点における $y = f(x)$ の接線の傾きと等しい。

> ここで，ちょっとすまんが"関数の微分"を使いたいので，許しておくれ。詳細は数学編：単元14「電気で使う微分積分の基礎」を参照してほしい。重要なのは次のこと。
> 「関数を微分したものは，その点の接線の傾きを表す。」

お〜。そういえば，高校数学でこんなこと先生が言っていたような…。そのときは，「なんじゃそりゃ？」だったけれど，そうか，微分って，こんなところで役に立つのか！

$y=f(x)$ を x で微分した導関数を $f'(x)$ とすると，

$$\tan\theta = \frac{T_g}{T} = \frac{wx}{T} = f'(x)$$

となるので，両辺を積分すると $y=f(x)$ を求めることができる。

微分と積分は逆の操作であることから，微分して x となる関数を見つけると $x^2/2+C$ であることがわかる。式中の C は積分定数で初期条件を与えると決まる。これより $y=f(x)$ は次式となる。

$$y=f(x)=\frac{w}{T}\frac{x^2}{2}+C=\frac{wx^2}{2T}+C \quad (C は積分定数)$$

Q点を原点としているので，$x=0$ のとき $y=0$ となることから $C=0$ となる。また，x を S で表すと $x=S/2$ なので，たわみの形を表す関数は次式となる。このとき y はたるみ D を表すので，たるみの式を得る。

$$y=\frac{wx^2}{2T}=\frac{w(S/2)^2}{2T}=\frac{wS^2}{8T}\,[\mathrm{m}] \tag{2}$$

電線のたわみは，放物線に似ているから，たるみの式が S の2乗の式になるのは納得！

これがたるみの式を表している。ただ，電線のたわみの形は，放物線ではなく「双曲線関数（ハイパーボリック）」という形で，別名「懸垂曲線」とも呼ばれているんだ。蛇足だけど，「豆知識」で少しだけ補足しておいたよ。

（4） 電線の実長

電線の実長 L は，電線のたわみを表す双曲線関数を電線上で積分することで求められる。しかし，この積分は難しく本書の説明範囲を超えるため割愛する。計算結果として求められた L を，径間 S の近似式（たるみ D は S の近似式である）で表したものが次式である。

$$L=S+\frac{8D^2}{3S}\,[\mathrm{m}] \tag{3}$$

結局，「たるみと実長の式は暗記しとけ」，ってことか。

電験三種では，式を使った計算しか出題されていないからね。

一般に径間 S は一定なので，たるみ D は実長 L の関数となり次のように表すこともできる。

$$D = \sqrt{\frac{3S(L-S)}{8}} \ [\mathrm{m}] \tag{4}$$

2．温度上昇による電線の伸びと，たるみの関係

電線は温度上昇により膨張するため，温度が変化すると電線の実長も変化する。この変化を表すために電線の線膨張係数 α が定義されている。実長 $L_1[\mathrm{m}]$ の電線が，温度上昇 $t[\mathrm{K}]$ により実長が $L_2[\mathrm{m}]$ となったとき，次式が成り立つ。

$$L_2 = L_1(1+\alpha t) \ [\mathrm{m}] \tag{5}$$

実長 $L_1[\mathrm{m}]$ 及び $L_2[\mathrm{m}]$ のときのたるみを，それぞれ $D_1[\mathrm{m}]$，$D_2[\mathrm{m}]$ とすると，(3)式と(5)式から，温度上昇によるたるみが次のように計算できる。ただし，径間 $S[\mathrm{m}]$ は一定とする。

$$L_1 = S + \frac{8D_1^2}{3S}, \quad L_2 = S + \frac{8D_2^2}{3S} = \left(S + \frac{8D_1^2}{3S}\right)(1+\alpha t)$$

$$\frac{8D_2^2}{3S} = S\alpha t + \frac{8D_1^2}{3S}(1+\alpha t)$$

$$D_2^2 = D_1^2 + \frac{3\alpha t S^2}{8} + \alpha t D_1^2$$

一般に $S^2 \gg D^2$ なので，上式右辺第3項を無視すると次式となる。

$$D_2 = \sqrt{D_1^2 + \frac{3\alpha t S^2}{8}} \ [\mathrm{m}] \tag{6}$$

懸垂曲線の形 $y=f(x)$ を正確に知りたい人のために

図3において,P-Q間の長さLを近似せずに積分で求めて,$\tan\theta=\dfrac{T_g}{T}=\dfrac{wL}{T}=f'(x)$の関係式から$y=f(x)$を求めると次式を得る(途中計算は微分・積分を使うので省略)。ただし,図1のQ点を原点とし,$w/T=a$とする。

$$y=\dfrac{e^{2ax}+e^{-2ax}}{4a}-\dfrac{1}{2a}$$

関数の形は右辺第1項のみを見ればよい(第2項は定数)。簡単のために$a=0.5$として第1項のみに注目すると,懸垂曲線の関数の形は次式となる。

$$y=\dfrac{e^x+e^{-x}}{2}$$

eは自然対数の底であり,ネイピア数と呼ばれる定数である。この関数は双曲線関数と呼ばれるもので,数学では$\cosh x$(ハイパーボリックコサインx)と表す。

図4 懸垂曲線の正しい形

ところで,なぜこのような形になるのか。それは電線各部の位置エネルギーの総和が最小になる,つまり安定した形を電線自身がとったためである。

2つの支持点に高低差がある場合の考え方(参考)

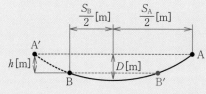

図5 支持点間に高低差h[m]がある場合

図5のように,高低差がh[m]である支持点に電線を架設したとき,たるみ

の計算式より次式が成り立つ。

$$D = \frac{wS_A{}^2}{8T}[\text{m}] \quad , \quad D - h = \frac{wS_B{}^2}{8T}[\text{m}]$$

これより，A-B 間の水平距離 S_{AB} は次式で表される。

$$S_{AB} = S_A/2 + S_B/2 \quad \text{または} \quad S_A + S_B = 2S_{AB}$$

また，D を消去して整理すると次の関係式が得られる。

$$\frac{wS_A{}^2}{8T} - h = \frac{wS_B{}^2}{8T} \quad \rightarrow \quad S_A{}^2 - S_B{}^2 = 8Th/w$$

$$(S_A + S_B)(S_A - S_B) = 8\,Th/w \quad \rightarrow \quad S_A - S_B = 4Th/(wS_{AB})$$

これより，S_A 及び S_B の計算式が得られる。

$$S_A = S_{AB} + 2Th/(wS_{AB}) \quad , \quad S_B = S_{AB} - 2Th/(wS_{AB})$$

一般に架設では径間 S_{AB}，高低差 h，電線の自重 w は既知なので，水平張力が与えられれば上関係式から S_A, S_B が計算でき，たるみ D, $D-h$ が求められる。

実践・解き方コーナー

問題1 径間 200 m の架空電線路において，高低差のない二つの支持点間に架設したところ，たるみが 5 m であった。電線を 6.7 cm だけ送り込むとき（電線の実長を 6.7 cm 長くしたとき）のたるみ[m]の値として，最も近いものを次の（1）〜（5）のうちから一つ選べ。ただし，問題に記載されていない事項は考慮しないものとする。

（1） 5.23 　（2） 5.39 　（3） 5.48 　（4） 5.73 　（5） 5.92

解　答　たるみが 5 m における実長 L は，

$$L = S + \frac{8D^2}{3S} = 200 + \frac{8 \times (5)^2}{3 \times 200} \fallingdotseq 200.333[\text{m}]$$

なので，さらに電線を送り込むと実長は $200.333 + 0.067 = 200.4$[m]となる。このときのたるみ D' は次式より，

$$200.4 = 200 + \frac{8D'^2}{3 \times 200}$$

$$D' \fallingdotseq 5.48[\text{m}]$$

となる。したがって，正解は（3）となる。

問題2 架空電線路における電線のたるみに関する記述について，正しいものを次の(1)〜(5)のうちから一つ選べ。
(1) たるみを小さくすると，電線に加わる張力も小さくなる。
(2) たるみは，一般に夏季に最小となる。
(3) たるみは径間に比例して大きくなる。
(4) 支持点間の電線の実長は，ほぼ径間の二次関数で変化する。
(5) たるみ算定には，氷雪や風などによる荷重を考慮する必要がある。

解 答 (1)は誤り。たるみを小さくすると，電線の張力は大きくなる。(2)は誤り。一般に夏季は他の季節に比べ気温が高いので，電線が膨張し実長が長くなるため，たるみは最大となる。(3)は誤り。たるみの計算式より，たるみは径間の2乗に比例する。(4)は誤り。実長の計算式中の項 $8D^2/3S$ は，たるみ D が径間 S の2乗に比例することから S の3乗に比例する。このため，支持点間の電線の実長は径間の三次関数で変化する。(5)は正しい。電線に加わる荷重は，自重によるものの他，電線に付着する氷雪の荷重や風圧による荷重が加わるので，これらを考慮してたるみを算定する。したがって，正解は(5)となる。

補 足 氷雪の付着は電線の自重と同じ垂直方向に作用し，風による荷重は水平方向に作用する。このため，風の荷重を加えた電線に加わる合成荷重はベクトル和となり斜め方向となるため，電線のたるみもこの斜め方向に生じる。なお，問題文で風圧荷重や氷雪について触れられていない場合は，自重だけを考えればよい。

問題3 図のような高低差のない支持点A，Bで支持されている径間 S が100 mの架空電線路において，導体の温度が30℃のとき，たるみは2 mであった。導体の温度が60℃に

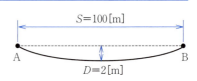

なったとき，たるみ D [m]の値として，最も近いものを次の(1)〜(5)のうちから一つ選べ。ただし，電線の線膨張係数は1℃につき 1.5×10^{-5} とし，張力による電線の伸びは無視するものとする。
(1) 2.05　(2) 2.14　(3) 2.39　(4) 2.66　(5) 2.89

(平成24年度)

解 答 30℃における電線の実長 L は，
$$L = S + \frac{8D^2}{3S} = 100 + \frac{8\times(2)^2}{3\times 100} \fallingdotseq 100.106\,7\,[\text{m}]$$
なので，電線の線膨張係数を α とすると60℃における実長 L' は，

$L' = L\{1+\alpha(60-30)\} = 100.106\,7 \times \{1+1.5\times10^{-5}\times(60-30)\}$
　　$\fallingdotseq 100.151\,7\,[\text{m}]$

となる。このときのたるみ D は次式より，

$100.151\,7 = 100 + \dfrac{8D^2}{3\times100}$

$D \fallingdotseq 2.385\,[\text{m}] \quad\rightarrow\quad 2.39\,\text{m}$

となる。したがって，正解は（3）となる。

問題4 🔵🔵🔵　図のように，水平の地上におい て支持点間の高低差が 7 m である径間 150 m の 支持物に電線を架設するとき，電線が地上に最も 接近する位置を P 点とする。このとき，P 点と二 つの支持点間の水平距離のうちの短い方の長さ S [m] の値として，最も近いものを次の（1）～（5）

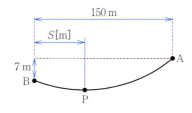

のうちから一つ選べ。ただし，電線に加わる荷重は電線の自重のみとし，電線 1 m 当た りの荷重を 15 N，電線の水平方向の張力を 6 kN とする。
（1）56.3　　（2）58.8　　（3）60.5　　（4）62.7　　（5）65.3

解　答　図 21-4-1 において，P 点は，A 点と同じ高さで電線を架設したとき（支持点 A，A′ で支持した場合）のたるみ D [m] の位置である。このとき，A 点と同じ高さで電 線を架設したときの径間（A-A′ の長さ）を S_A [m]，B 点と同じ高さで電線を架設したと きの径間を S_B [m] とすると，たるみ D の関係は次式で表される。ただし，電線の荷重を w [N/m]，支持点間の高低差を h [m]，電線の水平方向の張力を T [N] とする。

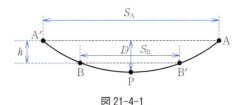

図 21-4-1

$D = \dfrac{wS_A{}^2}{8T}\,[\text{m}]\quad,\quad D-h = \dfrac{wS_B{}^2}{8T}\,[\text{m}]$

上式から D を消去して整理すると次式を得る。

$\dfrac{wS_A{}^2}{8T} - h = \dfrac{wS_B{}^2}{8T} \quad\rightarrow\quad \dfrac{w}{8T}(S_A{}^2 - S_B{}^2) = h$

$$(S_A{}^2 - S_B{}^2) = \frac{8Th}{w} \quad \rightarrow \quad (S_A - S_B)(S_A + S_B) = \frac{8Th}{w} \tag{1}$$

また，この径間（支持点 A，B で支持した場合）を S_{AB} とすると，

$$S_{AB} = S_A/2 + S_B/2 \quad \rightarrow \quad S_A + S_B = 2S_{AB} \tag{2}$$

となるので（1）式は次式で表せる。

$$(S_A - S_B) = \frac{8Th}{2wS_{AB}} = \frac{4Th}{wS_{AB}} \tag{3}$$

（2）式と（3）式より S_B を求めるために，（2）式から（3）式を引き算する。

$$2S_B = 2S_{AB} - \frac{4Th}{wS_{AB}} \quad \rightarrow \quad \frac{S_B}{2} = \frac{S_{AB}}{2} - \frac{Th}{wS_{AB}}$$

これより，B-P 間の水平距離 $S = S_B/2$ は，

$$S = \frac{S_B}{2} = \frac{150}{2} - \frac{6\,000 \times 7}{15 \times 150} \fallingdotseq 56.3[\mathrm{m}]$$

となる。したがって，正解は（1）となる。

[補　足]　支持点間に高低差がある場合のたるみに関する計算は，電験三種としては難問である。仮に出題された場合でも，誘導尋問的な空白を埋める問題形式となるであろう。

22 支線の計算

支線は，電線の張力で電柱が倒れないようにするものだよね。

計算に必要なものは，「力の平衡」と「モーメントの平衡」だ！

✓ 重要事項・公式チェック

1 電線と支線の取付点が同じ高さのとき

☑ 力の平衡　$T = T_0 \sin \theta$

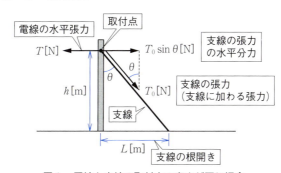

図1　電線と支線の取付点の高さが同じ場合

2 電線と支線の取付点の高さが異なるとき

☑ モーメントの平衡　$T h_1 = T_0 \sin \theta \, h_2$

電線の水平方向の張力によるモーメント

支線の張力の水平分力によるモーメント

図2　電線と支線の取付点の高さが異なる場合

モーメントとは，支持物を根元から曲げようとする力のことだ。
これが釣り合えば，電柱を倒そうとする作用がなくなる。

❸ 水平角がある箇所の支線（取付点の高さは同じ）

☑ 力の平衡　　$T = T_0 \sin \theta$

電線の合成水平張力　　支線の張力の水平分力

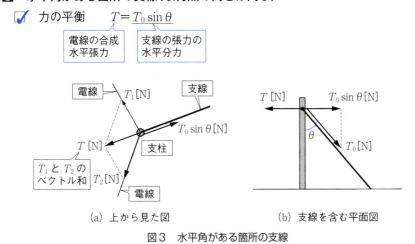

(a) 上から見た図　　(b) 支線を含む平面図

図3　水平角がある箇所の支線

例題チャレンジ！

例題　図4のように，地表上10 mの位置に電線を取り付けて引き留める鉄筋コンクリート柱がある。電線の水平張力をすべて支えるために，電線と同じ取付点の高さに電線と逆方向に支線を設ける。電線の水平張力を12 kN，支線の根開きを6 mとしたとき，次の(a)及び(b)の問に答えよ。

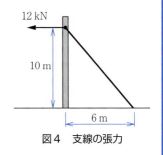

図4　支線の張力

(a)　支線に加わる張力[kN]の値として，最も近いものを次の(1)〜(5)のうちから一つ選べ。

(1) 14.4　　(2) 15.3　　(3) 17.4　　(4) 23.3　　(5) 28.5

ヒント 電線と支線の取付点の高さが同じなので，力の平衡を考えればよい（モーメントの平衡でもよい）。

(b)　支線には直径2.3 mmの亜鉛めっき鋼線を素線としてより合わせて用いるとき，素線の条数(本数)の最小値として，最も近いものを次の(1)〜(5)のうちから一つ選べ。ただし，支線の安全率を2とし，素線の引張強さを1 200 N/mm²

とする。また，素線のより合わせによる強度の減少は無視できるものとする。
(1) 8　　(2) 10　　(3) 12　　(4) 14　　(5) 16

ヒント 支線に加わる引張力を安全率倍した値が，素線の引張強さのより合わせ条数倍となるように条数を決める。ただし，条数は整数となる必要があるため算出値に小数部がある場合は，小数部を切り上げた整数値とする。

解答 （a） 支線の張力を T_0 [kN]としたときの力の平衡を図5に示す。図より次式が成り立つ。

$$T_0 \sin\theta = 12$$

$$\sin\theta = \frac{6}{\sqrt{10^2+6^2}} \fallingdotseq 0.5145 \text{ より，}$$

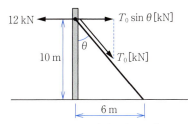

図5　電線と支線の力の平衡

$$T_0 = \frac{12}{\sin\theta} = \frac{12}{0.5145} \fallingdotseq 23.3 [\text{kN}]$$

となる。したがって，正解は（4）となる。

（b） 素線の断面積は $(2.3/2)^2\pi$ [mm²]なので，素線の引張強さ t は，

$$t = 1.2 \times \pi (2.3/2)^2 \fallingdotseq 4.99 [\text{kN}]$$

となる。安全率を f，条数を n とすると次式が成り立ち，n を求められる。

$$fT_0 = 4.99n \quad \to \quad 2 \times 23.3 = 4.99n \quad \to \quad n \fallingdotseq 9.34$$

n は整数なので $n=10$ となる。したがって，正解は（2）となる。

なるほど解説

1．支線の計算はモーメントの平衡（釣合い）が基本

（1）　モーメント

図6のように，長さ L [m]の変形しない棒の一端に棒と直角方向に T [N]加え，他端を支点として固定すると，棒には支点を中心として左回りの回転力が生じる。この大きさをモーメントといい，この場合のモーメント M は次式で定義される。

$$M = TL [\text{N·m}]$$

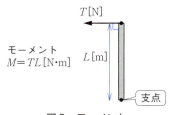

図6　モーメント

もし,棒を静止状態に維持したければ,逆向きで大きさの等しいモーメントを棒に作用させればよい。

(2) 電線と支線の取付点の高さが同じ場合

図1において,電柱の根元を支点と考えると,電線の水平張力 T によるモーメント M_1 は支点を中心に電柱を左回りに回転させる。

$M_1 = Th [\text{N·m}]$ （左回りのモーメント）

一方,支線の張力の水平分力によるモーメント M_2 は支点を中心に電柱を右回りに回転させる。

$M_2 = T_0 \sin\theta\, h [\text{N·m}]$

このとき,二つのモーメントが平衡していれば,互いのモーメントは打ち消し合い電柱を根元から折り曲げる作用はなくなる。これがモーメントの平衡であり,式で表すと次のようになる。

$M_1 = M_2 \rightarrow Th = T_0 \sin\theta\, h$

$$T = T_0 \sin\theta \tag{1}$$

（1）式は,電柱に働く左方向の力と右方向の力が平衡していることを表している。つまり,電線と支線の取付点の高さが同じである場合は,取付点に働く力の平衡で考えることができる。

なお,電柱が地面に垂直である場合,支線と電柱のなす角 θ は次式の関係にある。

$$\sin\theta = \frac{L}{\sqrt{h^2 + L^2}}, \quad \cos\theta = \frac{h}{\sqrt{h^2 + L^2}} \tag{2}$$

また,支線の張力 T_0 は水平分力と垂直分力に分解できるが,それぞれの大きさは次式から求められる。

$$T_0 \text{の水平分力} = T_0 \sin\theta, \quad T_0 \text{の垂直分力} = T_0 \cos\theta \tag{3}$$

垂直分力は電柱を地面に押しつける力であるが,モーメントは零なので支線の問題には関与しない。

（3） 電線と支線の取付点の高さが異なる場合

図2のように，電線と支線の取付点の高さが異なる場合も，電柱の根本を支点とするモーメントの平衡を使い計算できる。例えば図7のように，二つの電線を引き留める場合の支線の張力を計算してみよう。

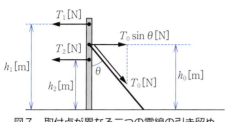

図7　取付点が異なる二つの電線の引き留め

電線のモーメントの和と支線の水平分力のモーメントが等しいことから次式が成り立ち，支線の張力 T_0 が求められる。

$$T_1 h_1 + T_2 h_2 = T_0 \sin\theta\, h_0$$

$$T_0 = \frac{T_1 h_1 + T_2 h_2}{h_0 \sin\theta} \,[\text{N}] \tag{4}$$

2．水平角がある箇所の支線（取付点の高さは同じとする）

図3のように線路に水平角があると，2本の電線の水平張力のベクトル和の大きさ $T[\text{N}]$ が零にならず，$T[\text{N}]$ によるモーメントが生じる。これを打ち消すためには，電線の水平張力のベクトル和と逆方向に支線を設ける。

図3のような電線と支線の取付点が同じ場合は，$T[\text{N}]$ と支線の張力の水平分力 $T_0 \sin\theta[\text{N}]$ の力の平衡より T_0 を求めることができる。

$$T = T_0 \sin\theta \tag{5}$$

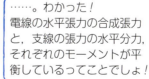

3．支線の強度

（1）　支線

支線には一般に亜鉛めっき鋼より線を用いる。その素線（1本の鋼線）は断面積

により引張強さが定められているので，支線に加わる張力の大きさに応じて素線をより合わせて使用する。このより合わせる素線の本数を<u>条数</u>と呼ぶこともある。

（2） より合わせによる強度の減少

素線を n 条より合わせた強度は，素線の強度を n 倍した値より少し小さくなる。これを，<u>より合わせによる引張荷重の減少係数 k</u> で表す。

$$k = \frac{素線を n 条より合わせた強度}{素線の強度を n 倍した値} \tag{6}$$

（3） 支線の安全率

$$支線の安全率 = \frac{支線の引張強さ[N]}{支線の許容引張荷重[N]} \tag{7}$$

（4） 支線を構成する素線のより合わせ条数（本数）の計算

支線の許容引張荷重（支線に加わる張力の最大値）を $T_0[N]$，支線の安全率を f，支線を構成する素線の引張強さを $T_{MAX}[N]$，より合わせる条数を n，より合わせによる引張荷重の減少係数を k とすると，n は<u>次式を満たす最小の整数値以上</u>である必要がある。

$$T_0 f \leq k n\, T_{MAX} \quad \rightarrow \quad n \geq \frac{T_0 f}{k\, T_{MAX}} \tag{8}$$

電柱が静止しているわけ（力学から見た電柱）

この単元では、支線の張力計算にモーメントの平衡を用いたが、モーメントが釣り合っていれば電柱は果たして静止しているであろうか。ただし、ここでは張力のみを考慮し、重力の影響は考慮外とする。

ニュートンの第1法則（慣性の法則）によると、力が作用していない物体は「静止」（または「等速直線運動」をするが、これは座標の選び方で「静止」となる）し続ける。これは物体に作用する合力が零でも成り立つ。つまり、物体に力が作用している場合、その物体が静止しているためには、モーメントの平衡の他に力の平衡も必要になる。ところが図1で取り上げた電柱の例では、水平方向の力とモーメントが釣り合っているが、支線の垂直分力が電柱に加わっているため、電柱は下方へ加速度運動をするはずである。ではなぜ電柱は静止していられるのか。その答は、地面が電柱を同じ力で押し返しているからであり、これがニュートンの第3法則（作用反作用の法則）である。

また、図2で取り上げた電柱の例では、電柱の根元を支点としたモーメントは釣り合っているが水平方向の力は釣り合っていないし、支線の垂直分力も電柱に加わっている。この状態で電柱が静止していられるのは、地面が水平方向、垂直方向の力に対して反作用として同じ力で押し返しているからに他ならない。

電柱に限らず、身の回りのすべての静止物体（力により変形しない物体を剛体という）では、力とモーメントの両方が絶妙にバランスしている。このことを認識した上で万物を眺めると、力というストレスに晒されながらもじっと耐え静止していることが意地らしくもあり、思わず「頑張れ！」とつぶやきたくなる。

実践・解き方コーナー

問題1 図のような引留め電柱において、地表上12mの位置及び地表上9mの位置に、水平張力がそれぞれ16kN, 12kNの電線を同じ方向に取り付けた。この電線の張力を支えるために、地表上10mの位置に支線を電線と逆方向に取付け根開きを7mで設置した。電柱の根元を支点とするモーメン

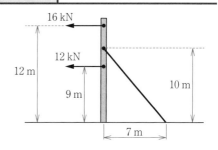

トが平衡するときの，支線が分担すべき張力[kN]の値として，最も近いものを次の(1)～(5)のうちから一つ選べ．
(1) 14.8　(2) 35.2　(3) 52.3　(4) 77.9　(5) 93.3

解答　支線の張力 T_0 の水平分力を T とすると，モーメントの平衡から次式が成り立ち，T が求められる．

$$16 \times 12 + 12 \times 9 = 10T$$
$$T = 30 [kN]$$

電柱と支線がなす角を θ とすると，$T_0 \sin\theta = T$ より，

$$T_0 = \frac{T}{\sin\theta} = \frac{30 \times \sqrt{10^2+7^2}}{7} \fallingdotseq 52.3 [kN]$$

となる．したがって，正解は(3)となる．

問題2　図のように，電線路に水平角が60°ある箇所の支持物(コンクリート柱)において，電線の水平張力が T [N]であるとき，電線の張力を支えるために電線の取付点と同じ高さ h [m]に支線を取付け，根開きを L [m]で設置した．次の(a)及び(b)の問に答えよ．

(a) 支線の設置方向を表した図中の方向，ア，イ，ウ，エ及びオの中で，設置方向として適切な方向を示すものを次の(1)～(5)のうちから一つ選べ．
(1) ア　(2) イ　(3) ウ　(4) エ
(5) オ

(b) 支線の張力 T_0 [N]を表す式として，正しいものを次の(1)～(5)のうちから一つ選べ．

(1) $\dfrac{T\sqrt{h^2+L^2}}{L}$　(2) $\dfrac{2T\sqrt{h^2+L^2}}{h}$

(3) $\dfrac{2T\sqrt{h^2+L^2}}{L}$　(4) $\dfrac{2Th}{\sqrt{h^2+L^2}}$　(5) $\dfrac{TL}{\sqrt{h^2+L^2}}$

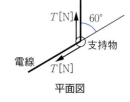

平面図

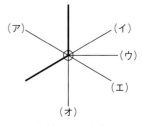

支線の設置方向

解答　(a) 電線の水平張力のベクトル和と逆方向に支線を設置するので，図中の(エ)の方向が適切な方向となる．したがって，正解は(4)となる．

(b) 電線の水平張力のベクトル和の大きさ T' は，
$$T' = \sqrt{T^2 + T^2 + 2TT\cos 120°} = T [N]$$
となる．支線と支持物のなす角を θ とすると，電線と支線の取付点が同じなので，力の

平衡により次式が成り立ち，T_0 が求められる。

$$T = T_0 \sin\theta = T_0 \frac{L}{\sqrt{h^2+L^2}}$$

$$T_0 = \frac{T\sqrt{h^2+L^2}}{L} \text{[N]}$$

となる。したがって，正解は（1）となる。

問題3 図のように，架線の水平張力 T[N]を支線と追支線で，支持物と支線柱を介して受けている。支持物の固定点Cの高さを h_1[m]，支線柱の固定点Dの高さを h_2[m]とする。また，支持物と支線柱間の距離AB を l_1[m]，支線柱と追支線地上固定点Eとの根開きBEを l_2[m]とする。支持物及び支線柱が受ける水平方向の力

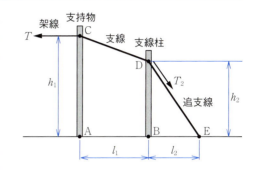

は，それぞれ平衡しているという条件で，追支線にかかる張力 T_2[N]を表した式として，正しいものを次の（1）～（5）のうちから一つ選べ。ただし，支線，追支線の自重及び提示していない条件は無視する。

（1）　$\dfrac{T\sqrt{h_2{}^2+l_2{}^2}}{l_2}$　　（2）　$\dfrac{Tl_2}{\sqrt{h_2{}^2+l_2{}^2}}$　　（3）　$\dfrac{T\sqrt{h_2{}^2+l_2{}^2}}{\sqrt{(h_1-h_2)^2+l_1{}^2}}$

（4）　$\dfrac{T\sqrt{(h_1-h_2)^2+l_1{}^2}}{\sqrt{h_2{}^2+l_2{}^2}}$　　（5）　$\dfrac{Th_2\sqrt{(h_1-h_2)^2+l_1{}^2}}{(h_1-h_2)\sqrt{h_2{}^2+l_2{}^2}}$

（平成25年度）

解 答 図22-3-1は支線の張力を表したものである。

支線の張力は支線上では等しいので，C点における張力とD点における張力は等しい。さらにそれぞれの点の水平分力と張力のなす角 θ は同位角より等しいので，C

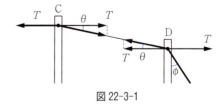

図22-3-1

点，D点における支線の水平分力は等しい。題意より，支持物及び支線柱が受ける水平方向の力は，それぞれ平衡しているので，追支線の張力 T_2[N]の水平分力は T[N]となる。

支線柱と追支線のなす角を ϕ とすると，支線と追支線の取付点が同じなので，力の平衡により次式が成り立ち，T_2 が求められる。

$$T = T_2 \sin\phi = T_2 \frac{l_2}{\sqrt{h_2^2 + l_2^2}}$$

$$T_2 = \frac{T\sqrt{h_2^2 + l_2^2}}{l_2}$$

したがって，正解は(1)となる。

問題4 図のような引留め電柱で，電線の水平張力による，電柱の根元を支点とするモーメントと平衡する支線を設置したい。支線には亜鉛めっき鋼より線を用いるものとする。その素線は，直径 2.6 mm，引張強さ 1.23 kN/mm² である。素線のより合わせによる引張荷重の減少係数を 0.92 とし，支線の安全率を 1.5 とするとき，支線を構成する素線の最小の条数として，正しいものを次の(1)〜(5)のうちから一つ選べ。

(1) 9　　(2) 11　　(3) 13　　(4) 15　　(5) 17

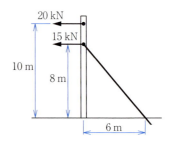

解 答 支線の張力(許容引張荷重) T_0 の水平分力 T によるモーメントと電線の水平張力によるモーメントが平衡しているので，次式が成り立ち T が求められる。

$20 \times 10 + 15 \times 8 = 8T$

$T = 40 \,[\text{kN}]$

電柱と支線のなす角を θ とすると，$T = T_0 \sin\theta$ より，

$$T_0 = \frac{T}{\sin\theta} = 40 \times \frac{\sqrt{6^2 + 8^2}}{6} \fallingdotseq 66.7\,[\text{kN}]$$

となる。素線の引張強さ T_{MAX} は，断面積が $(1.3)^2\pi\,[\text{mm}^2]$ であるから $(1.3)^2\pi \times 1.23 \fallingdotseq 6.53\,[\text{kN}]$ となるので，条数 n は次式を満たす。

$0.92 \times 6.53n \geq 66.7 \times 1.5$

$n \geq 16.7$

n は最小の整数なので 17 となる。したがって，正解は(5)となる。

出題ランク ★★★

23 線路の電圧降下 その1

電線には抵抗があるから電圧降下が起こるわけだね。

いや，リアクタンス分も考慮しないとダメだよ。電圧降下の問題は出題頻度が高い重要単元だよ。

✓ 重要事項・公式チェック

1 線路こう長の短い送配電線路の等価回路

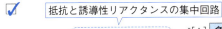
抵抗と誘導性リアクタンスの集中回路

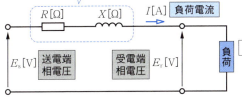

単なる RL 直列回路，おそるるに足らんよ。

図1　1相分の等価回路

2 線路の電圧降下の大きさ

① 1相分　$E_s - E_r \fallingdotseq (R\cos\theta + X\sin\theta)I$ [V]

② 三相3線式（送電端線間電圧 V_s[V]，受電端線間電圧 V_r[V]）
$$V_s - V_r \fallingdotseq \sqrt{3}(R\cos\theta + X\sin\theta)I \text{ [V]}$$

例題チャレンジ！

例題 線路こう長 30 km の三相 3 線式架空電線路において，電線 1 線の抵抗は 0.082 Ω/km，リアクタンスは 0.35 Ω/km である。この送電線路の受電端に 40 MV·A，力率 0.8 の誘導性負荷を接続した。受電端電圧を 60 kV とするときの送電端電圧[kV]の値として，最も近いものを次の(1)～(5)のうちから一つ選べ。

(1) 62.2　　(2) 63.7　　(3) 65.5　　(4) 67.7　　(5) 69.6

ヒント 三相回路の線路の電圧降下は，1 相分の電圧降下の $\sqrt{3}$ 倍となる。電圧降下の計算式はよく使うので覚えておきたい。

解答 1 線当たりの抵抗は $R=0.082\times30=2.46\,[\Omega]$，リアクタンスは $X=0.35\times30=10.5\,[\Omega]$ であり，負荷電流 I は，

$$I=\frac{40\times10^6}{\sqrt{3}\times60\times10^3}\fallingdotseq385\,[\text{A}]$$

である。また，$\sin\theta=\sqrt{1-\cos^2\theta}=\sqrt{1-0.8^2}=0.6$ なので，線路電圧降下 v は，

$$v=\sqrt{3}\times(2.46\times0.8+10.5\times0.6)\times385\fallingdotseq5\,513\,[\text{V}]$$

となる。これより，送電端電圧 V_s は，

$$V_s=60\,000+5\,513=65\,513\,[\text{V}]\quad\rightarrow\quad65.5\,\text{kV}$$

となる。したがって，正解は(3)となる。

なるほど解説

1．線路こう長の短い送配電線路の等価回路

一般に架空送配電線路は，電気的に見ると抵抗，インダクタンス，静電容量，漏れコンダクタンスの四つの定数で表すことができ，これを<u>線路定数</u>という。しかし，線路こう長が短い場合には，静電容量と漏れコンダクタンスは無視できる大きさとなる。一方，抵抗及びインダクタンスは一箇所に集中したものとして考えることができるので，図 1 の等価回路により送配電線路の電気的特性を調べることができる。なお，電験三種で扱う送配電線路はほぼすべてこれに該当する。

電験三種受験者にとっては，架空電線路は抵抗とリアクタンスの直列回路と考えていいんだね。

その通り。だから，送配電の計算問題は，基本的に RL 直列回路の計算なんだよ。

2．電圧降下の計算
（1）送電端電圧と受電端電圧のベクトル図

三相3線式電線路において，送電端電圧ベクトルとその大きさを $\dot{V}_s[\mathrm{V}]$，$V_s[\mathrm{V}]$，受電端電圧ベクトルとその大きさを $\dot{V}_r[\mathrm{V}]$，$V_r[\mathrm{V}]$ とし，送電端相電圧ベクトルとその大きさを $\dot{E}_s[\mathrm{V}]$，$E_s[\mathrm{V}]$，受電端相電圧ベクトルとその大きさを $\dot{E}_r[\mathrm{V}]$，$E_r[\mathrm{V}]$ とすると，$V_s=\sqrt{3}E_s$，$V_r=\sqrt{3}E_r$ の関係がある。このとき，受電端に電力 $P[\mathrm{W}]$，遅れ力率 $\cos\theta$ の負荷を接続すると，負荷電流の大きさ I は，

$$I = \frac{P}{\sqrt{3}\,V_r \cos\theta}[\mathrm{A}]$$

であり，電流ベクトル $\dot{I}$ の位相は $\dot{E}_r$ に対して θ だけ遅れる。$\dot{E}_r$ を基準として図1のベクトル図を描くと図2のようになる。

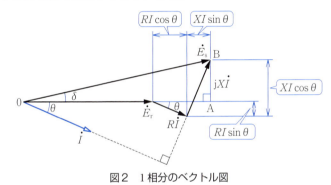

図2　1相分のベクトル図

（2）電圧降下の近似式

E_s と E_r の関係は，直角三角形 OAB に三平方の定理が成り立つことから次式で表すことができる。

$$E_s = \sqrt{(E_r + RI\cos\theta + XI\sin\theta)^2 + (XI\cos\theta - RI\sin\theta)^2}$$

一般に，$\dot{E}_s$ と $\dot{E}_r$ の位相差（相差角）δ は小さい値であり，このとき上式の右辺根号内の第2項 $(XI\cos\theta - RI\sin\theta)^2$ は第1項に比べ無視できる大きさとなるので，通常は無視して E_s を次の近似式で表す。

$$E_s = E_r + (R\cos\theta + X\sin\theta)I\,[\mathrm{V}] \tag{1}$$

このとき，1相分の電圧降下 $E_s - E_r$ は，

$$E_s - E_r = (R\cos\theta + X\sin\theta)I\,[\mathrm{V}] \tag{2}$$

となる。線間電圧で表す場合は，相電圧を $\sqrt{3}$ 倍すればよいので，（1）式の両辺を $\sqrt{3}$ 倍して，

$$\sqrt{3}\,E_s = \sqrt{3}\,E_r + \sqrt{3}\,(R\cos\theta + X\sin\theta)I\,[\mathrm{V}]$$
$$V_s = V_r + \sqrt{3}\,(R\cos\theta + X\sin\theta)I\,[\mathrm{V}] \quad\quad (3)$$

となる。したがって，線路電圧降下 v は次式で表される。

$$v = V_s - V_r = \sqrt{3}\,(R\cos\theta + X\sin\theta)I\,[\mathrm{V}] \quad\quad (4)$$

そうすると，線路の電圧降下は，負荷電流の大きさの他に，位相（力率）の影響を受けるということか…！

いいところに気づいたね。一般に送電線では $R<X$ なので，力率が低いと I や $\sin\theta$ が大きくなり電圧降下が大きくなる。だから，力率改善が重要になるんだ。

（3） 電圧降下率

受電端電圧 V_r に対する電圧降下 v の比を**電圧降下率 ε** という。

$$\varepsilon = \frac{v}{V_r}\times 100\,[\%] = \frac{V_s - V_r}{V_r}\times 100\,[\%] \quad\quad (5)$$

（4） 電圧変動率

送電端電圧を一定としたときの全負荷時の受電端電圧を V_r，無負荷時の受電端電圧を V_{0r} とするとき，次式を**電圧変動率 δ** という。

$$\delta = \frac{V_{0r} - V_r}{V_r}\times 100\,[\%] \quad\quad (6)$$

図1の等価回路では，V_{0r} は全負荷時の送電端電圧 V_s と等しくなるため，全負荷時では $\delta = \varepsilon$ となるが，部分負荷では $\delta > \varepsilon$ となる。

3．無効電流による電圧降下の調整

線路電圧降下 v は(4)式より，次のように有効電流 $I\cos\theta\,[\mathrm{A}]$ によるものと，遅れ無効電流 $I\sin\theta\,[\mathrm{A}]$ によるものに分けられる。

$$v = V_s - V_r = \sqrt{3}\,R(I\cos\theta) + \sqrt{3}\,X(I\sin\theta)\,[\mathrm{V}]$$

右辺の分母分子に V_r をかけ算すると，次のように式変形できる。

$$v = \frac{V_r\{\sqrt{3}\,R(I\cos\theta) + \sqrt{3}\,X(I\sin\theta)\}}{V_r}$$
$$= \frac{R(\sqrt{3}\,V_r I\cos\theta) + X(\sqrt{3}\,V_r I\sin\theta)}{V_r}\,[\mathrm{V}]$$

$\sqrt{3}\,V_r I\cos\theta$ は受電端の有効電力なので $P\,[\mathrm{W}]$，$\sqrt{3}\,V_r I\sin\theta$ は受電端の遅れ無効電力なので $Q\,[\mathrm{var}]$ で表すと次式を得る。

$$v = \frac{RP+XQ}{V_r} [\text{V}] \tag{7}$$

これより，受電端における遅れ無効電力 Q を調相設備で調整することで，電圧降下を調整できることがわかる。

また，電圧降下率 ε は，(5)式より次式で表すことができる。

$$\varepsilon = \frac{v}{V_r} \times 100 [\%] = \frac{RP+XQ}{V_r^2} \times 100 [\%] \tag{8}$$

この式で無効電力と電圧降下の関係が計算できるんだね。

そう。この式は結構役に立つ。せっかくだから，具体例を示しておこうか。

例題 図3のように，受電端電圧6 000 V，1線当たりの抵抗が3 Ω，リアクタンスが6 Ω である送電線路がある。受電端に300 kW，遅れ力率0.6 の負荷が接続されている。このときの電圧降下率を求めよ。また，受電端に進相コンデンサ C を接続することで，電圧降下率を5 % にするための進相コンデンサの容量（三相分）を求めよ。ただし，受電端電圧は常に一定に維持されているものとする。

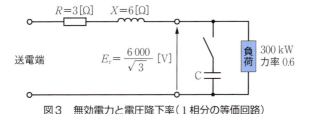

図3　無効電力と電圧降下率（1相分の等価回路）

答 この負荷の皮相電力は $300/0.6 = 500 [\text{kV·A}]$ であり，$\sin\theta = 0.8$ より遅れ無効電力は $Q = 500 \times 0.8 = 400 [\text{kvar}]$ である。したがって，電圧降下率 ε は(7)式より，

$$\varepsilon = \frac{3 \times 300 \times 10^3 + 6 \times 400 \times 10^3}{6\,000^2} \times 100 \fallingdotseq 9.17 [\%]$$

となる。また，$\varepsilon = 5[\%]$ における遅れ無効電力 Q' は，次式より計算できる。

$$5 = \frac{3 \times 300 \times 10^3 + 6 \times Q'}{6\,000^2} \times 100$$

$$Q' = 150 \times 10^3 [\text{var}] = 150 [\text{kvar}]$$

これより進相コンデンサの容量 Q は，次式で求められる。

$$Q - Q' = 400 - 150 = 250 [\text{kvar}]$$

架空送電線路の等価回路

　架空送電線路の実際は，抵抗 r [Ω/km]，インダクタンス L [H/km]，静電容量 C [F/km]，漏れコンダクタンス G [S/km]の四つの線路定数が連続的に分布している。この1相分を敢えて図示すると，図4のような r, L, C, G のブロックが微小長さ Δx [km]ごとに無数に連続して繋がったものとして表すことができる。このような回路を分布定数回路という。

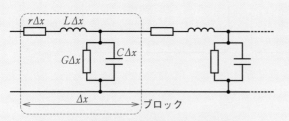

図4　架空送電線路の等価回路（分布定数回路）

実際は，4端子定数回路として扱うが，これは電験三種範囲外だから，気にしなくてよい。

　ただ，C と G は元来小さい値の定数なので，線路こう長が100 kmを超えるような長距離送電線路でない限り，その影響が現れない。このため，この単元で扱ったような，こう長数十キロ程度の短距離送電線路を考える上では，図1のように，C と G を完全に無視して全線にわたる抵抗を R [Ω]，誘導性リアクタンスを jX [Ω]として一箇所に集中した，集中定数回路として取り扱う（電験三種守備範囲，図1参照）。これで，計算が大幅に簡単になる。

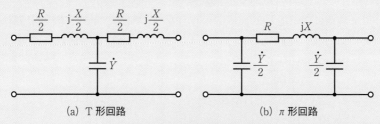

(a) T形回路　　　　　(b) π形回路

図5　中距離送電線路の等価回路

　また，線路こう長 l がその中間（50〜100 km程度）の中距離送電線路では，C の影響が無視できなくなるため，全線の静電容量 Cl によるアドミタンス $\dot{Y}=j\omega Cl$ を線路の中央に配置したT形等価回路（図5(a)），または，両側に半分ずつ配置したπ形等価回路（図5(b)）を用いて考える。

実践・解き方コーナー

問題1 👆👆 こう長2kmの交流三相3線式の高圧配電線があり，その端末に6 500 V，遅れ力率80％で消費電力400 kWの三相負荷が接続されている。いま，この三相負荷を力率100％で消費電力400 kWのものに切り替えた上で，受電電圧を6 500 Vに保つ。高圧配電線路での電圧降下は，三相負荷を切り替える前と比べて何倍になるか。最も近いものを次の(1)〜(5)のうちから一つ選べ。ただし，高圧配電線路の1線当たりの線路定数は，抵抗が0.3 Ω/km，誘導性リアクタンスが0.4 Ω/kmとする。また，送電端電圧と受電端電圧との相差角は小さいものとする。

(1) 0.5　　(2) 0.6　　(3) 0.8　　(4) 1.3　　(5) 1.6　　(平成21年度)

解　答　遅れ力率80％で消費電力400 kWにおける負荷電流 I_1 は，

$$I_1 = \frac{400 \times 10^3}{\sqrt{3} \times 6\,500 \times 0.8} \fallingdotseq 44.4 [\text{A}]$$

なので，電圧降下 v_1 は，

$$v_1 = \sqrt{3} \times (0.3 \times 2 \times 0.8 + 0.4 \times 2 \times \sqrt{1-0.8^2}) \times 44.4 \fallingdotseq 73.8 [\text{V}]$$

となる。一方，力率100％で消費電力400 kWにおける負荷電流 I_2 は，

$$I_2 = \frac{400 \times 10^3}{\sqrt{3} \times 6\,500} \fallingdotseq 35.5 [\text{A}]$$

なので，電圧降下 v_2 は，

$$v_2 = \sqrt{3} \times (0.3 \times 2 \times 1 + 0.4 \times 2 \times 0) \times 35.5 \fallingdotseq 36.9 [\text{V}]$$

となり，$v_2/v_1 = 36.9/73.8 = 0.5$ となる。したがって，正解は(1)となる。

問題2 👆👆 電線1線の抵抗が5Ω，誘導性リアクタンスが6Ωである三相3線式送電線について，次の(a)及び(b)の問に答えよ。

(a) この送電線で受電端電圧を60 kVに保ちつつ，かつ，送電線での電圧降下率を受電端電圧基準で10％に保つには，負荷の力率が80％(遅れ)の場合に受電可能な三相皮相電力[MV・A]の値として，最も近いものを次の(1)〜(5)のうちから一つ選べ。

(1) 27.4　　(2) 37.9　　(3) 47.4　　(4) 56.8　　(5) 60.5

(b) この送電線路の受電端に，遅れ力率60％で三相皮相電力63.2 MV・Aの負荷を接続しなければならなくなった。この場合でも受電端電圧を60 kVに，かつ，送電線での電圧降下率を受電端電圧基準で10％に保ちたい。受電端に設置された調相設備から系統に供給すべき無効電力[Mvar]の値として，最も近いものを次の(1)〜(5)のうちから一つ選べ。

(1) 12.6　　(2) 15.8　　(3) 18.3　　(4) 22.1　　(5) 34.8

(平成20年度)

229

解　答　（a）　受電可能な三相皮相電力を $S[\text{V·A}]$ とすると，電圧降下率 $\varepsilon[\%]$ は次式で表される．

$$\frac{\varepsilon}{100}=0.1=\frac{5\times S\times 0.8+6\times S\times\sqrt{1-0.8^2}}{(60\times 10^3)^2}$$

これより S は，

$$S=\frac{0.1\times(60\times 10^3)^2}{5\times 0.8+6\sqrt{1-0.8^2}}\fallingdotseq 47.4\times 10^6[\text{V·A}]=47.4[\text{MV·A}]$$

となる．したがって，正解は（3）となる．

（b）　受電端の有効電力は $P=63.2\times 0.6=37.92[\text{MW}]$，遅れ無効電力は $Q=63.2\times\sqrt{1-0.6^2}=50.56[\text{Mvar}]$ である．一方，調相設備を投入後の遅れ無効電力を $Q'[\text{Mvar}]$ とすると，電圧降下率の式より次式が成り立ち，Q' が計算できる．

$$0.1=\frac{5\times 37.92\times 10^6+6\times Q'\times 10^6}{(60\times 10^3)^2}$$

$$Q'=28.4[\text{Mvar}]$$

これより調相設備の進み無効電力は，

　　　$50.56-28.4=22.16[\text{Mvar}]$　→　22.1 Mvar

となる．したがって，正解は（4）となる．

問題3　単相2線式配電線があり，この端末に 300 kW の需要家がある．この配電線の途中，図に示す位置に 6 300 V/6 900 V の昇圧器を設置して受電端電圧を 6 600 V に保つとき，次の（a）及び（b）の問に答えよ．ただし，配電線1線当たりの抵抗は $1\,\Omega/\text{km}$，リアクタンスは $1.5\,\Omega/\text{km}$ とし，昇圧器のインピーダンスは無視するものとする．

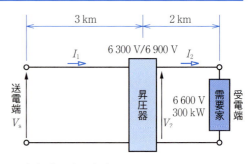

（a）　端末の需要家が力率1の場合，受電端電圧を 6 600 V に保つとき，昇圧器の二次側の電圧 $V_2[\text{V}]$ の値として，最も近いものを次の（1）〜（5）のうちから一つ選べ．

　（1）　6 691　　（2）　6 757　　（3）　6 784　　（4）　6 873　　（5）　7 055

（b）　端末の需要家が遅れ力率 0.8 の場合，受電端電圧を 6 600 V に保つとき，送電端の電圧 $V_s[\text{V}]$ の値として，最も近いものを次の（1）〜（5）のうちから一つ選べ．

　（1）　6 491　　（2）　6 519　　（3）　6 880　　（4）　7 016　　（5）　7 189

（平成23年度）

解答 （a） 負荷電流 I_2 は，

$$I_2 = \frac{300 \times 10^3}{6\,600} \fallingdotseq 45.45 [\mathrm{A}]$$

なので，昇圧器と需要家間の電圧降下 v は，

$$v = 2 \times (1 \times 2 \times 1 + 1.5 \times 2 \times 0) \times 45.45 \fallingdotseq 181.8 [\mathrm{V}]$$

となるので，

$$V_2 = 6\,600 + 181.8 = 6\,781.8 [\mathrm{V}] \quad \rightarrow \quad 6\,784\ \mathrm{V}$$

となる。したがって，正解は（3）となる。

（b） 昇圧器の変圧比は $a = 6\,300/6\,900$ なので，昇圧器二次側から見た一次側の線路インピーダンスは，抵抗が $1 \times 3/a^2 \fallingdotseq 3.6 [\Omega]$，リアクタンスが $1.5 \times 3/a^2 \fallingdotseq 5.4 [\Omega]$ となる。これより，二次側換算の抵抗は $R = 3.6 + 2 = 5.6 [\Omega]$，リアクタンスは $X = 5.4 + 3 = 8.4 [\Omega]$ となる。

また，負荷電流 I_2 は，

$$I_2 = \frac{300 \times 10^3}{6\,600 \times 0.8} \fallingdotseq 56.82 [\mathrm{A}]$$

なので，送電端電圧の二次側換算値 $V_s{}'$ は，

$$V_s{}' = 6\,600 + 2 \times (5.6 \times 0.8 + 8.4 \times \sqrt{1 - 0.8^2}) \times 56.82 \fallingdotseq 7\,682 [\mathrm{V}]$$

となる。これを一次側に換算すると，

$$V_s = V_s{}'a = 7\,682 \times 6\,300/6\,900 = 7\,014 [\mathrm{V}] \quad \rightarrow \quad 7\,016\ \mathrm{V}$$

となる。したがって，正解は（4）となる。

注意 単相2線式の電圧降下は，1線当たりの電圧降下の2倍となる。三相3線式では $\sqrt{3}$ 倍となる。

補足 解答では，二次側換算の線路定数を用いて電圧降下を計算した。また，次のような方法もある。二次側の電圧降下より V_2 を求めて，V_2，I_2 を変圧比を用いて一次側に換算して V_1，I_1 を求め，一次側の電圧降下 v_1 を計算して，$V_s = v_1 + V_1$ で求めることもできる。

問題4 🔋🔋 こう長2 km の三相3線式配電線路が，遅れ力率85 % の平衡三相負荷に電力を供給している。負荷の端子電圧を 6.6 kV に保ったまま，線路の電圧降下率が5.0 % を超えないようにするための負荷電力の最大値[kW]として，最も近いものを次の（1）～（5）のうちから一つ選べ。ただし，1 km，1線当たりの抵抗は0.45 Ω，リアクタンスは 0.25 Ω とし，その他の条件は無いものとする。なお，本問では送電端電圧と受電端電圧との相差角が小さいとして得られる近似式を用いて解答すること。

（1） 1 023 　　（2） 1 799 　　（3） 2 117 　　（4） 3 117 　　（5） 3 600

23

線路の電圧降下　その1

231

(平成 26 年度)

解答 負荷の最大電力を $P[\mathrm{kW}]$ とすると，皮相電力は $P/0.85[\mathrm{kV\cdot A}]$，遅れ無効電力は $(P/0.85)\times\sqrt{1-0.85^2}\fallingdotseq 0.62P[\mathrm{kvar}]$ となる。電圧降下率の式より次式が成り立ち，P を求めることができる。

$$5=\frac{0.45\times 2\times P\times 10^3+0.25\times 2\times 0.62P\times 10^3}{(6.6\times 10^3)^2}\times 100$$

$$P=\frac{0.05\times(6.6\times 10^3)^2}{0.45\times 2\times 10^3+0.25\times 2\times 0.62\times 10^3}=1\,800[\mathrm{kW}]\ \rightarrow\ 1\,799\,\mathrm{kW}$$

したがって，正解は(2)となる。

問題5 三相3線式1回線無負荷送電線の送電端に線間電圧 66.0 kV を加えると，受電端の線間電圧は 72.0 kV，1線当たりの送電端電流は 30.0 A であった。この送電線が，線路アドミタンス B [mS]と線路リアクタンス $X[\Omega]$ を用いて，図に示す等価回路で表現できるとき，次の(a)及び(b)の問に答えよ。

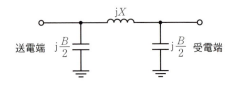

(a) 線路アドミタンス $B[\mathrm{mS}]$ の値として，最も近いものを次の(1)〜(5)のうちから一つ選べ。

(1) 0.217　(2) 0.377　(3) 0.435　(4) 0.545　(5) 0.753

(b) 線路リアクタンス $X[\Omega]$ の値として，最も近いものを次の(1)〜(5)のうちから一つ選べ。

(1) 222　(2) 306　(3) 384　(4) 443　(5) 770

(平成 24 年度)

考え方 1相分の等価回路が与えられているので，LC の直並列接続による単相交流回路の問題となる。各電圧，電流のベクトル図を描き，位相関係を確認することが初めの一歩となる。

解答 (a) 図 23-5-1 の各電圧，電流ベクトルを，$\dot{E}_\mathrm{r}$ を基準としてベクトル図で表すと図 23-5-2 となる。このベクトル図より，送電端相電圧 $\dot{E}_\mathrm{s}$ と受電端相電圧 $\dot{E}_\mathrm{r}$ は同相であり，また，静電容量を流れる電流 $\dot{I}_1$，$\dot{I}_2$ も同相であることがわかる。

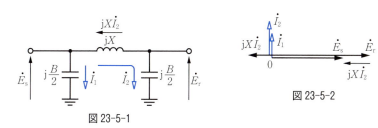

図 23-5-1　　　　　　　図 23-5-2

$\dot{I}_1$, $\dot{I}_2$ の大きさ I_1, I_2 は,

$$I_1 = \frac{66 \times 10^3}{\sqrt{3}} \times \frac{B}{2} [\text{A}], \quad I_2 = \frac{72 \times 10^3}{\sqrt{3}} \times \frac{B}{2} [\text{A}]$$

であり, $I_1 + I_2 = 30 [\text{A}]$ なので次式から B を求めることができる.

$$I_1 + I_2 = \frac{66 \times 10^3}{\sqrt{3}} \times \frac{B}{2} + \frac{72 \times 10^3}{\sqrt{3}} \times \frac{B}{2} = 30$$

$$B = \frac{30 \times \sqrt{3} \times 2}{66 \times 10^3 + 72 \times 10^3} \fallingdotseq 0.753 \times 10^{-3} [\text{S}] = 0.753 [\text{mS}]$$

となる. したがって, 正解は(5)となる.

（b）　設問(a)で用いた I_2 の式と B の値より,

$$I_2 = \frac{72 \times 10^3}{\sqrt{3}} \times \frac{0.753 \times 10^{-3}}{2} \fallingdotseq 15.65 [\text{A}]$$

である. 誘導性リアクタンスによる電圧降下の大きさ XI_2 の向きは, ベクトル図より $\dot{E}_r$ と逆向きなので, 送電端相電圧の大きさ E_s と受電端相電圧の大きさ E_r の関係は次式となる.

$$E_s + XI_2 = E_r$$

これより X は,

$$X = \frac{E_r - E_s}{I_2} = \left(\frac{72 \times 10^3}{\sqrt{3}} - \frac{66 \times 10^3}{\sqrt{3}} \right) \times \frac{1}{15.65} \fallingdotseq 221.3 [\Omega] \quad \rightarrow \quad 222 \, \Omega$$

となる. したがって, 正解は(1)となる.

補　足　この問題の等価回路は, 中距離架空送電線路の π 形回路である. 無負荷時の充電電流から線路定数を求める問題であるが, ベクトル図より, $\dot{E}_s$ と $\dot{E}_r$ 及び $\dot{I}_1$, $\dot{I}_2$ が同相であることから, 大きさによる計算が可能となる. また, 中距離, 長距離送電線路では, 無負荷時に受電端電圧が送電端電圧よりも高くなるフェランチ現象が起こるが, これに関する計算問題である.

24 線路の電圧降下 その2

出題ランク ★★★

✓ 重要事項・公式チェック

線路の途中にも負荷が接続されている場合の電圧降下（近似式）

① s-a 間の電圧降下 v_1

$v_1 = k(R_1 \cos\theta_1 + X_1 \sin\theta_1)I_1 + k(R_1 \cos\theta_2 + X_1 \sin\theta_2)I_2$ [V]

② a-b 間の電圧降下 v_2

$v_2 = k(R_2 \cos\theta_2 + X_2 \sin\theta_2)I_2$ [V]

（三相3線式では $k=\sqrt{3}$，単相2線式では $k=2$）

③ 全線路 (s-b 間) の電圧降下 v

$v = v_1 + v_2$ [V]

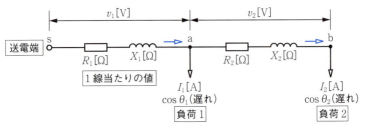

図1　負荷が二つの場合の単線結線図

例題チャレンジ！

例題 図2に示す三相3線式配電線路(単線結線図)において，a点に負荷電流 $I_1=50[A]$，遅れ力率 $\cos\theta_1=0.6$ の負荷が接続され，b点に負荷電流 $I_2=60[A]$，遅れ力率

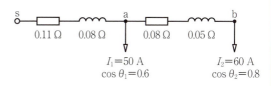

図2　線路途中にも負荷がある配電線路

$\cos\theta_2=0.8$ の負荷が接続されている。給電点 s と a 点間の1線当たりの抵抗が 0.11Ω，リアクタンスが 0.08Ω であり，a 点と b 点間の1線当たりの抵抗が 0.08Ω，リアクタンスが 0.05Ω である。このとき，s-b 間の電圧降下[V]の値として，最も近いものを次の(1)～(5)のうちから一つ選べ。ただし，s 点，a 点，b 点における電圧の位相差は無視できるものとして，電圧降下は近似式で計算するものとする。

(1) 11.3　(2) 25.4　(3) 28.8　(4) 31.7　(5) 35.2

ヒント 前単元で学習した電圧降下の近似式を使う。s-a 間では，負荷電流 I_1 と I_2 による電圧降下が生じるが，問題文中のただし書きより，各点の電圧の位相が同じなので，近似式で求めたそれぞれの電流による電圧降下の和が，s-a 間の電圧降下となる。

解答 a-b 間の電圧降下を v_{ab}，s-a 間の電圧降下を v_{sa} とすると，

$v_{ab}=\sqrt{3}\times(0.08\times0.8+0.05\times0.6)\times60\fallingdotseq9.8[V]$

$v_{sa}=\sqrt{3}\times(0.11\times0.6+0.08\times0.8)\times50$
$\quad+\sqrt{3}\times(0.11\times0.8+0.08\times0.6)\times60\fallingdotseq25.4[V]$

となる。これより，s-b 間の電圧降下 v は，

$v=v_{ab}+v_{sa}=9.8+25.4=35.2[V]$

となる。したがって，正解は(5)となる。

なるほど解説

1．線路の途中にも負荷が接続されている場合の電圧降下

図3は，線路の単線結線図と各電圧，電流のベクトル図である。配電線路では線路の途中に負荷が接続されているのが普通であり，配電線路は線路こう長が短

いため線路の抵抗とリアクタンスは小さく，送電端と受電端の電圧の位相差を無視して同相として扱っても実際上問題ない。そこで，$\dot{V}_s$，$\dot{V}_a$，$\dot{V}_b$ が同相とみなした場合のベクトル図を描くと図4のようになる。この図を用いれば，単元23「線路の電圧降下その1」で学習した電圧降下の近似式が適用できる。

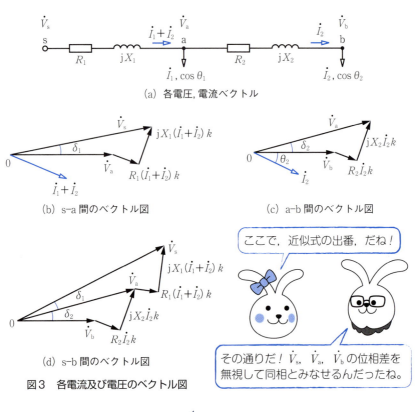

図3 各電流及び電圧のベクトル図

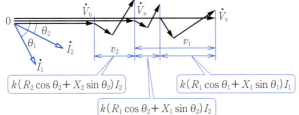

(k の値は，三相3線式では $\sqrt{3}$，単相2線式では2)

図4 $\dot{V}_b$，$\dot{V}_a$，$\dot{V}_s$ が同相とみなせる場合のベクトル図

$\dot{V}_s$, $\dot{V}_a$, $\dot{V}_b$ が同相であれば，各負荷の力率角 θ_1, θ_2 は同相電圧に対する角度となる。$\dot{I}_1$, $\dot{I}_2$ の大きさを I_1, I_2 とすると，s-a 間を流れる電流のうち，電圧と同相な成分は $I_1 \cos\theta_1 + I_2 \cos\theta_2$ [A]，電圧と直交する成分は $I_1 \sin\theta_1 + I_2 \sin\theta_2$ となる。これより，s-a 間の電圧降下 v_1 は次の近似式で表すことができる。

$$v_1 = k\{R_1(I_1 \cos\theta_1 + I_2 \cos\theta_2) + X_1(I_1 \sin\theta_1 + I_2 \sin\theta_2)\}[V]$$
$$= k\{(R_1 \cos\theta_1 + X_1 \sin\theta_1)I_1 + (R_1 \cos\theta_2 + X_1 \sin\theta_2)I_2\}[V] \quad (1)$$

式中の $k(R_1 \cos\theta_1 + X_1 \sin\theta_1)I_1$ は $\dot{I}_1$ による s-a 間の電圧降下を表し，$k(R_1 \cos\theta_2 + X_1 \sin\theta_2)I_2$ は $\dot{I}_2$ による s-a 間の電圧降下を表している。

また，a-b 間の電圧降下 v_2 は近似式より，

$$v_2 = k(R_2 \cos\theta_2 + X_2 \sin\theta_2)I_2 [V] \quad (2)$$

と表すことができる。ただし，抵抗及びリアクタンスは1線当たりの値であるので，(1)式，(2)式中の k は，三相3線式では $k=\sqrt{3}$，単相2線式では $k=2$ となることに注意する。

以上から，全線路(s-b 間)の電圧降下 v は，v_1 と v_2 が同相とみなせるので，各区間の電圧降下の和で表される。

$$v = v_1 + v_2 [V] \quad (3)$$

全体の電圧降下は，「各負荷が単独で存在するとして計算した電圧降下の和」で計算できそうだね！

その通り。電圧降下の「重ね合わせの理」ってとこだ。

2．二つの負荷に両端から給電する場合の計算方法

図5のように，両端の給電点 s_1, s_2 から給電したときの電圧降下を表す式を求めてみよう。ただし，計算の簡略化のため，両給電点の電圧は同相であり，線路リアクタンスは無視して線路抵抗は1線当たりの値とし，負荷の力率は1とする。なお，この条件下では直流配電の問題と同じとなる。

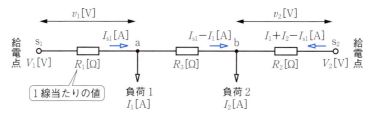

図5　両端から給電する場合の電流と電圧降下(単線結線図)

考え方は次のようになる。各給電点から供給される電流を未知数としてキルヒホッフの法則を用いて連立方程式を立て，それを解くことで供給電流を求める。これより，各区間の電圧降下が求められ，各負荷点における電圧が計算できる。

例えば，給電点 s₁ から供給される電流を I_{s1} として図5に示す向きに仮定し，a点，b点においてキルヒホッフの電流則を適用することで，a-b 間及び s₂-b 間の電流と向きは図5に示すとおりとなる。

次に，キルヒホッフの電圧則より，s₁-s₂ 間の電位差は各区間の電圧降下の総和と等しいことから，次式が成り立つ。

$$V_1 - V_2 = k\{R_1 I_{s1} + R_3(I_{s1} - I_1) - R_2(I_1 + I_2 - I_{s1})\}$$

ただし，三相3線式では $k=\sqrt{3}$，単相2線式では $k=2$ である。

博士，はっきり言って，リアクタンス無視，力率100%など，少し都合よすぎないかな？

電験三種ではこれくらい条件を付けないと，問題が難しくなってしまうからね。だから大丈夫。

式変形して I_{s1} を求めると，

$$R_1 I_{s1} + R_3(I_{s1} - I_1) + R_2(I_{s1} - I_1 - I_2) = (V_1 - V_2)/k$$

$$I_{s1}(R_1 + R_2 + R_3) = (V_1 - V_2)/k + R_3 I_1 + R_2(I_1 + I_2)$$

$$I_{s1} = \frac{(V_1 - V_2)/k + R_3 I_1 + R_2(I_1 + I_2)}{R_1 + R_2 + R_3} \text{[A]} \tag{4}$$

となる。また，給電点 s₂ から b 点に向かう電流を I_{s2} とすると，

$$I_{s2} = I_1 + I_2 - I_{s1} = \frac{R_3 I_2 + R_1(I_1 + I_2) - (V_1 - V_2)/k}{R_1 + R_2 + R_3} \text{[A]} \tag{5}$$

となる。これより R_1，R_2 による線路電圧降下の大きさ v_1，v_2 は，

$$v_1 = k R_1 I_{s1} \text{[V]} \quad , \quad v_2 = k R_2 I_{s2} \text{[V]} \tag{6}$$

となるので，a 点の電圧 V_a と b 点の電圧 V_b は次式となる。

$$V_a = V_1 - v_1 = V_1 - \frac{R_1(V_1 - V_2) + k R_1\{R_3 I_1 + R_2(I_1 + I_2)\}}{R_1 + R_2 + R_3} \text{[V]} \tag{7}$$

$$V_b = V_2 - v_2 = V_2 - \frac{k R_2\{R_3 I_2 + R_1(I_1 + I_2)\} - R_2(V_1 - V_2)}{R_1 + R_2 + R_3} \text{[V]} \tag{8}$$

豆知識

ループ式線路の電圧降下もゲットしよう

図6は，一つの給電点からループ線路を経て，負荷に電力を供給するループ式線路の例である。この場合も計算を簡単にするために，線路リアクタンスは無視して線路抵抗は1線当たりの値とし，負荷の力率は1とする。

このループ式線路は，図5の両側の給電点を同一にしたものと同じである。

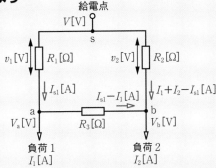

図6 ループ線路

s-a間の電流 I_{s1} を図6に示した向きに仮定し，他の区間の電流と向きを決め，キルヒホッフの電圧則を適用すると次式を得る。

$$R_1 I_{s1} + R_3(I_{s1}-I_1) - R_2(I_1+I_2-I_{s1}) = 0 \quad (\text{ループの電圧降下は零})$$

これより I_{s1} を求め，各電流，電圧降下及び負荷電圧を計算できるが，これらは(4)式から(8)式において $V_1=V_2=V[\text{V}]$ としたものと一致するので，次の(9)式から(13)式で表される。

$$I_{s1} = \frac{R_3 I_1 + R_2(I_1+I_2)}{R_1+R_2+R_3}[\text{A}] \tag{9}$$

$$I_{s2} = \frac{R_3 I_2 + R_1(I_1+I_2)}{R_1+R_2+R_3}[\text{A}] \quad (\text{ただし } I_{s2}=I_1+I_2-I_{s1}) \tag{10}$$

$$v_1 = kR_1 I_{s1}[\text{V}], \quad v_2 = kR_2 I_{s2}[\text{V}] \tag{11}$$

$$V_a = V - v_1 = V - \frac{kR_1\{R_3 I_1 + R_2(I_1+I_2)\}}{R_1+R_2+R_3}[\text{V}] \tag{12}$$

$$V_b = V - v_2 = V - \frac{kR_2\{R_3 I_2 + R_1(I_1+I_2)\}}{R_1+R_2+R_3}[\text{V}] \tag{13}$$

実践・解き方コーナー

問題1 図は単相2線式の配電線路の単線図である。電線1線当たりの抵抗と長さは，a-b 間で 0.3 Ω/km，250 m，b-c 間で 0.9 Ω/km，100 m とする。次の（a）及び（b）の問に答えよ。

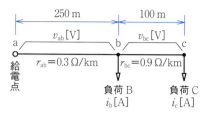

（a） b-c 間の1線の v_{bc}[V] 及び負荷 B と負荷 C の負荷電流 i_b[A]，i_c[A] として，正しいものを組み合わせたものを次の（1）〜（5）のうちから一つ選べ。ただし，給電点 a の線間の電圧値と負荷点 c の線間の電圧値の差を 12.0 V とし，a-b 間の1線の電圧降下を v_{ab}=3.75[V] とする。負荷の力率はいずれも 100%，線路リアクタンスは無視するものとする。

	v_{bc}[V]	i_b[A]	i_c[A]
(1)	2.25	10.0	40.0
(2)	2.25	25.0	25.0
(3)	4.50	10.0	25.0
(4)	4.50	0.0	50.0
(5)	8.25	50.0	91.7

（b） 次に，図の配電線路で抵抗に a-c 間の往復線路のリアクタンスを考慮する。このリアクタンスを 0.1 Ω とし，b 点には無負荷で i_b=0[A]，c 点には受電電圧が 100 V，遅れ力率 0.8，15 kW の負荷が接続されているものとする。このとき，給電点 a の線間の電圧値と負荷点 c の線間の電圧値[V]の差として，最も近いものを次の（1）〜（5）のうちから一つ選べ。

（1） 3.0　　（2） 4.9　　（3） 5.3　　（4） 6.1　　（5） 37.1

(平成 22 年度)

解　答　（a）　a-c 間の1線の電圧降下は線間電圧の差の 1/2，12/2=6[V] なので，v_{bc}=6−3.75=2.25[V] となる。

a-b 間の1線当たりの抵抗は 0.3×0.25=0.075[Ω]，b-c 間の1線当たりの抵抗は 0.9×0.1=0.09[Ω] である。b-c 間の1線の v_{bc} は，b-c 間の1線の電圧降下と等しいので次式より i_c が求められる。

$$v_{bc}=2.25=(0.09\times1)i_c \rightarrow i_c=25[A]$$

v_{ab} は a-b 間の1線の電圧降下と等しいので，次式より i_b が求められる。

$$v_{ab}=3.75=(0.075\times1)i_b+(0.075\times1)i_c=(0.075\times1)i_b+0.075\times25$$

$$i_b=\frac{3.75-0.075\times25}{0.075}=25[A]$$

したがって，正解は（2）となる．

（b） $i_b=0$ なので，a-c 間の1線当たりの抵抗 $0.075+0.09=0.165[\Omega]$ と，リアクタンス $0.05\,\Omega$ による電圧降下 v を求めればよい．負荷電流 i_c は，

$$i_c=\frac{1.5\times10^3}{100\times0.8}=18.75[\mathrm{A}]$$

なので電圧降下の近似式より，

$$v=2\times(0.165\times0.8+0.05\times\sqrt{1-0.8^2})\times18.75$$
$$=6.075[\mathrm{V}] \quad\rightarrow\quad 6.1\,\mathrm{V}$$

となる．したがって，正解は（4）となる．

問題2 図のような三相3線式配電線路において，電源側 S 点の線間電圧が 6 900 V のとき，B 点の線間電圧[V]の値として，最も近いものを次の（1）〜（5）のうちから一つ選べ．ただし，配電線1線当たりの抵抗は

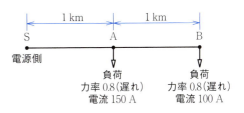

$0.3\,\Omega/\mathrm{km}$，リアクタンスは $0.2\,\Omega/\mathrm{km}$ とする．また，計算においては S 点，A 点及び B 点における電圧の位相差が十分小さいとの仮定に基づき適切な近似を用いる．

（1） 6 522 　（2） 6 646 　（3） 6 682 　（4） 6 774 　（5） 6 795

(平成 25 年度)

解答 S-A 間の電圧降下 v_{SA} は，それぞれの負荷が単独で存在した場合の電圧降下の和として計算できるので，近似式より，

$$v_{SA}=\sqrt{3}\times(0.3\times0.8+0.2\times\sqrt{1-0.8^2})\times150$$
$$+\sqrt{3}\times(0.3\times0.8+0.2\times\sqrt{1-0.8^2})\times100\fallingdotseq156[\mathrm{V}]$$

A-B 間の電圧降下 v_{AB} は，

$$v_{AB}=\sqrt{3}\times(0.3\times0.8+0.2\times\sqrt{1-0.8^2})\times100\fallingdotseq62.4[\mathrm{V}]$$

となる．これより，B 点の電圧 V_B は，

$$V_B=6\,900-v_{SA}-v_{AB}=6\,900-156-62.4=6\,681.6[\mathrm{V}] \quad\rightarrow\quad 6\,682\,\mathrm{V}$$

となる．したがって，正解は（3）となる．

問題3 図は，三相3線式変電設備を単線図で表したものである．現在，この変電設備は，a 点から 3 800 kV·A，遅れ力率 0.9 の負荷 A と，b 点から 2 000 kW，遅れ力率 0.85 の負荷 B に電力を供給している．b 点の線間電圧の測定値が 22 000 V であるとき，次の（a）及び（b）の問に答えよ．なお，f 点と a 点の間は 400 m，a 点と b 点の間は

800 m で，電線1線当たりの抵抗とリアクタンスは1 km 当たり 0.24 Ω と 0.18 Ω とする。また，負荷は平衡三相負荷とする。

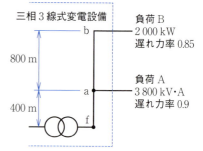

（a） 負荷 A と負荷 B で消費される無効電力[kvar]の合計値として，最も近いものを次の（1）～（5）のうちから一つ選べ。

（1） 2 710　（2） 2 900
（3） 3 080　（4） 4 880　（5） 5 120

（b） f-b 間の線間電圧の電圧降下 V_{fb} の値[V]として，最も近いものを次の（1）～（5）のうちから一つ選べ。ただし，送電端電圧と受電端電圧との相差角が小さいとして得られる近似式を用いて解答すること。

（1） 23　（2） 33　（3） 59　（4） 81　（5） 101

(平成 27 年度)

解 答　（a） 負荷 A の遅れ無効電力 Q_A は，

$$Q_A = 3\,800 \times \sqrt{1-0.9^2} \fallingdotseq 1\,656\,[\text{kvar}]$$

となる。負荷 B の皮相電力は 2 000/0.85[kV·A]なので，負荷 B の遅れ無効電力 Q_B は，

$$Q_B = \frac{2\,000}{0.85} \times \sqrt{1-0.85^2} \fallingdotseq 1\,240\,[\text{kvar}]$$

となる。これより無効電力の合計値 Q は，

$$Q = Q_A + Q_B = 1\,656 + 1\,240 = 2\,896\,[\text{kvar}] \quad \rightarrow \quad 2\,900\text{ kvar}$$

となる。したがって，正解は（2）となる。

（b） f-a 間の1線当たりの抵抗は 0.24×0.4＝0.096[Ω]，リアクタンスは 0.18×0.4＝0.072[Ω]である。a-b 間の1線当たりの抵抗は 0.24×0.8＝0.192[Ω]，リアクタンスは 0.18×0.8＝0.144[Ω]である。

a-b 間の電圧降下 v_{ab} を負荷 B の電力と受電端電圧で求めると，

$$v_{ab} = \frac{0.192 \times 2\,000 \times 10^3 + 0.144 \times 1\,240 \times 10^3}{22\,000} \fallingdotseq 25.6\,[\text{V}]$$

となる。これより，負荷 A の受電電圧は 22 025.6 V。

f-a 間の電圧降下 v_{fa} は，負荷 A の電圧降下 v_A と負荷 B の電圧降下 v_B の和であり，同様に有効電力と無効電力により求められる。なお，負荷 A の有効電力は 3 800×0.9＝3 420[kW]である。

$$v_A = \frac{0.096 \times 3\,420 \times 10^3 + 0.072 \times 1\,656 \times 10^3}{22\,025.6} \fallingdotseq 20.3\,[\text{V}]$$

$$v_B = \frac{0.096 \times 2\,000 \times 10^3 + 0.072 \times 1\,240 \times 10^3}{22\,000} \fallingdotseq 12.8\,[\text{V}]$$

$$v_{fa} = v_A + v_B = 20.3 + 12.8 = 33.1\,[\text{V}]$$

以上から，f-b 間の線間電圧の電圧降下 V_{fb} は，

$$V_{fb} = v_{fa} + v_{ab} = 33.1 + 25.6 = 58.7\,[\text{V}] \quad \rightarrow \quad 59\,\text{V}$$

となる。したがって，正解は（3）となる。

補足 （a）において，負荷の無効電力をそれぞれ算出したので，（b）の電圧降下の計算には電力を使った近似式（単元 24「線路の電圧降下その1」を参照）を使った。その際，負荷 A の受電電圧を 22 025.6 V としたが，電圧降下分の 25.6 V は 22 000 V に対して約 1/1 000 なので，近似的に 22 000 V として計算しても問題ない。

別解 （b）を負荷電流から求めると次のようになる。負荷 A の電流を I_A，負荷 B の電流を I_B とする。ここで，負荷 A の受電端電圧が未知であるが，解答の選択肢の大きさから推測して近似的に 22 000 V として扱うことにする。

$$I_A = \frac{3\,800 \times 10^3}{\sqrt{3} \times 22\,000} \fallingdotseq 99.7\,[\text{A}], \quad I_B = \frac{2\,000 \times 10^3}{\sqrt{3} \times 22\,000 \times 0.85} \fallingdotseq 61.8\,[\text{A}]$$

電圧降下の近似式より，

$$v_{ab} = \sqrt{3} \times (0.192 \times 0.85 + 0.144 \times \sqrt{1-0.85^2}) \times 61.8 \fallingdotseq 25.6\,[\text{V}]$$

$$v_{fa} = \sqrt{3} \times (0.096 \times 0.85 + 0.072 \times \sqrt{1-0.85^2}) \times 61.8$$
$$\quad + \sqrt{3} \times (0.096 \times 0.9 + 0.072 \times \sqrt{1-0.9^2}) \times 99.7$$
$$\fallingdotseq 12.8 + 20.3 = 33.1\,[\text{V}]$$

$$V_{fb} = v_{fa} + v_{ab} = 33.1 + 25.6 = 58.7\,[\text{V}]$$

問題4 図のような単線結線図で示す単相2線式配電線路において，給電点 s_1 の電圧が 106 V，s_2 の電圧が 103 V である。それぞれの線路区間における1線当たりの抵抗が

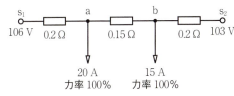

s_1-a 間及び s_2-b 間で 0.2 Ω，a-b 間で 0.15 Ω であり，線路リアクタンスは無視できるとき，a 点の線間電圧 [V] の値として，最も近いものを次の（1）〜（5）のうちから一つ選べ。ただし，a 点及び b 点における需要家の負荷電流は，それぞれ 20 A，15 A であり，力率はともに 100 % とする。また，両給電点の電圧の位相差は無視できるものとする。

（1） 95.3　　（2） 97.6　　（3） 100.4　　（4） 101.5　　（5） 102.4

解答 図 24-4-1 のように，s_1 点から a 点に向かう電流を I とする。

s_1-s_2 間において，キルヒホッフの電圧則より次式が成り立ち，I が計算できる。

$106-103=2\times\{0.2I+0.15\times(I-20)+0.2\times(I-35)\}$

$0.55I=1.5+0.15\times20+0.2\times35=11.5$

$I\fallingdotseq20.9[\text{A}]$

s_1-a 間の電圧降下 v は，

$v=2\times0.2\times20.9=8.36[\text{V}]$

となるので，a 点の電圧 V_a は，

$V_a=106-8.36=97.64[\text{V}]$

→ 97.6 V

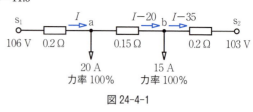

図 24-4-1

となる。したがって，正解は（2）となる。

問題5 図のような単線結線図で示す 6.6 kV 三相 3 線式ループ配電線路がある。A 点，B 点及び C 点において負荷が接続され，負荷電流はそれぞれ 50 A, 30 A, 80 A であり，いずれも力率 1.0 である。この配電線の B 点における電圧 [V] の値として，最も近いものを次の（1）〜（5）のうちから一つ選べ。ただし，電線 1 線当たりの抵抗は図示したとおりとし，その他の定数は無視できるものとする。

(1) 5 930　(2) 6 060　(3) 6 160　(4) 6 220　(5) 6 340

解　答　図 24-5-1 のように，S 点から A 点に向かう電流を I とすると，各区間の電流は図示のとおりとなる。ループにおいて，キルヒホッフの電圧則より次式が成り立ち，I が計算できる。

$\sqrt{3}\times\{1\times I+2\times(I-50)+1\times(I-80)+2\times(I-160)\}=0$

$6I=100+80+320=500$

$I\fallingdotseq83.3[\text{A}]$

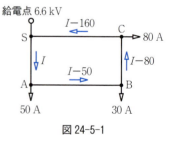

図 24-5-1

A-B 間の電流は $83.3-50=33.3[\text{A}]$ なので，S-A 間と A-B 間の電圧降下の和 v は，

$v=\sqrt{3}\times(83.3\times1+33.3\times2)\fallingdotseq260[\text{V}]$

となる。これより，B 点における電圧 V_B は，

$V_B=6\,600-260=6\,340[\text{V}]$

となる。したがって，正解は（5）となる。

出題ランク ★★☆

25 送電線で送れる電力

✓ 重要事項・公式チェック

1 送電線で送れる有効電力

$$P = \frac{V_s V_r}{X} \sin \delta \text{[W]}$$

δ は $\dot{V}_s$ と $\dot{V}_r$ の位相差（相差角）

図1 抵抗分を無視した送電系統図

2 電力系統の安定度を向上させる方策

（1） 送電電力（有効電力）の増加により定態安定度を高める方法
- ① 多導体方式やリアクタンスの小さい機器の採用
- ② 直列コンデンサの挿入
- ③ 送電電圧の高電圧化
- ④ 送電線の新設，増設

（2） 負荷の急変や事故時の過渡安定度を高める方法
- ① 発電機に制動巻線を設置
- ② 発電機にはずみ車効果の大きな機器を採用
- ③ 発電機に速応励磁を採用
- ④ 事故時の高速度遮断及び高速度再閉路を実施
- ⑤ 系統連系による系統容量の増大化
- ⑥ 送電線路に中間開閉所を設置

例題チャレンジ！

例 題 抵抗分が無視でき線路リアクタンスのみの等価回路で表される送電線路において，送電電力（有効電力）に関する記述として，誤っているものを次の（1）〜（5）のうちから一つ選べ。

（1） 送電電力は線路の誘導性リアクタンスに反比例するので，線路に直列コンデンサを接続することで送電電力を大きくできる。

（2） 送電端電圧と受電端電圧が等しく V[V]で維持されている送電線路では，送電電力は V に比例して大きくなる。

（3） 一般に，送電電力の最大値は線路こう長が長いほど低下する。

（4） 送電端と受電端の電圧が一定の場合，送電端と受電端の電圧の位相差が零のとき，送電電力は最小となる。

（5） 送電端の有効電力と受電端の有効電力は等しい。

ヒント 送電電力の式を参考に考える。

解 答 （1）は正しい。線路に直列コンデンサを接続することで，線路の誘導性リアクタンスが小さくなり，送電電力を大きくできる。（2）は誤り。送電電力は送電端電圧と受電端電圧の積に比例するので，送電端と受電端の電圧が等しく V[V]の場合，V の2乗に比例する。（3）は正しい。線路こう長が長いほど線路リアクタンスが大きくなるので，送電電力は小さくなる。（4）は正しい。送電電力は位相差の sin に比例するので，位相差が零のとき送電電力は最小（零）となる。（5）は正しい。線路の電力損失がないので，送電端と受電端の有効電力は等しい。したがって，正解は（2）となる。

！ なるほど解説

1．送電電力を表す式を導こう

（1） 送電線のベクトル図

図2(a)は，1相分の送電線の等価回路である。線路の誘導性リアクタンスの大きさは X[Ω]であり，線路抵抗はリアクタンスに比べて無視できるものとする。

受電端には遅れ力率 $\cos\theta$ の負荷が接続されており，負荷電流ベクトル $\dot{I}$[A]の大きさを I[A]とする。なお，送電端の相電圧ベクトル $\dot{E}_\mathrm{s}$[V]の大きさを E_s[V]，線間電圧ベクトル $\dot{V}_\mathrm{s}$[V]の大きさを V_s[V]とし，受電端の相電圧ベクトル

246

$\dot{E}_\mathrm{r}$[V]の大きさを E_r[V], 線間電圧ベクトル $\dot{V}_\mathrm{r}$[V]の大きさを V_r[V]とする。

受電端の相電圧 $\dot{E}_\mathrm{r}$[V]を基準として, 図2(a)の送電線のベクトル図を描くと図2(b)となる。

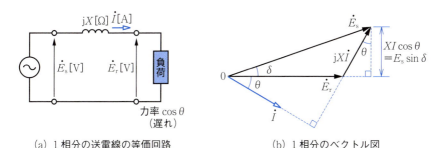

(a) 1相分の送電線の等価回路　　　(b) 1相分のベクトル図

図2　送電線の等価回路とベクトル図

(2) 送電電力の式

ベクトル図より,

$$XI \cos \theta = E_\mathrm{s} \sin \delta \quad \rightarrow \quad I \cos \theta = \frac{E_\mathrm{s} \sin \delta}{X}$$

が成り立つので, 受電端の有効電力 P は次式で表される。

$$P = 3E_\mathrm{r} I \cos \theta = \frac{3E_\mathrm{r} E_\mathrm{s} \sin \delta}{X} [\mathrm{W}]$$

$V_\mathrm{s} = \sqrt{3} E_\mathrm{s}$, $V_\mathrm{r} = \sqrt{3} E_\mathrm{r}$ より, 相電圧を線間電圧で表すと,

$$P = \frac{V_\mathrm{s} V_\mathrm{r}}{X} \sin \delta [\mathrm{W}] \tag{1}$$

を得る。式中の δ は送電端電圧と受電端電圧の位相差であり, **相差角**と呼ばれる。

(1)式の P は, 線路損失が零より, 送電端の有効電力でもある。

あれ〜。博士,(1)式ってもしかして, 電機子巻線抵抗を無視した同期発電機の出力の式とそっくりだよ。δ はたしか負荷角だったかな？

よ〜し。次にちょっとだけ予習・復習しておこう。

同期機のことも知っているとは感心したよ。まさにそのとおりなんだ。これがわかっていれば, 系統の安定度の話もよく理解できると思うよ。

2．送電電力の式と系統の安定度
（1） 同期発電機と送電線の等価回路は同じ

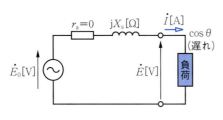
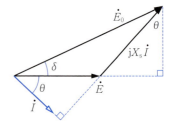

(a) 同期発電機の等価回路(1相分)　　(b) 同期発電機のベクトル図($r_a=0$)

図3　同期発電機の等価回路とベクトル図

同期発電機の等価回路とベクトル図を図3に示す(抵抗分は無視できるものとする)。これと図2を比較するとき、誘導起電力 $\dot{E}_0$ が送電端の相電圧 $\dot{E}_s$ に、発電機出力電圧 $\dot{E}$ が受電端の相電圧 $\dot{E}_r$ に、同期リアクタンスが線路リアクタンスに、負荷角が相差角に対応していると見れば、同期発電機の出力と送電電力は同じ関係にあることがわかる。このことから、図3において $\dot{E}_0$ 及び $\dot{E}$ の大きさを E_0, E で表せば、次式は同期発電機の出力の式(1相分)と一致する(機械編：単元⑱「同期発電機の出力と電圧変動率」を参照)。

$$P = \frac{E_0 E}{X_s} \sin \delta \,[\mathrm{W}] \tag{2}$$

（2） 系統の安定度とは何か

電力系統において、多数の発電機が同期運転を行っている交流送電では、周波数を維持するために同期発電機を一定速度で回転させる必要がある。このため、ある発電機の負荷が増加すると発電機回転速度の低下を防ぐため、即応して発電機に直結された原動機入力(水車なら水量、タービンなら蒸気量)を増し回転速度を維持する。しかし、原動機入力の限界を超える負荷が加わると、発電機は同期速度を維持できず同期外れ(脱調)を起こし電力供給ができなくなる。このため、電力系統では発電機が同期外れを起こさず同期運転を維持しうる度合いが重要になり、これを安定度という。

発電機の誘導起電力及び端子電圧が一定のとき、(2)式より負荷角 δ を増すことで出力を増加できるが、出力 P は $\delta = \pi/2$ で最大(定態安定極限電力に相当)となるため、これを超える負荷が加わると同期外れを起こす。このように、発電機の負荷角は安定度を知る目安となる。

(3) 送電系統の安定度

　発電機で起きたことが，電気的に同じ等価回路である送電線でも起こる。回転を伴わない送電線で同期外れを想像するのは難しいが，次のようにイメージしてもよい。

　送電線の受電端で負荷が増加すると受電端電圧の位相が遅れる（周波数がわずかに低下しようとする）ので，系統周波数を維持するために，送電端電圧が受電端電圧の遅れを引き戻すために強く引っ張る。引っ張る力は送電端と受電端間の相差角 δ（電圧の位相差）の sin に比例するが，$\delta=\pi/2$ を超えると送電端電圧が受電端電圧を引っ張りきれず，同期外れを起こし送電ができなくなる。

　安定度には，次のようなものがある。緩やかな負荷の増加に対して同期外れを起こさず送電できる度合いを定態安定度といい，その極限電力を定態安定極限電力という。一方，負荷の急変や故障時など系統に動揺が生じた場合に，同期外れを起こさず送電できる度合いを過渡安定度といい，その極限電力を過渡安定極限電力という。なお，過渡安定極限電力は，定態安定極限電力よりも小さい値である。

3．系統安定度向上のための方策
（1） 送電電力（有効電力）の増加により定態安定度を高める方法
　送電電力を大きくするには（1）式より，送電電圧を高めるか線路リアクタンスを小さくすればよいので，次の方法がある。
① 多導体方式によりリアクタンスを低減すると共に，発電機や変圧器に内部リアクタンスの小さな機器を採用する。
② 線路に直列コンデンサを挿入することで，合成した線路リアクタンスを低減する。
③ 送電電圧を高電圧化する。
④ 最も基本的な方法としては，送電線を新設，増設する。

（2） 負荷の急変や事故時の過渡安定度を高める方法
過渡的な動揺に対しては次のような方法がある。
① 発電機に制動巻線を設置し，乱調を防止する。
② 発電機にはずみ車効果の大きな機器を採用し，乱調を防止する。
③ 発電機に速応励磁を採用し，発電機の電圧を安定化する。
④ 事故時の高速度遮断及び高速度再閉路を実施し，事故の影響の波及を抑える。
⑤ 系統連系による系統容量の増大化により，事故時の電圧変動を抑制する。
⑥ 送電線路に中間開閉所を設置し故障箇所を分離すると共に，調相設備を設けて電圧を維持する。

送電線の無効電力はどう表されるの？

少し遊び心で，図4（図2(b)の再掲）のベクトル図から導かれる関係式を使い，送電線の無効電力を求めてみよう。

受電端無効電力 Q_r と送電端無効電力 Q_s は次のように求められる。ただし，遅れ無効電力を正で表すことにする。

$$Q_r = 3E_r I \sin\theta = 3E_r \left(\frac{E_s \cos\delta - E_r}{X}\right) = 3\left(\frac{E_s E_r \cos\delta - E_r^2}{X}\right)$$

$$Q_s = 3E_s I \sin(\theta + \delta) = 3E_s I(\sin\theta\cos\delta + \cos\theta\sin\delta)$$

$$= 3E_s(I\sin\theta\cos\delta + I\cos\theta\sin\delta)$$

$$= 3E_s\left(\frac{E_s\cos\delta - E_r}{X}\right)\cos\delta + 3E_s\left(\frac{E_s\sin\delta}{X}\right)\sin\delta$$

$$= 3\left(\frac{E_s^2\cos^2\delta - E_s E_r\cos\delta + E_s^2\sin^2\delta}{X}\right) = 3\left(\frac{E_s^2 - E_s E_r\cos\delta}{X}\right)$$

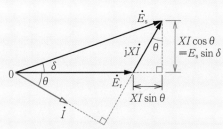

図4　送電線のベクトル図

線間電圧で表すと次式となる。

$$Q_r = \frac{V_s V_r \cos\delta - V_r^2}{X} \quad , \quad Q_s = \frac{V_s^2 - V_s V_r \cos\delta}{X}$$

なお，線路リアクタンスの無効電力 $3XI^2$ を考慮すると，当然だが $Q_s = Q_r + 3XI^2$ が成り立つ（計算は各自で確認してみよう）。

実践・解き方コーナー

問題1 交流三相3線式1回線の送電線路があり，受電端に遅れ力率 θ[rad]の負荷が接続されている．送電端の線間電圧を V_s[V]，受電端の線間電圧を V_r[V]，その間の相差角は δ[rad]である．受電端の負荷に供給されている三相有効電力[W]を表す式として，正しいものを次の(1)〜(5)のうちから一つ選べ．ただし，送電端と受電端の間における電線1線当たりの誘導性リアクタンスは X[Ω]とし，線路の抵抗，静電容量は無視するものとする．

(1) $\dfrac{V_s V_r \cos \delta}{X}$ (2) $\dfrac{\sqrt{3} V_s V_r \cos \theta}{X}$ (3) $\dfrac{V_s V_r \sin \delta}{X}$

(4) $\dfrac{\sqrt{3} V_s V_r \sin \delta}{X}$ (5) $\dfrac{V_s V_r \cos \theta}{X \sin \delta}$

(平成21年度)

解答 送電端の相電圧ベクトル $\dot{E}_s$ の大きさを E_s，受電端の相電圧ベクトル $\dot{E}_r$ の大きさを E_r とする．図25-1-1のベクトル図より，

$$I \cos \theta = \dfrac{E_s \sin \delta}{X}$$

が成り立つので，受電端の有効電力 P は次式で表される．

$$P = 3 E_r I \cos \theta = \dfrac{3 E_r E_s \sin \delta}{X} \text{[W]}$$

$V_s = \sqrt{3} E_s$，$V_r = \sqrt{3} E_r$ より，相電圧を線間電圧で表すと，

$$P = \dfrac{V_s V_r \sin \delta}{X} \text{[W]}$$

となる．したがって，正解は(3)となる．

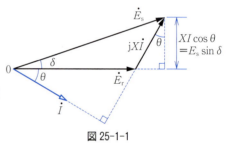

図 25-1-1

問題2 図に示すように，線路インピーダンスが異なるA，B回線で構成される154 kV系統があったとする(図中のインピーダンスは百分率インピーダンス降下で表されている)．A回線側にリアクタンス5%の直列コンデンサが設置されているとき，次の(a)及び(b)の問に答えよ．なお，系統の基準容量は，

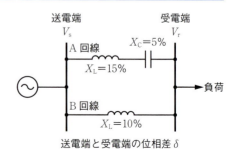

送電端と受電端の位相差 δ

10 MV·A とする。

（a）　図に示す系統の合成線路インピーダンスの値[%]として，最も近いものを次の
（1）〜（5）のうちから一つ選べ。

（1）　3.3　　（2）　5.0　　（3）　6.0　　（4）　20.0　　（5）　30.0

（b）　送電端と受電端の電圧位相差δが30度であるとき，この系統での送電電力P
の値[MW]として，最も近いものを次の（1）〜（5）のうちから一つ選べ。ただし，送電
端電圧V_s，受電端電圧V_rは，それぞれ154 kVとする。

（1）　17　　（2）　25　　（3）　83　　（4）　100　　（5）　152

（平成 27 年度）

解　答　（a）　A回線の百分率リアクタンス降下は，$\%X_\mathrm{A}=15-5=10[\%]$である。
A，B両回線の合成百分率リアクタンス降下$\%X$は，リアクタンスの並列接続の計算に
より，

$$\%X=\frac{10\times10}{10+10}=5[\%]$$

となる。線路には抵抗分がないので，これが系統の合成百分率インピーダンス降下(合
成線路インピーダンスの値[%])となる。したがって，正解は（2）となる。

（b）　基準容量$S_\mathrm{n}[\mathrm{V\cdot A}]$，定格電圧$V_\mathrm{n}[\mathrm{V}]$，線路リアクタンス$X[\Omega]$における$\%X$は
定義により次式となる。

$$\%X=\frac{XS_\mathrm{n}}{V_\mathrm{n}^2}\times100\quad\rightarrow\quad X=\frac{\%XV_\mathrm{n}^2}{100S_\mathrm{n}}$$

これより，線路リアクタンスは，

$$X=\frac{5\times(154\times10^3)^2}{100\times10\times10^6}=118.58[\Omega]$$

送電電力Pは，

$$P=\frac{V_\mathrm{s}V_\mathrm{r}\sin\delta}{X}=\frac{(154\times10^3)^2\times\sin30°}{118.58}=100\times10^6[\mathrm{W}]=100[\mathrm{MW}]$$

となる。したがって，正解は（4）となる。

問題3🔩🔩　送電線の送電容量に関する記述として，誤っているものを次の（1）〜
（5）のうちから一つ選べ。

（1）　送電線の送電容量は，送電線の電流容量や送電系統の安定度の制約などで決定
される。

（2）　等価的に線路リアクタンスのみで表される送電線の送電容量は，送電端電圧と
受電端電圧の積に比例するため，送電電圧の格上げは，送電容量の増加に有効な

方策である。

（3） 電線の太線化は，送電線の電流容量を増すことができるので，短距離送電線の送電容量の増加に有効な方策である。

（4） 直流送電は，交流送電のような安定度の制約がないため，理論上送電線の電流容量の限界まで電力を送電することができるので，長距離・大容量送電に有効な方策である。

（5） 送電系統の中性点接地方式に抵抗接地方式を採用することは，地絡電流を効果的に抑制できるので，送電容量の増加に有効な方策である。

(平成 24 年度)

解答 （1）は正しい。交流送電では送電線の電流容量の他に安定度の制約を受ける。（2）は正しい。送電電力の式 $P=(V_s V_r \sin \delta)/X$ より，$V_s \fallingdotseq V_r$ とみなせば，送電電圧の 2 乗に比例する。（3）は正しい。電線間距離が一定のとき，電線半径が大きいほど線路リアクタンスは小さくなり，電線の電流容量は大きくなるので，送電容量は増加する。（4）は正しい。直流送電では送受電間の電圧位相差がないので，安定度の制約がない。（5）は誤り。中性点の接地と送電容量の増加には直接的な関係はない。したがって，正解は（5）となる。

問題4 送電系統の安定度向上対策として，適切でないものを次の(1)～(5)のうちから一つ選べ。

（1） 系統のリアクタンスを低減するため，多導体方式を採用する。

（2） 事故時には高速度遮断を行い，さらに高速度再閉路を行う。

（3） 送電線路に直列コンデンサを挿入する。

（4） 送電線路に中間開閉所を設置する。

（5） 火力及び原子力発電設備に大容量ユニットを採用する。

解答 （1）は正しい。多導体方式により線路リアクタンスを低減できる。（2）は正しい。過渡安定度向上に有効である。（3）は正しい。コンデンサの容量性リアクタンスで線路の誘導性リアクタンスを低減できる。（4）は正しい。故障区間の切り離しや，調相設備による電圧維持により，安定度向上に有効である。（5）は誤り。一般にタービン発電機は同期インピーダンスが大きい（短絡比が小さい）ため，安定度向上には結びつかない。また，大容量ユニットが脱落すると系統に与える影響が大きいので，安定度向上対策として適切とは言いがたい。したがって，正解は（5）となる。

254

出題ランク ★★☆

26 力率改善と負荷の増設

力率改善は無効電力を減らすことだよね。

電圧降下や電力損失を低減できる他に，負荷を増設することもできる。

✓ 重要事項・公式チェック

1 負荷の力率改善

☑ 進相コンデンサの容量　$Q_C = P(\tan\theta_1 - \tan\theta_2)$ [var]

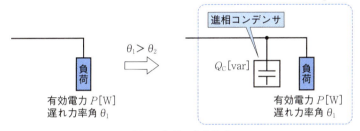

図1　負荷の力率改善

2 送電設備の有効利用

☑ 無効電力が減少することで皮相電力が減少
→ 送電設備容量を増やさずに負荷の増設が可能

例題チャレンジ！

例題　受電電圧 6.6 kV，電力 600 kW，遅れ力率 0.65 の受電設備がある。進相コンデンサを設置して受電設備全体の遅れ力率を 0.95 に改善するとき，次の(a)及び(b)の問に答えよ。ただし，受電電圧は一定に保たれているものとする。

(a) 進相コンデンサの容量[kvar]の値として，最も近いものを次の(1)～(5)のうちから一つ選べ。

(1) 356　　(2) 412　　(3) 457　　(4) 504　　(5) 548

ヒント 進相コンデンサの容量は，力率 0.65 における無効電力から力率 0.95 における無効電力を引いた値と等しい。

（b） 力率改善により線路の電力損失は減少する。力率改善後にさらに力率1の負荷を増設したとき，線路の電力損失が力率改善前と同じになる増設負荷の容量[kW]の値として，最も近いものを次の(1)～(5)のうちから一つ選べ。

(1) 254　　(2) 302　　(3) 363　　(4) 432　　(5) 488

ヒント 線路の電力損失は負荷電流の2乗に比例するので，電力損失が同じであることは線路電流が同じであることを意味する。線路電流が同じであることは，受電電圧が一定の条件から，受電設備の皮相電力が同じであることと同意である。

解 答 **（a）** 図2は，電力のベクトル図である。負荷の力率を $\cos\theta_1$ とし，力率改善後の力率を $\cos\theta_2$ とすると，

$$\tan\theta = \frac{\sin\theta}{\cos\theta} = \frac{\sqrt{1-\cos^2\theta}}{\cos\theta}$$

の関係より，$\tan\theta_1$，$\tan\theta_2$ は，

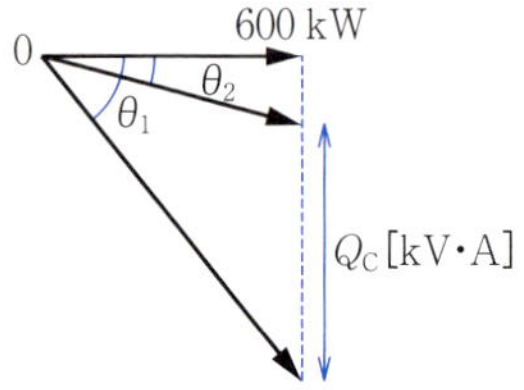

図2　電力ベクトル図

$$\tan\theta_1 = \frac{\sqrt{1-0.65^2}}{0.65} \fallingdotseq 1.169, \quad \tan\theta_2 = \frac{\sqrt{1-0.95^2}}{0.95} \fallingdotseq 0.329$$

となる。図より進相コンデンサの容量 Q_C は，

$$Q_C = 600 \times (\tan\theta_1 - \tan\theta_2) = 600 \times (1.169 - 0.329) = 504 [\text{kvar}]$$

となる。したがって，正解は（4）となる。

（b） 線路の電力損失が等しいことから，力率改善前の皮相電力と，力率改善後に容量 P'[kW]の負荷を増設した皮相電力が等しい。

図3は負荷増設後のベクトル図である。図より，負荷増設後の有効電力 P 及び無効電力 Q は，

$$P = 600 + P' = 600 + P' [\text{kW}]$$
$$Q = 600\tan\theta_2 = 600 \times 0.329$$
$$= 197.4 [\text{kvar}]$$

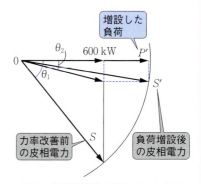

図3　負荷増設後の電力ベクトル図

となるので，負荷増設後の皮相電力 S' は，

$$S' = \sqrt{P^2 + Q^2} = \sqrt{(600+P')^2 + 197.4^2} [\text{kV·A}]$$

となる。これが力率改善前の皮相電力 $S=600/0.65≒923.1[\text{kV}\cdot\text{A}]$ と等しくなればよい。

$$\sqrt{(600+P')^2+197.4^2}=923.1$$
$$P'=\sqrt{923.1^2-197.4^2}-600≒302[\text{kW}]$$

となる。したがって，正解は(2)となる。

なるほど解説

1．力率改善

負荷に電圧を加えたときに流れる電流は，電圧に対する位相差 θ を伴う。θ を負荷の**力率角**といい，$\cos\theta$ を負荷の**力率**という。力率は $0\leq\cos\theta\leq1$ の範囲の値をとるが，有効電力が同じであれば力率の値が 1 に近いほど流れる電流が小さくなる。これにより，電線路の電圧降下や電力損失を低減できるなど，配電設備の効率的な運用にもかなう。このような理由から，遅れ負荷の場合は**進相コンデンサ**を，進み負荷の場合は**分路リアクトル**を負荷と並列に接続することで，合成した力率の値を 1 に近づけることを行う。これを負荷の**力率改善**という。

ただし，一般の負荷は誘導性リアクタンスを含む遅れ負荷であるため，一般に力率改善と言えば，進相コンデンサを接続する場合をいう。

博士。例えば遅れ負荷に進相コンデンサを接続すると，負荷の力率が 1 に近づくの？

それと，「電力用コンデンサ」と書かれた本もあるけど，進相コンデンサのこと？

いや，負荷の力率は変わらないんだ。負荷とコンデンサを合成して見た，全体の力率が 1 に近づくということだよ。

電力用コンデンサは，電力で使われるコンデンサの総称で，進相コンデンサのほかに直列コンデンサや，フィルタ用，サージ吸収用なども含まれる。力率改善に限れば，両者は同じものを指す。

2．基本的な力率改善の計算

図 1 で示した，有効電力 $P[\text{W}]$，遅れ力率 $\cos\theta_1$ の負荷に進相コンデンサを接続して，合成した遅れ力率を $\cos\theta_2 (\theta_2<\theta_1)$ に改善するための，進相コンデンサの容量 $Q_C[\text{var}]$ を計算してみよう。ただし，力率改善の前後において，負荷の有効電力及び負荷力率は変化しないものとする（受電端電圧は一定としてもよい）。

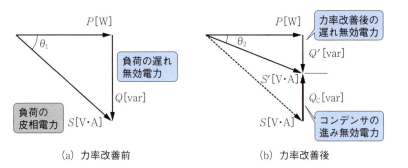

(a) 力率改善前　　　　　　　　(b) 力率改善後
図4　力率改善の前後における電力ベクトル図

図4は，力率改善の前後における電力のベクトルを表した図である。力率改善の前後において有効電力 $P[\mathrm{W}]$ は変わらず，遅れ無効電力が $Q[\mathrm{var}]$ から $Q'[\mathrm{var}]$ に減少することで，力率角は θ_1 から θ_2 へと小さくなり力率が改善される。このためには，進相コンデンサの容量 Q_C が力率改善による遅れ無効電力の減少分と等しくなればよいので，無効電力の大きさの関係は次式となる。

$\qquad Q = Q' + Q_\mathrm{C}$ 　または　 $Q_\mathrm{C} = Q - Q'$ 　　　　　　　　　　　　（1）

無効電力と有効電力(不変量)の関係は，力率角の $\tan$ を用いて，$Q = P \tan \theta_1$，$Q' = P \tan \theta_2$ と表すことができるので，（1）式は次のように表すことができる。

$\qquad Q_\mathrm{C} = Q - Q' = P(\tan \theta_1 - \tan \theta_2)[\mathrm{var}]$ 　　　　　　　　　　　　（2）

なお，進相コンデンサの容量を表す単位として，以前は一般的な設備容量を表す単位 $[\mathrm{V \cdot A}]$ が用いられていた。

3．力率改善による送配電設備の有効利用
（1） 送配電設備の有効利用
　送配電線や変圧器などの送配電設備の容量は，受電設備の使用電圧と負荷電流の積である皮相電力以上の容量を備えていなければならない。しかし，力率改善により皮相電力が小さくできれば，送配電設備の容量に余裕が生じる。この結果，送配電設備自体の容量を小さくできるので経費の低減に繋がる他，送配電容量の余裕分を使い，受電設備に新たに負荷を増設することも可能となる。次にその考え方を示す。

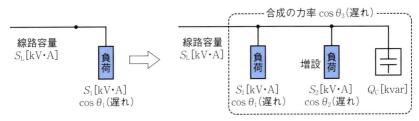

図5　力率改善と負荷の増設

　図5のように，変圧器を含めた送配電容量が S_L [kV・A] の線路の受電端に，容量 S_1 [kV・A]，遅れ力率 $\cos\theta_1$ の受電設備（負荷の有効電力と力率は変化しない）が接続されている。ここで容量 Q_C [kvar] の進相コンデンサによる力率改善を行い，これで生じた線路容量の余裕に，新たに S_2 [kV・A]，遅れ力率 $\cos\theta_2$ の負荷を増設して線路容量 S_L [kV・A] の電力を供給したい。このときの受電設備の合成の遅れ力率が $\cos\theta_3$ であったとして，諸量の関係式を導いてみよう。

（2） 無効電力の関係式と有効電力の関係式
　図5を電力ベクトルで表すと図6となるので，無効電力の関係式として次式を得る。
$$S_1 \sin\theta_1 + S_2 \sin\theta_2 - Q_C = S_L \sin\theta_3 \tag{3}$$
上式中の $S_1 \sin\theta_1$，$S_2 \sin\theta_2$ 及び $S_L \sin\theta_3$ は，それぞれ S_1，S_2 及び S_L の無効電力である。

　また，有効電力の関係式として次式を得る。
$$S_1 \cos\theta_1 + S_2 \cos\theta_2 = S_L \cos\theta_3 \tag{4}$$
上式中の $P_1 = S_1 \cos\theta_1$，$P_2 = S_2 \cos\theta_2$ 及び $S_L \cos\theta_3$ は，それぞれ S_1，S_2 及び S_L の有効電力である。

　これより，増設負荷の有効電力 $P_2 = S_2 \cos\theta_2$ [kW] は，

$$P_2 = S_L \cos\theta_3 - S_1 \cos\theta_1 \text{[kW]} \tag{5}$$

と求めることができる。

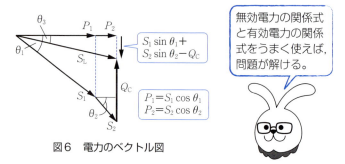

図6　電力のベクトル図

（3）増設後の遅れ力率角 θ_3 が未知である場合の計算

$$(S_L \sin\theta_3)^2 + (S_L \cos\theta_3)^2 = S_L^2$$

の関係式を使い（3）式及び（4）式より θ_3 を消去すると，

$$(S_1 \cos\theta_1 + S_2 \cos\theta_2)^2 + (S_1 \sin\theta_1 + S_2 \sin\theta_2 - Q_C)^2 = S_L^2 \tag{6}$$

となり，増設負荷の有効電力 $P_2(=S_2 \cos\theta_2)$ で表すと次の関係式が得られる。ただし，$P_2 \tan\theta_2 = S_2 \sin\theta_2$ の関係も用いた。

$$(S_1 \cos\theta_1 + P_2)^2 + (S_1 \sin\theta_1 + P_2 \tan\theta_2 - Q_C)^2 = S_L^2 \tag{7}$$

これより，負荷増設に必要な進相コンデンサの容量 Q_C は，（6）式または（7）式を Q_C について式変形することで得られる。例えば，（6）式より求めると次式となる。

$$Q_C = S_1 \sin\theta_1 + S_2 \sin\theta_2 - \sqrt{S_L^2 - (S_1 \cos\theta_1 + S_2 \cos\theta_2)^2} \text{[kvar]}$$

なお，実際の出題では計算の簡略化のために，増設負荷の力率が1（$\theta_2=0$ より $\tan\theta_2=0$）の場合や，増設負荷の力率が既存負荷の力率と等しい（$\theta_1=\theta_2$）場合，などの条件が付く場合も多い。

例えば，増設負荷の力率が1（$\theta_2=0$）の場合は，S_L，S_1，$\cos\theta_1$ が既知のとき，P_2，Q_C の一方は他方より，（7）式から求めることができる。

$$P_2 = \sqrt{S_L{}^2 - (S_1 \sin\theta_1 - Q_C)^2} - S_1 \cos\theta_1 \text{[kW]} \tag{8}$$

$$Q_C = S_1 \sin\theta_1 - \sqrt{S_L{}^2 - (S_1 \cos\theta_1 + P_2)^2} \text{[kvar]} \tag{9}$$

進相コンデンサを使用するに当たって

① 無効電力は時間変化する

負荷や力率は時間的に変化するため，軽負荷時にはコンデンサの進み容量が負荷の遅れ電力を上回り，その進み電流で電圧が上昇したり線路の電力損失が増大する場合もある。このため，進相コンデンサの容量は負荷に応じた適切な値としなければならない。これに対応するため，適切な単機容量を持つ複数の進相コンデンサに自動開閉装置を設け，負荷に応じて容量を変えることが一般に行われている。

② インバータ等から発生する高調波に注意

電力用半導体素子のスイッチング等で発生する高調波に対しては，進相コンデンサのリアクタンスは低下する。このため，過電流が流れ進相コンデンサを焼損するおそれがある。これを，防止するために，直列リアクトルを設け高調波電流を抑える方法がとられている。

具体的には，第5調波（基本波の5倍の周波数）による障害を防止するために，進相コンデンサの容量性リアクタンス X_C の6％（基本波に対する値）の誘導性リアクタンス $X_L = 0.06 X_C$ を持つ直列リアクトルを設ける。この値の根拠は次のとおりである。

基本波の n 倍の周波数で直列共振するとき，次式が成り立つ。

$$nX_L = X_C/n \quad \rightarrow \quad n = \sqrt{X_C/X_L}$$

6％リアクタンスなら $X_L = 0.06 X_C$ なので，

$$n = \sqrt{X_C/X_L} = \sqrt{X_C/(0.06 X_C)} = 4.08$$

となり，第5調波より低い周波数（4.08倍）で直列共振を起こすため，第5調波では誘導性となり高調波電流を抑制できる。なお，第3調波が問題となる場合は，同様な理由から13％の直列リアクトルを使用することで，第3調波に対して誘導性とする。

実践・解き方コーナー

問題1 50 Hz, 200 V の三相配電線の受電端に, 力率 0.7, 50 kW の誘導性負荷が接続されている。この負荷と並列に三相コンデンサを挿入して, 受電端での力率を遅れ 0.8 に改善したい。挿入すべき三相コンデンサの無効電力容量[kV·A]として, 最も近いものを次の(1)〜(5)のうちから一つ選べ。

(1) 4.58　(2) 7.80　(3) 13.5　(4) 19.0　(5) 22.5

(平成22年度)

解答　$\tan\theta_1 = \dfrac{\sqrt{1-0.7^2}}{0.7} \fallingdotseq 1.02$

$\tan\theta_2 = \dfrac{\sqrt{1-0.8^2}}{0.8} \fallingdotseq 0.75$

図 26-1-1 より, 三相コンデンサの無効電力容量 Q_C は,

$Q_C = 50 \times (\tan\theta_1 - \tan\theta_2) = 50 \times (1.02 - 0.75)$
$= 13.5 [\text{kV·A}]$ 　$(= 13.5 [\text{kvar}])$

となる。したがって, 正解は(3)となる。

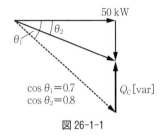

図 26-1-1

問題2 図のように, 特別高圧三相3線式1回線の専用架空電線路で受電している需要家がある。需要家の負荷は, 40 MW, 力率が遅れ 0.87 で, 需要家の受電端電圧は 66 kV である。ただし, 需要家から電源側をみた電源と専用架空電線路を含めた百分率インピーダンスは, 基準容量 10 MV·A 当たり 6.0 % として, 抵抗はリアクタンスに比べ非常に小さいものとする。その他の定数や条件は無視する。次の(a)及び(b)の問に答えよ。

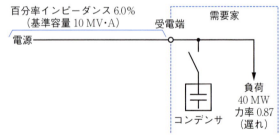

(a) 需要家が受電端において, 力率1の受電になるために必要なコンデンサ総容量[Mvar]の値として, 最も近いものを次の(1)〜(5)のうちから一つ選べ。

(1) 9.7　(2) 19.7　(3) 22.7　(4) 34.7　(5) 81.7

(b) 需要家のコンデンサが開閉動作を伴うとき, 受電端の電圧変動率を 2.0 % 以内にするために必要なコンデンサ単機容量[Mvar]の最大値として, 最も近いものを次の(1)〜(5)のうちから一つ選べ。

(1) 0.46　(2) 1.9　(3) 3.3　(4) 4.3　(5) 5.7

(平成25年度)

解答 （a） 負荷の力率角を θ とすると，負荷の遅れ無効電力 Q は，

$$Q = 40 \tan \theta = 40 \times \frac{\sqrt{1-0.87^2}}{0.87} \fallingdotseq 22.7 \, [\text{Mvar}]$$

となる。これと同容量の進相コンデンサを設置すると力率は1となる。したがって，正解は（3）となる。

（b） 電線路の抵抗分は無視（$R=0$）できるので，百分率リアクタンス降下を $\% X$ [%]，基準電圧を V_n[V]，基準容量を S_n[V·A] とすると，百分率リアクタンス降下の定義より1線当たりのリアクタンス X は，

$$X = \frac{\% X \times V_n^2}{100 S_n} \, [\Omega]$$

となる。進相コンデンサを接続しない場合，線路電流を I[A]，負荷力率角を θ とすると電線路の電圧降下 v は近似的に，

$$v = \sqrt{3} \, I(R \cos \theta + X \sin \theta) = \sqrt{3} \, IX \sin \theta$$

と表されるので，分母分子に基準電圧 V_n をかけ算して需要家の無効電力を Q[var] とすると次式となる。

$$v = \frac{\sqrt{3} \, IV_n X \sin \theta}{V_n} = \frac{XQ}{V_n} \, [\text{V}]$$

一方，単機容量の進相コンデンサを接続した場合の需要家の無効電力を Q'[var] とすると，線路電圧降下 v' は同様に次式となる。

$$v' = \frac{XQ'}{V_n} \, [\text{V}]$$

電源電圧を V_s とすると，進相コンデンサ接続前と後の受電端電圧 V_{rB}，V_{rA} は，

$$V_{rB} = V_s - v \, [\text{V}], \quad V_{rA} = V_s - v' \, [\text{V}]$$

なので，進相コンデンサの開閉に伴う受電端の電圧変動率 ε は次式で表される。

$$\varepsilon = \frac{V_{rA} - V_{rB}}{V_n} \times 100 = \frac{v - v'}{V_n} \times 100 = \frac{X(Q - Q')}{V_n^2} \times 100$$

さらに，上式の X を $\% X$ で表すと次式となる。

$$\varepsilon = \frac{X(Q - Q')}{V_n^2} \times 100 = \frac{\% X \times V_n^2}{100 S_n} \times \frac{(Q - Q')}{V_n^2} \times 100 = \frac{\% X(Q - Q')}{S_n}$$

$Q - Q'$ は進相コンデンサの単機容量を表すので，

$$Q - Q' \leq \frac{\varepsilon S_n}{\% X} = \frac{2 \times 10 \times 10^6}{6} \fallingdotseq 3.33 \times 10^6 \, [\text{var}] \quad \rightarrow \quad 3.3 \, \text{Mvar}$$

となる。したがって，正解は（3）となる。

補足 設問（b）は電験三種としては難問である。力率改善に伴う無効電力の減少に

26

力率改善と負荷の増設

263

より起こる電圧降下の問題であり，内容的には単元 23 「線路の電圧降下その1」に属する。

この問題における電圧変動率は，基準電圧に対するコンデンサの開閉に伴う受電端の電圧変動値を意味し，特に定めがない限り，一般に変動前の電圧を基準値とする（単元 23 の（6）式とは異なる意味で用いられているので要注意）。また，電圧降下は近似式 $v=\sqrt{3}\,I(R\cos\theta+X\sin\theta)$ を用いるが，この式は，基準電圧に対する有効電力と無効電力で表すことができる。この場合の基準電圧はどの値でもよいので電圧変動率の基準電圧と共有でき，結果として計算途中で消去されてしまう。複雑な計算となるので，できるだけ文字式で計算して最後に数値計算をすると，計算ミスや計算誤差を少なくできる。

問題3 配電線に 100 kW，遅れ力率 60 ％ の三相負荷が接続されている。この受電端に 45 kvar の電力用コンデンサを接続した。次の（a）及び（b）の問に答えよ。ただし，電力用コンデンサ接続前後の電圧は変わらないものとする。

（a） 電力用コンデンサを接続した後の受電端の無効電力[kvar]の値として，最も近いものを次の（1）～（5）のうちから一つ選べ。

（1） 56   （2） 60   （3） 75   （4） 88   （5） 133

（b） 電力用コンデンサ接続前と後の力率[%]の差の大きさとして，最も近いものを次の（1）～（5）のうちから一つ選べ。

（1） 5   （2） 15   （3） 25   （4） 55   （5） 75

(平成 21 年度)

- -

解 答 （a） 力率を $\cos\theta$ とすると負荷の遅れ無効電力 Q は，

$$Q=100\tan\theta=\frac{100\sin\theta}{\cos\theta}=\frac{100\times\sqrt{1-\cos^2\theta}}{\cos\theta}$$

$$=\frac{100\times\sqrt{1-0.6^2}}{0.6}\fallingdotseq133[\text{kvar}]$$

となるので，電力用コンデンサ（進相コンデンサ）を接続した後の受電端の無効電力 Q' は，

$$Q'=133-45=88[\text{kvar}]$$

となる。したがって，正解は（4）となる。

（b） 接続後の皮相電力 S は，

$$S=\sqrt{100^2+88^2}\fallingdotseq133[\text{kV}\cdot\text{A}]$$

なので，接続後の力率は，$\cos\theta'=100/133\fallingdotseq0.752$ となる。よって，電力用コンデンサ接続前と後の力率の差は，

$$\cos\theta'-\cos\theta=0.752-0.6=0.152 \quad\rightarrow\quad 15 ％$$

264

となる。したがって，正解は(2)となる。

問題4 定格容量 750 kV·A の三相変圧器に遅れ力率 0.9 の三相負荷 500 kW が接続されている。この三相変圧器に新たに遅れ力率 0.8 の三相負荷 200 kW を接続する場合，次の(a)及び(b)の問に答えよ。

(a) 負荷を追加した後の無効電力[kvar]の値として，最も近いものを次の(1)～(5)のうちから一つ選べ。
(1) 339 (2) 392 (3) 472 (4) 525 (5) 610

(b) この変圧器の過負荷運転を回避するために，変圧器の二次側に必要な最小の電力用コンデンサ容量[kvar]の値として，最も近いものを次の(1)～(5)のうちから一つ選べ。
(1) 50 (2) 70 (3) 123 (4) 203 (5) 256

(平成24年度)

解答 (a) 図26-4-1より，無効電力 Q は，

$$Q = 500 \tan \theta_1 + 200 \tan \theta_2 = 500 \frac{\sin \theta_1}{\cos \theta_1} + 200 \frac{\sin \theta_2}{\cos \theta_2}$$

$$= 500 \times \frac{\sqrt{1-0.9^2}}{0.9} + 200 \times \frac{\sqrt{1-0.8^2}}{0.8} \fallingdotseq 242 + 150 = 392 \text{[kvar]}$$

したがって，正解は(2)となる。

(b) 最小の電力用コンデンサ容量を Q_C[kvar]とすると，電力用コンデンサ(進相コンデンサ)を含めた負荷の合成の遅れ無効電力は $392-Q_C$[kvar]，有効電力は 700 kW であるから，皮相電力 S が変圧器容量 $S_n = 750$[kV·A] と等しくなればよい。

$$S = \sqrt{700^2 + (392-Q_C)^2} = 750$$
$$392 - Q_C = \sqrt{750^2 - 700^2} \fallingdotseq 269$$
$$Q_C = 392 - 269 = 123 \text{[kvar]}$$

となる。したがって，正解は(3)となる。

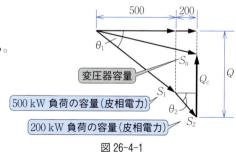

図 26-4-1

でん子 ぁんど 博士 のよもやま話

あ〜，もう限界，我慢できない。ブツブツ。

ご機嫌斜めだね。限界ならやめるしかないね。あっさりと。

これ以上電験の勉強したら，おかしくなっちゃう。

安心しなさい。限界を越えるほど勉強して，電験一種に合格した人はたくさんいるけど，おかしくなった人はいないから。

1

でも，勉強限界かも…。

そうか，限界は少しずつ伸ばせるのか。

少し昔を振り返ってごらん。できなかったことが，できるようになったとこ，たくさんあるだろう？自転車に乗れたとか。

そういうこと。

2

そうか，きっとテキストが良くないんだな。

博士のテキスト，試してみようかな。

テキストのせいではないと思うがね。勉強が苦手な人ほど，いろいろな参考書を持っていたりするからね。

同じこと，要は，読み込むこと。

3

そうか。私，重要な箇所はカラフルに付箋貼ったり，マーカー引いているんだけど，…。ほとんど，マーカーだらけになっちゃうんだよね。みんな重要箇所なんだもの。

勉強苦手なタイプの典型！

4

…ふう。それでは，どれが重要なのかわからん，ということか。

その通り。少ないから重要なんだから。

おわり

266

出題ランク ★★☆

27 地中電線路

電線を地中に埋めればいいわけでしょ。

簡単ではないよ。ケーブルという電線を使うし、工事費も高い。布設方法によって、保守等も面倒だ。

✓ 重要事項・公式チェック

1 地中電線路の布設方式

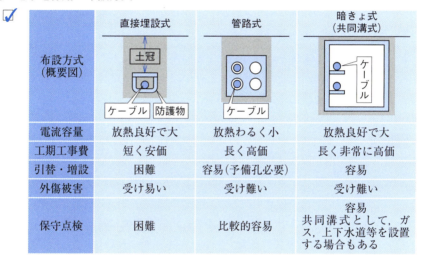

布設方式（概要図）	直接埋設式	管路式	暗きょ式（共同溝式）
電流容量	放熱良好で大	放熱わるく小	放熱良好で大
工期工事費	短く安価	長く高価	長く非常に高価
引替・増設	困難	容易(予備孔必要)	容易
外傷被害	受け易い	受け難い	受け難い
保守点検	困難	比較的容易	容易　共同溝式として、ガス、上下水道等を設置する場合もある

2 電力ケーブル
① CVケーブル（架橋ポリエチレン絶縁ケーブル）
② OFケーブル（油入ケーブル）

3 電力ケーブルの電気的特性（対架空電線）
① 作用インダクタンスは小さい
② 作用静電容量はかなり大きい

例題チャレンジ！

例題 地中電線路の主な布設方式である直接埋設式，管路式及び暗きょ式に関する記述として，誤っているものを次の（1）～（5）のうちから一つ選べ。

（1） 直接埋設式は，他の方式と比較して工事費が少なく，工期が短い。
（2） 管路式は，直接埋設式と比較してケーブルの外傷事故の危険性が少なく，ケーブルの増設や撤去に便利である。
（3） 管路式は，他の方式と比較して熱放散が良好で，ケーブル布設数が増加しても送電容量の制限を受けにくい。
（4） 暗きょ式は，他の方式と比較して工事費が多大であり，工事期間が長い。
（5） 暗きょ式は，他の方式と比較してケーブルの保守点検作業が容易で，多数のケーブルの布設に適する。

ヒント 各方式のイメージ（概要図）を思い浮かべると，それぞれの特徴がわかりやすい。架空電線路に比べ工事費，工期が長いので，電線路の重要度や布設環境により布設方式を決める。

解答 （1）は正しい。直接埋設式は工事費は安く工期は短いが，引替や増設が困難，事故復旧が困難，ケーブルの外傷を受けやすい。（2）は正しい。あらかじめ埋設された管路にケーブルを引き込むため，引替，増設及び撤去が容易である。ただし，増設には予備孔をあらかじめ用意する必要がある。（3）は誤り。布設ケーブル数が多くなると，放熱がわるいため許容電流に制限が生じる。（4）は正しい。暗きょ式は工事費が多大であり，工事期間が長いが，保守点検，引替，増設が容易である。また，共同溝として利用する方法もある。（5）は正しい。前項と同じ。したがって，正解は（3）となる。

 なるほど解説

1．地中電線路の特徴と採用

　地中電線路は，電力ケーブルを使用し，地中に直接または管路，暗きょなどを用いて布設するものである。架空電線路と比較すると次のような特徴を持つ。一般に建設費が架空電線路に比較して高いため，地中電線路は，架空電線路の欠点を補う場合などに採用される。

長所	短所
① 雷，風雨，氷雪などの自然災害の影響を受けず信頼性が高い。 ② 充電部の露出がなく保安面で優れる。 ③ 美観，景観を損なわない。 ④ 通信線に対する誘導障害がない。 ⑤ 誘導性リアクタンスが小さい。	① 工期が長く，建設費が非常に高い。 ② 事故，故障箇所の発見が困難で，復旧に時間を要する。 ③ 放熱による制限で，同一太さの電線に比べ，許容電流が小さい。 ④ 静電容量が大きく充電電流が大きい。 ⑤ フェランチ現象を起こすおそれがある。

こんな特徴を生かせる所で採用されているわけか。
① 都市部や美観が重要視される場所。
② 架空電線路の建設が技術的に困難な場所。
③ 高層建築や都市部の大規模施設への送電。
④ 用地買収や環境問題の制約がある場所。

2．布設方式（「重要事項・公式チェック」を参照）

（1）直接埋設式

ケーブルを直接地中に埋設する方式であり，ケーブルを防護するためケーブルをコンクリート製のトラフなどの防護物に収めて布設する。埋設深さを土冠といい，電気設備技術基準の解釈第120条第4項では，重量物の圧力を受けるおそれのある場所では1.2 m以上，その他の場所では0.6 m以上と定めている。

（2）管路式

あらかじめ数孔～十数孔の管路を埋設しておき，適当な間隔で設けられたマンホールからケーブルを引き入れ，接続や点検などを行う。他方式に比べて熱の放散がわるいため，ケーブルの電流容量に制限を受ける。

（3）暗きょ式

地中に作られた暗きょに棚を設け，多数のケーブルを敷設することができる。利用度を高めるために，上下水道，ガス管などを共同で施設する方式を共同溝式という。

3．地中電線路の電線

（1）主な使用電線

従来66 kV以上の電圧では絶縁耐力が高いOFケーブルが主に使用されていたが，近年では絶縁特性が良好で工事・保守の容易なCVケーブルが多く用いられている（現在では275 kV以上の系統にも使用）。

(2) CV ケーブル

図1のように，絶縁物質として，架橋ポリエチレン（プラスチックの一種）を使用したケーブルであり，次のような特徴を持つ。

① 耐熱性が優れ，最高許容温度が高く，電流容量が大きい。
② 軽量で OF ケーブルのように絶縁油を使用せず，保守点検に優れ，布設，接続作業などの取り扱いが容易。
③ 比誘電率が比較的小さく，充電電流や誘電損が小さい。

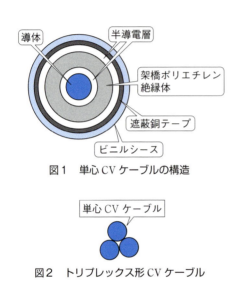

図1　単心 CV ケーブルの構造

図2　トリプレックス形 CV ケーブル

図2のように，三相3線式で使用するために単心 CV ケーブルを3本より合わせたものを，トリプレックス形 CV ケーブル（CVT ケーブル）という。3心 CV ケーブルに比較して放熱面積が大きいため同一サイズでは許容電流が大きくとれ，施工も容易であるため，CVT ケーブルを用いることが多い。

(3) OF ケーブル

ケーブル内に大気圧以上の絶縁油を通すための油通路を設けたケーブルである。絶縁体には油浸絶縁紙が使用される。なお，油浸紙絶縁された心線3本を防食鋼管内に引き入れて油圧充填したものを，パイプ形油圧ケーブル（POF）という。このケーブルは給油設備が必要であり，漏油を監視する付属設備も必要となるため，保守・点検が容易ではない。近年，CV ケーブルに代わりつつある。

4. 電力ケーブルの電気的特性
(1) ケーブルの抵抗
　基本的にはケーブル導体の有する電気抵抗であるが，近接効果や表皮効果により実効抵抗が増加する。なお，近接効果とは，電力ケーブルでは導体が互いに接近して並行に置かれているため，ケーブル導体間に作用する電磁力の影響で，電流が導体中を均一に流れなくなる現象である。また，表皮効果とは，導体内の漏れリアクタンスの影響で電流が導体表面に偏って流れる現象である。

(2) インダクタンスと静電容量
　架空電線に比べて導体間の距離が小さいことから，1線当たりのインダクタンスである作用インダクタンスは架空電線と比べて小さくなり，逆に，1線当たりの静電容量である作用静電容量は，絶縁体の比誘電率も影響してかなり大きい。

5. 作用静電容量の測定方法

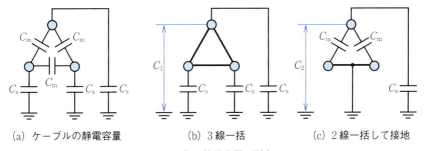

(a) ケーブルの静電容量　　(b) 3線一括　　(c) 2線一括して接地

図3　作用静電容量の測定

　図3(a)のように，三相3線式のケーブルの心線相互間と心線大地間には，それぞれC_s[F]とC_m[F]の静電容量が存在する。線間の静電容量C_m[F]をY-Δ置換して，中性点に対する値を求めると$3C_m$[F]となる。作用静電容量C[F]は1線の中性点に対する静電容量なので，C_sと$3C_m$のコンデンサの並列接続の合成静電容量で計算できる。

$$C = C_s + 3C_m \text{[F]} \tag{1}$$

　次に，図3(b)のように，3線を一括して大地との静電容量を測定した値をC_1[F]とする。また，図3(c)のように，2線を一括して接地した状態で残り1線と大地間の静電容量を測定した値をC_2[F]とする。

　図3(b)及び図3(c)より，次式が成り立つ。

$$C_1 = 3C_s \ , \quad C_2 = C_s + 2C_m$$

　この二つの式より，C_sとC_mが計算できる。

$$C_s = \frac{C_1}{3}[\mathrm{F}] \quad , \quad C_m = \frac{C_2 - C_1/3}{2}[\mathrm{F}]$$

以上から，作用静電容量 C は次式で表される。

$$C = C_s + 3C_m = \frac{C_1}{3} + \frac{3}{2}\left(C_2 - \frac{C_1}{3}\right) = -\frac{1}{6}C_1 + \frac{3}{2}C_2 [\mathrm{F}] \quad (2)$$

作用静電容量は，1線と大地間で測定できそうだけど，ダメなことが図3(a)の等価回路でわかった！

だから，こんな手の込んだ方法が必要になるということだ。

この測定方法は，架空電線路の測定でも使えるよ。ただし，十分なねん架を行い各線が幾何学的に等価になっている必要があるからね。

豆知識

ケーブルの許容電流はどのように決まっているの？

　ケーブルで送電すると，抵抗損，誘電損，シース損（単元 28 「ケーブルの問題点」を参照）などにより発熱しケーブル温度が上昇する。ケーブルが高温になると絶縁物の絶縁耐力が低下し，このため誘電損が激増して絶縁体がさらに劣化する。ケーブルの寿命は絶縁体の状態で決まるので，絶縁体の劣化が進まずケーブルを安全に定められた耐用年数まで使用できるように，最高許容温度が決められている。この温度を超えない限度の電流がケーブルの許容電流となる。

絶縁体は電気機器の命で，その命を左右するのが温度ということだね。

そうだね。絶縁体が絶縁体でなくなったら，身も蓋もない。もちろんケーブルに限ったことではないがね。

頭を冷やすと学習が進むかな？

　しかし，同じ発熱量でも温度上昇は熱の放散状態の大小により左右され，熱放散が大きいほど温度上昇は抑えられるため，許容電流は大きくとれる。このため，布設方式による熱放散の良，不良で，同じケーブルでも許容電流が異なってくる。

また，たとえ大電流でも短時間や瞬時であれば絶縁体の劣化が進行しないことから，次の表のように最高許容温度を高めに設定できる。

単位は℃	常温	短時間	瞬時
CV ケーブル	90	105	230
OF ケーブル	80	90	150

実践・解き方コーナー

問題1 次の文章は，地中送電線の布設方式に関する記述である。

地中ケーブルの布設方式は，直接埋設式， (ア) ， (イ) などがある。直接埋設式は (ア) や (イ) と比較すると，工事費が (ウ) なる特徴がある。 (ア) や (イ) は我が国では主流の布設方式であり，直接埋設式と比較するとケーブルの引き替えが容易である。 (ア) は (イ) と比較するとケーブルの熱放散が一般に良好で， (エ) を高くとれる特徴がある。 (イ) ではケーブルの接続を一般に (オ) で行うことから，布設設計や工事の自由度に制約が生じる場合がある。

上記の記述中の空白箇所(ア)，(イ)，(ウ)，(エ)及び(オ)に当てはまる組合せとして，正しいものを次の(1)～(5)のうちから一つ選べ。

	(ア)	(イ)	(ウ)	(エ)	(オ)
(1)	暗きょ式	管路式	高く	送電電圧	地上開削部
(2)	管路式	暗きょ式	安く	許容電流	マンホール
(3)	管路式	暗きょ式	高く	送電電圧	マンホール
(4)	暗きょ式	管路式	安く	許容電流	マンホール
(5)	暗きょ式	管路式	高く	許容電流	地上開削部

(平成26年度)

解答 地中ケーブルの敷設方式は，直接埋設式，暗きょ式，管路式などがある。直接埋設式は他方式と比較すると，工事費が安くなる特徴がある。また，暗きょ式，管路式は，直接埋設式と比較するとケーブルの引き替えが容易である。暗きょ式は管路式と比較するとケーブルの熱放散が一般に良好で，許容電流を高くとれる特徴がある。管路式ではケーブルの接続を一般にマンホールで行うことから，布設設計や工事の自由度に制約が生じる場合がある。したがって，正解は(4)となる。

問題2 💧 架空配電線路と比較したときの地中配電線路の一般的な特徴に関する記述として，誤っているものを次の（1）～（5）のうちから一つ選べ。
（1） 架空設備が地中化されることにより，街並みの景観が向上する。
（2） 設備の建設費用は，架空配電線路より高額である。
（3） 変圧器等を施設するためのスペースが歩道などに必要である。
（4） 台風や雷に際しては，架空配電線路より設備事故が発生しにくいため，供給信頼度が高い。
（5） いったん線路の損壊事故が発生した場合の復旧は，架空配電線路の場合より短時間で済む場合が多い。

(平成 20 年度)

解答 （1）は正しい。現在では，景観，美観のための地中化は重要視されている。（2）は正しい。高額な建設費が地中化の最大の難点である。（3）は正しい。地上用変圧器を設置するスペースが必要であり，一般に歩道等が利用されている。（4）は正しい。地中電線路は気象の影響を直接受けない。（5）は誤り。事故の復旧は架空配電線路よりも難しく，長時間を要する。したがって，正解は（5）となる。

問題3 💧💧 次の文章は，地中配電線路の得失に関する記述である。
地中配電線路は，架空配電線路と比較して，│ （ア） │が良くなる，台風等の自然災害発生時において│ （イ） │による事故が少ない等の利点がある。一方で，架空配電線路と比較して，地中配電線路は高額の建設費用を必要とし，掘削工事を要することから需要増加に対する│ （ウ） │が容易ではなく，またケーブルの対地静電容量による│ （エ） │の影響が大きい等の欠点がある。
上記の記述中の空白箇所（ア），（イ），（ウ）及び（エ）に当てはまる組合せとして，正しいものを次の（1）～（5）のうちから一つ選べ。

	（ア）	（イ）	（ウ）	（エ）
（1）	都市の景観	他物接触	設備増強	フェランチ効果
（2）	都市の景観	操業者過失	保護協調	フェランチ効果
（3）	需要率	他物接触	保護協調	電圧降下
（4）	都市の景観	他物接触	設備増強	電圧降下
（5）	需要率	操業者過失	設備増強	フェランチ効果

(平成 27 年度)

解答 地中配電線路は，架空配電線路と比較して，都市の景観が良くなる，台風等の自然災害発生時において他物接触による事故が少ない等の利点がある。一方で，架空

配電線路と比較して，地中配電線路は高額の建設費用を必要とし，掘削工事を要することから需要増加に対する設備増強が容易ではなく，またケーブルの対地静電容量によるフェランチ効果の影響が大きい等の欠点がある。したがって，正解は(1)となる。

問題4 🥿🥿　地中電力ケーブルの送電容量を増大させる現実的な方法に関する記述として，誤っているものを次の(1)〜(5)のうちから一つ選べ。

（1）　耐熱性を高めた絶縁材料を採用する。

（2）　地中ケーブル沿線に沿って布設した水冷管に冷却水を循環させ，ケーブルを間接的に冷却する。

（3）　OF ケーブルの絶縁油を循環・冷却させる。

（4）　CV ケーブルの絶縁体中に冷却水を循環させる。

（5）　導体サイズを大きくする。

(平成 22 年度)

解 答　（1）は正しい。CV ケーブルの絶縁体である架橋ポリエチレンはポリエチレンを架橋構造(立体網目構造)とすることで耐熱性を高めたものである。（2）は正しい。冷却することで絶縁体の温度上昇を抑えることができる。（3）は正しい。OF ケーブル内には絶縁油の油通路があるため，循環・冷却を行うことができる。（4）は誤り。CV ケーブルは絶縁体中に冷却水を通す構造にはなっていない。（5）は正しい。導体抵抗が減るので抵抗損が小さくなり，許容電流を大きくとることができる。したがって，正解は（4）となる。

275

28 ケーブルの問題点

出題ランク ★★☆

✓ 重要事項・公式チェック

1 充電電流

① 充電電流　$I_C = 2\pi f C \dfrac{V}{\sqrt{3}}$ [A]

② 充電容量　$S_C = \sqrt{3}\,VI_C = 2\pi f CV^2$ [V·A]

線間電圧 V[V]
周波数 f[Hz]

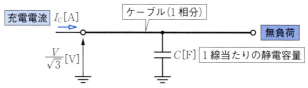

図1　ケーブルの充電電流と充電容量

2 フェランチ現象

無負荷時・軽負荷時の進み電流の影響で，受電端電圧が送電端電圧より高くなる現象

3 ケーブルの電力損失

① 抵抗損　心線導体の損失
② 誘電損　絶縁体内の損失
③ シース損
　　金属シースに発生する損失

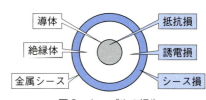

図2　ケーブルの損失

例題チャレンジ！

例 題 電圧 6.6 kV，周波数 50 Hz，こう長 4 km の三相 3 線式地中電線路がある。次の（a）及び（b）の問に答えよ。ただし，ケーブルの心線 1 線当たりの静電容量を 0.343 μF/km とする。

（a） 無負荷時の充電電流[A]の値として，最も近いものを次の（1）〜（5）のうちから一つ選べ。

（1） 0.22 （2） 1.64 （3） 3.57 （4） 14.2 （5） 23.5

（b） この電線路の三相無負荷充電容量[kV・A]の値として，最も近いものを次の（1）〜（5）のうちから一つ選べ。

（1） 18.8 （2） 23.1 （3） 52.4 （4） 136 （5） 244

ヒント 無負荷でも，ケーブルの作用静電容量を通して充電電流が流れる。この充電電流による無効電力を充電容量という。充電電流はオームの法則で計算でき，三相充電容量は三相無効電力の計算で求められる。

解 答 （a） 線間電圧を V[V]，周波数を f[Hz]，1 線当たりの静電容量を C[F] とすると，充電電流 I_C はオームの法則より，

$$I_C = \frac{2\pi f C V}{\sqrt{3}} = \frac{2\pi \times 50 \times 0.343 \times 10^{-6} \times 4 \times 6.6 \times 10^3}{\sqrt{3}}$$

$$\fallingdotseq 1.642[\mathrm{A}] \quad \rightarrow \quad 1.64\ \mathrm{A}$$

となる。したがって，正解は（2）となる。

（b） 三相充電容量 S_C は，

$$S_C = \sqrt{3}\, V I_C = \sqrt{3} \times 6.6 \times 10^3 \times 1.642 \fallingdotseq 18.8[\mathrm{kV \cdot A}]$$

となる。したがって，正解は（1）となる。

なるほど解説

1．充電電流と充電容量

電線路には作用静電容量が存在するため，無負荷時においても送電端から電流が流れる。この電流を無負荷充電電流または単に充電電流という。架空電線路では中距離以上でない限り作用静電容量は無視できたが，ケーブルでは無視できない大きさとなる。

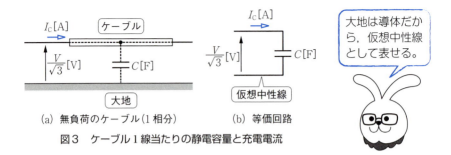

図3 ケーブル1線当たりの静電容量と充電電流

図3(a)は，三相ケーブルの1線(1相分)を表したものである。ケーブル1線当たりの静電容量がC[F]であるとき，この電線路は，図3(b)の等価回路で表すことができる。これより，周波数をf[Hz]，線間電圧をV[V]としたときの充電電流I_Cは，交流回路のオームの法則から次のように計算できる。

$$I_C = \frac{V/\sqrt{3}}{1/(2\pi fC)} = \frac{2\pi fCV}{\sqrt{3}} \text{[A]} \tag{1}$$

充電電流は$\pi/2$進み無効電流となり，充電電流による無効電力を線路の<u>充電容量</u>という。充電容量S_Cは，三相電力の式より計算できる。

$$S_C = \sqrt{3}\,VI_C = 2\pi fCV^2 \text{[V·A]} \tag{2}$$

2．フェランチ現象

図4(a)のように，送電端相電圧$\dot{E}_s$に対して充電電流$\dot{I}$のような$\pi/2$進み電流が線路に流れると，線路リアクタンスによる電圧$jX\dot{I}$が生じる(簡単のために抵抗分は無視する)。このときの$\dot{E}_s$と受電端相電圧$\dot{E}_r$の関係は，

$$\dot{E}_s = \dot{E}_r + jX\dot{I} \quad \rightarrow \quad \dot{E}_r = \dot{E}_s - jX\dot{I}$$

であるから，ベクトル図は図4(b)となり，<u>受電端電圧が送電端電圧よりも高くなる</u>。この現象を<u>フェランチ現象</u>または<u>フェランチ効果</u>という。

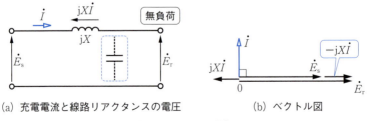

図4 フェランチ現象

フェランチ現象は，軽負荷時でも進み無効電流の影響が大きいと現れるので，線路の単位長さ当たりの静電容量が大きく，こう長が長いほど大きくなる。また，線路リアクタンスが大きい場合も電圧降下の大きさが増大するため，フェランチ現象は大きく現れる。したがって，ケーブル線路の他にも，長距離送電線路でも発生する。

もし，送電端に同期発電機が接続されていると，同期発電機は進み電流に対する増磁作用（電機子反作用の一種）のために，発電機端子電圧が上昇する。これを同期発電機の自己励磁現象という。自己励磁現象で端子電圧が上昇すると，絶縁破壊を起こすおそれがあるので注意が必要である。

3．ケーブルの損失

（1）抵抗損

心線導体の抵抗 $R[\Omega]$ に電流 $I[A]$ が流れることで生じる損失を抵抗損といい，$RI^2[W]$ で表される。これは架空電線の線路損失と同じものである。

（2）誘電損

絶縁体中で生じる損失を誘電損または誘電体損という。ケーブルでは絶縁体を挟んで心線導体と金属シースが同心円状に配置されているので静電容量が形成されており，電圧 $\dot{E}$ を加えることで前述の充電電流が流れる。

この充電電流 $\dot{I}$ は，図5(a)のように電圧 $\dot{E}$ よりもほぼ $\pi/2$ 進んだ電流であるが，わずかに電圧と同相分の電流 $\dot{I}_R$ を含んでいる。$\pi/2$ 進み電流成分を $\dot{I}_C$ とするとき，$\dot{I}_C$ と $\dot{I}$ のなす角 δ を誘電損角といい，$\tan\delta$ を誘電正接という。この二つの電流成分 $\dot{I}_R$ 及び $\dot{I}_C$ より，ケーブルの等価回路は図5(b)として表すことができる。

$\dot{I}_C$ と $\dot{I}_R$ の大きさを $I_R[\mathrm{A}]$，$I_C[\mathrm{A}]$，相電圧の大きさを $E[\mathrm{V}]$，線間電圧の大きさを $V[\mathrm{V}]$ とすると，

$$I_R = I_C \tan\delta = 2\pi f C E \tan\delta$$

が成り立つので，三相ケーブルの誘電損 P_d は次式で表される。

$$P_d = 3I_R E = 3I_C E \tan\delta = 3\times 2\pi f C E^2 \tan\delta = 2\pi f C V^2 \tan\delta [\mathrm{W}] \qquad (3)$$

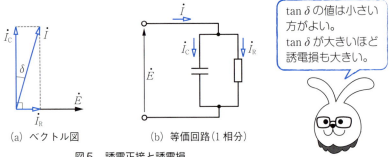

(a) ベクトル図　　(b) 等価回路（1相分）

図5　誘電正接と誘電損

tan δ の値は小さい方がよい。
tan δ が大きいほど誘電損も大きい。

(3) シース損

ケーブルの心線に交流電流を流すと，その周囲に磁束が発生する。この磁束が金属シースと鎖交することで，金属シースに誘導起電力（シース電圧）が発生し，電流が流れ損失が生じる。この損失を**シース損**といい，これにはケーブルに沿った回路を流れる電流により発生する**シース回路損**と，渦電流による**シース渦電流損**がある。

三相回路に3心ケーブルを用いる場合は，各相の磁束が互いに相殺して合成磁束はほぼ零に近くなり，シース損は無視できる。しかし，単心ケーブルを用いる場合は，シースに電流が流れてシース損が生じる。

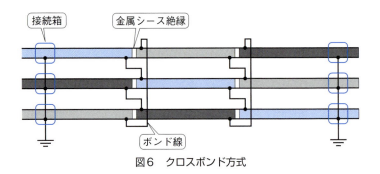

図6　クロスボンド方式

シース損を低減するために，図6のように金属シースを適当な区間ごとに絶縁して，各相のシース電流が合わさるようにボンド線で結線し接地する。これをクロスボンド方式という。各区間に誘導される電流は原理上対称三相電流なので，3区間の各電流の和は零となり，シース損を無視できる大きさに低減できる。

豆知識

ケーブルの温度上昇を計算してみよう

ケーブルの許容電流は，損失熱による絶縁物の温度上昇の限度（最高許容温度）で決まるのであった。次の具体例でケーブルの温度計算を行ってみよう。

心線1線当たりの導体抵抗が$7 \times 10^{-5}\,\Omega/\mathrm{m}$，心線1線当たりの静電容量が$0.4\,\mu\mathrm{F/km}$，誘電正接$\tan\delta$が0.0003である3心CVケーブルがある。このケーブルの周囲温度が30℃の状態で，60 Hz，電圧33 kV，電流300 Aで使用したときのケーブル温度を求めてみる。ただし，ケーブルの熱放散状態を表す1 m当たりの全熱抵抗（1 m当たりの損失1 Wについての温度上昇値を表した定数）を3℃·m/Wとし，無負荷充電電流は負荷電流に比べて無視できるものとする。また，誘電損は無負荷時に使用電圧を印加したとき誘電体に生じる損失と等しいものとし，シース損は無視できるものとする。

① 1 m当たりの抵抗損P_rと誘電損P_dを求める。

$P_r = 3 \times 7 \times 10^{-5} \times 300^2 = 18.9\,[\mathrm{W/m}]$

$P_d = 2\pi \times 60 \times 0.4 \times 10^{-6} \times 10^{-3} \times 33\,000^2 \times 0.000\,3 \fallingdotseq 0.049\,3\,[\mathrm{W/m}]$

したがって，全損失は$18.9 + 0.049\,3 \fallingdotseq 18.95\,[\mathrm{W/m}]$となる。

② 発熱による温度上昇ΔTを求める。

$\Delta T = 3\,[\text{℃·m/W}] \times 18.95\,[\mathrm{W/m}] \fallingdotseq 56.9\,[\text{℃}]$

③ ケーブル温度Tを求める。

$T = 30 + 56.9 = 86.9\,[\text{℃}]$

CVケーブルの最高許容温度（常時）は90℃なので，この熱放散状態では300 Aの電流は許容電流に近いことがわかる。また，誘電損の全損失に占める割合は非常に小さく事実上無視できる。同様に，充電電流による抵抗損も無視できる。

実践・解き方コーナー

問題1 🔋🔋　電圧 6.6 kV, 周波数 50 Hz, こう長 1.5 km の交流三相 3 線式地中電線路がある。ケーブルの心線 1 線当たりの静電容量を 0.35 μF/km とするとき, このケーブルの心線 3 線を充電するために必要な容量[kV・A]の値として, 最も近いものを次の(1)〜(5)のうちから一つ選べ。

（1）　4.2　　（2）　4.8　　（3）　7.2　　（4）　12　　（5）　37

（平成 24 年度）

‥‥‥‥‥‥‥‥‥‥‥‥‥‥‥‥‥‥‥‥‥‥‥‥‥‥‥‥‥‥‥‥‥‥‥‥‥‥‥

解　答　1 線当たりの容量性リアクタンスを $X_C[\Omega]$, 線間電圧を $V[V]$ とすると, 充電電流 I_C は,

$$I_C = \frac{V}{\sqrt{3}\,X_C}[A]$$

であり, 容量性リアクタンス $X_C[\Omega]$ は

$$X_C = \frac{1}{2\pi \times 50 \times 0.35 \times 10^{-6} \times 1.5}[\Omega]$$

なので, 充電容量 S_C は,

$$S_C = \sqrt{3}\,VI_C = \frac{V^2}{X_C} = 2\pi \times 50 \times 0.35 \times 10^{-6} \times 1.5 \times 6\,600^2 = 7\,185[V \cdot A]$$

$$\rightarrow\quad 7.2\,kV \cdot A$$

となる。したがって, 正解は(3)となる。

───

問題2 🔋　地中電線の損失に関する記述として, 誤っているものを次の(1)〜(5)のうちから一つ選べ。

（1）　誘電体損は, ケーブルの絶縁体に交流電圧が印加されたとき, その絶縁体に流れる電流のうち, 電圧に対して位相が 90° 進んだ電流成分により発生する。

（2）　シース損は, ケーブルの金属シースに誘導される電流による発生損失である。

（3）　抵抗損は, ケーブルの導体に電流が流れることにより発生する損失であり, 単位長さ当たりの抵抗値が同じ場合, 導体電流の 2 乗に比例して大きくなる。

（4）　シース損を低減させる方法として, クロスボンド接地方式の採用が効果的である。

（5）　絶縁体が劣化している場合には, 一般に誘電体損は大きくなる傾向にある。

（平成 25 年度）

‥‥‥‥‥‥‥‥‥‥‥‥‥‥‥‥‥‥‥‥‥‥‥‥‥‥‥‥‥‥‥‥‥‥‥‥‥‥‥

解　答　(1)は誤り。誘電体損は電圧と同相の電流成分(有効電流)により発生する。(2)は正しい。シース損には, シース回路損とシース渦電流損がある。(3)は正しい。

282

抵抗損はジュール熱であるから導体電流の2乗に比例する。（4）は正しい。クロスボンド接地方式については，本文を参照。（5）は正しい。劣化が進むと漏れ電流が増加し誘電体損は大きくなる。この性質を利用し，劣化予知を行う方法もある。したがって，正解は（1）となる。

問題3 　送配電線のフェランチ効果に関する記述として，誤っているものを次の（1）～（5）のうちから一つ選べ。
（1）　受電端電圧の方が送電端電圧より高くなる現象である。
（2）　線路電流が大きい場合より著しく小さい場合に生じることが多い。
（3）　架空送配電線路の負荷側に地中送配電線路が接続されている場合に生じる可能性が高くなる。
（4）　線路電流の位相が電圧に対して遅れている場合に生じることが多い。
（5）　送配電線路のこう長が短い場合より長い場合に生じることが多い。

（平成24年度）

....

解　答　（1）は正しい。記述のとおり。（2）は正しい。一般に線路電流は遅れ電流であるため，線路電流が大きい場合には線路静電容量による進み電流の影響はほとんど現れないが，著しい軽負荷時や無負荷時には進み電流の影響が現れることが多い。（3）は正しい。地中電線路が著しい軽負荷の場合，架空電線の線路電流が進み電流となるおそれが高い。（4）は誤り。フェランチ効果は線路の進み電流で起こる。（5）は正しい。線路こう長が長いほど線路静電容量が大きくなるので，負荷の状態によっては進み電流の影響が現れることが多くなる。したがって，正解は（4）となる。

問題4 　電圧 66 kV，周波数 50 Hz，こう長 5 km の交流三相3線式地中電線路がある。ケーブルの心線1線当たりの静電容量を 0.43 μF/km，誘電正接が 0.03 % であるとき，このケーブルの心線3線合計の誘電体損[W]の値として，最も近いものを次の（1）～（5）のうちから一つ選べ。
（1）　141　　（2）　294　　（3）　883　　（4）　1 324　　（5）　2 648

（平成27年度）

....

解　答　電圧 V[V]，周波数 f[Hz]，ケーブルの心線1線当たりの静電容量を C[F]，誘電正接を $\tan\delta$ とすると，ケーブルの心線3線合計の誘電体損 P_d は，
$$P_\mathrm{d}=2\pi fCV^2\tan\delta=2\pi\times50\times0.43\times10^{-6}\times5\times66\,000^2\times0.000\,3$$
$$\fallingdotseq883[\mathrm{W}]$$
となる。したがって，正解は（3）となる。

283

出題ランク ★ ★ ★

29 故障点を探せ！

見えない地中電線，長い架空電線の故障箇所を探すのは難しそうだね。

これが意外に簡単にわかるんだな。原理上ではね。

✓ 重要事項・公式チェック

1 地絡故障地点までの距離を探るマーレーループ法

✓ $x = \dfrac{2R_2}{R_1 + R_2} L \, [\mathrm{m}]$ （ホイートストンブリッジの応用）

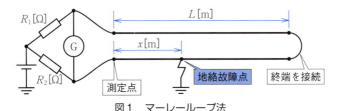

図1 マーレーループ法

2 断線故障地点までの距離を探る静電容量法

✓ $x = \dfrac{C_\mathrm{x}}{C} L \, [\mathrm{m}]$

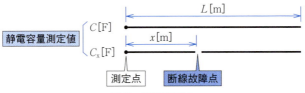

図2 静電容量法

3 パルス法

✓ $x = \dfrac{v}{2} t \, [\mathrm{m}]$

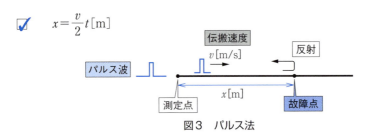

図3 パルス法

4 ケーブルの絶縁劣化予知法

① 直流高電圧法
② 部分放電法
③ 誘電正接測定法
④ 絶縁抵抗測定法
⑤ 絶縁油の油中ガス分析法（OFケーブル）

例題チャレンジ！

例題 長さ4kmの単心ケーブルA及びBが並行に設置されている。ケーブルAのF点で地絡故障が起こった。この地絡故障点までの距離x[m]を求めるために，図のようなブリッジ回路を作り抵抗R_1及びR_2を調整したところ，$R_1:R_2=5:2$のとき，検流計Gの振れが零を指した。x[m]の値として，最も近いものを次の(1)〜(5)のうちから一つ選べ。

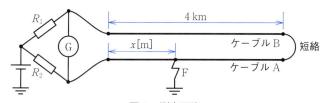

図4 測定回路

(1) 533　　(2) 1 450　　(3) 1 810　　(4) 2 290　　(5) 3 520

ヒント ケーブルの単位長さ当たりの抵抗値は一定なので，抵抗値はケーブル長に比例する。ホイートストンブリッジの平衡条件を当てはめる。

解答 単心ケーブルの心線抵抗をr[Ω/m]として，測定回路を図5のようなブリッジ回路で表す。

ブリッジの平衡条件より次式が成り立つ。

$$R_1 x r = R_2(8\,000 r - xr) \rightarrow R_1 x = R_2(8\,000 - x)$$

$R_1:R_2=5:2$より$R_1=2.5R_2$であるから，上式に代入してxを求めると，

$$x = \frac{8\,000 R_2}{R_1 + R_2} = \frac{8\,000 R_2}{2.5 R_2 + R_2} = \frac{8\,000}{3.5} \fallingdotseq 2\,286 [\text{m}] \rightarrow 2\,290\,\text{m}$$

となる。したがって，正解は(4)となる。

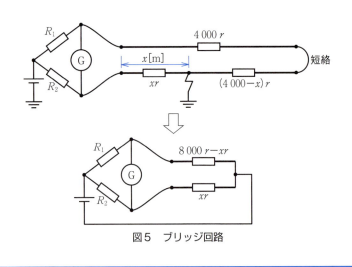

図5 ブリッジ回路

> **なるほど解説**

1. マーレーループ法の仕組み

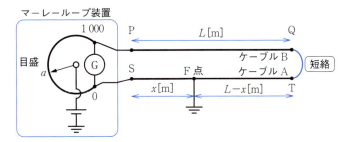

図6 マーレーループ法

　図6は，**マーレーループ装置**の原理図と，**マーレーループ法**による地絡故障点までの距離を測定する測定回路を表している。

　マーレーループ法とは，故障ケーブルAと並行に布設されている健全ケーブルBの終端を短絡し，ケーブルをループ状にしたものにマーレーループ装置を接続して，地絡故障点までの距離 x をホイートストンブリッジの平衡条件から求めるものである。

　マーレーループ装置は目盛の付いた**すべり抵抗器**であり，図6の例では0から1 000までの目盛がある。目盛2点間の抵抗値は目盛の差に比例するように作ら

286

れており，この比例定数を k とすると目盛 0-a 間の抵抗は $ak[\Omega]$，目盛 a-1 000 間の抵抗は $(1\,000-a)k[\Omega]$ と表すことができる。

一方，ケーブル心線の抵抗値はケーブルこう長に比例するので，比例定数（1 m 当たりの抵抗値）を $r[\Omega/\text{m}]$ とすると，P-Q 間の抵抗は $Lr[\Omega]$，T-F 間の抵抗は $(L-x)r[\Omega]$，S-F 間の抵抗は $xr[\Omega]$ となる。

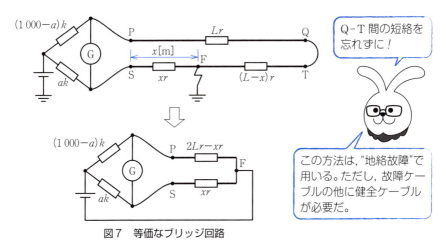

図7　等価なブリッジ回路

図6をブリッジ回路で表すと図7となるので，マーレーループ装置の目盛 a の位置で検流計 G が零を示したとすると，平衡条件より次式が成り立つ。

$(1\,000-a)kxr = ak(2Lr-xr)$　→　$(1\,000-a)x = a(2L-x)$

これより x は次式で求めることができる。

$$x = \frac{2aL}{1\,000} = \frac{aL}{500}\,[\text{m}] \tag{1}$$

なお，図1の場合は，平衡条件 $R_1 xr = R_2(2L-x)r$ より次式となる。

$$x = \frac{2R_2}{R_1+R_2}L\,[\text{m}] \tag{2}$$

2．静電容量法の仕組み

静電容量法は，断線故障点までの距離を測定する方法である。測定の仕組みは，ケーブルの静電容量がケーブル長に比例する性質を利用する。図8のように，断線故障点までの距離が $x[\text{m}]$ であるケーブル A の静電容量 $C_x[\text{F}]$ と，このケーブルと同じこう長 $L[\text{m}]$ で並行に布設された健全ケーブル B の静電容量 $C[\text{F}]$ を測定することで，断線故障点までの距離 x は次式で求められる。

$$x = \frac{C_x}{C} L \,[\mathrm{m}] \tag{3}$$

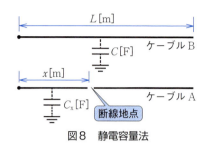

図8　静電容量法

3．パルス法の仕組み

　電線路にパルス波を入力すると，パルス波は電線路の線路定数で定まる**伝搬速度** $v\,[\mathrm{m/s}]$ で線路中を進行する．もし，線路の途中で故障点が生じると，その点で線路定数が変化するため，パルス波に対する**特性インピーダンス**が変化する．一般に特性インピーダンスの不連続点では，パルス波の一部は反射され逆向きに $v\,[\mathrm{m/s}]$ で進行する．

　このようなパルスと電線路の性質を利用して，電線路の一端からパルスを送出し，故障点（送出点から故障点までの距離 $x\,[\mathrm{m}]$）で反射して戻ってくるまでの往復時間 $t\,[\mathrm{s}]$ を測定することで，パルスの故障点までの往復距離 $2x\,[\mathrm{m}]$ と伝搬速度 $v\,[\mathrm{m/s}]$ と往復時間 $t\,[\mathrm{s}]$ の関係より，送出点から故障点までの距離 $x\,[\mathrm{m}]$ を求めることができる．

$$2x = vt \quad \rightarrow \quad x = \frac{v}{2} t \,[\mathrm{m}] \tag{4}$$

4．主なケーブルの絶縁劣化予知法

（1） 直流高電圧法

ケーブルの絶縁劣化の予知法としては一般的なもので，直流高電圧を加えたときの電流の時間変化を調べる。この電流（全電流）は，図9に示すように，静電容量の充電のため短時間で減衰する変位電流，絶縁抵抗の状態で決まる漏れ電流，絶縁物の性質で決まる吸収電流を合計したものである。良好な絶縁状態では，漏れ電流は非常にわずかで全電流は時間とともに減衰する。しかし，絶縁劣化が進行すると漏れ電流の増加や変動が現れる。

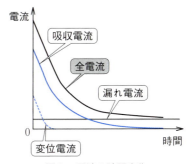

図9　電流の時間変化

（2） 部分放電法

直流高電圧を加えたとき，部分放電の有無や放電電荷量などから絶縁劣化を予知する。

（3） 誘電正接測定法

交流電圧を加えて誘電正接を測定し，絶縁劣化を予知する。

（4） 絶縁抵抗測定法

絶縁抵抗を測定し，絶縁劣化を予知する。

（5） 絶縁油の油中ガス分析法（OFケーブル）

絶縁油の特性を測定し，絶縁劣化を予知する。

豆知識

パルス法の原理はこんなところで使われている

パルスとして超音波を使う生物にコウモリがいる。超音波パルスを周囲に発射して反射音を聞き取ることで，障害物や獲物の位置を確認している。このため，暗闇でも他の物体に衝突せずに飛び回ることができる。人間が利用しているものでは，魚群探知機やソナーがある。さらに，人間は電磁波を利用してレーダを開発した。なお，似たものにスピードガンや速度取り締まり用の速度計があるが，これは反射波のドップラー効果を利用したものであり，往復時間を計測しているわけではない。

電磁波の一種である光(レーザ)も，測量機器に応用され2点間の距離を正確に測定できる(ただし，反射プリズム等が必要)。これは光(電磁波)の速度が一定である性質利用している。ところで，真空中の電磁波の速度は，真空の誘電率 $\varepsilon_0=8.854\times10^{-12}$[F/m]と真空の透磁率 $\mu_0=4\pi\times10^{-7}$[H/m]から導かれ，速度 v は，

$$v=\frac{1}{\sqrt{\varepsilon_0\mu_0}}\fallingdotseq3\times10^8\,[\mathrm{m/s}]$$

であり，これは真空中の光速 c と等しい。比誘電率が1より大きい物質中では，光は c よりもゆっくり進む(例えば水中の光は c より遅い)。これは，空間や物質が電気的性質を持つ電線路であることを物語っている。

実践・解き方コーナー

問題1 同一仕様，同一長 L[km]のケーブル線路A，Bがある。いま，線路Aが送電端から x[km]の地点で絶縁破壊を起こし地絡事故を起こした。故障点までの距離 x を特定するために，図のように送電端にマーレーループ装置を接続し，受電端の導体どうしを接続して，ブリッジの平衡条件を求める。マーレーループ装置の全目盛りを1 000，ブリッジが平衡したときのマーレーループ装置の目盛りの読みを a としたとき，x[km]を表す式として，正しいものを次の(1)～(5)のうちから一つ選べ。

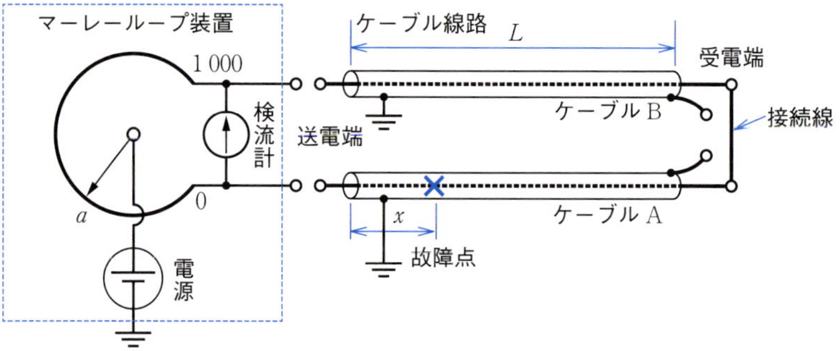

ただし，故障点の地絡抵抗，送電端におけるマーレーループ装置とケーブルの接続線及び受電端におけるケーブルどうしの接続線の抵抗は，十分小さいものとする。また，大地の抵抗は零とみなす。

(1) $2L-\dfrac{aL}{500}$　(2) $\dfrac{aL}{500}$　(3) $L-\dfrac{aL}{500}$

(4) $2L+\dfrac{aL}{500}$　(5) $L-\dfrac{aL}{500}$

(平成23年度改)

解　答　問題図をブリッジ回路で表すと図 29-1-1 となる。ただし，マーレーループ装置の滑り抵抗器の目盛までの抵抗値は目盛の値に比例し，その比例定数を k とする。また，ケーブルの 1 km 当たりの抵抗値を r とする。

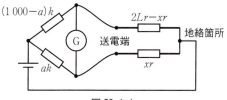

図 29-1-1

マーレーループ装置の目盛 a の位置で検流計 G が零を示したとすると，平衡条件より次式が成り立ち x を求めることができる。

$(1\,000-a)kxr = ak(2Lr-xr)$

$(1\,000-a)x = a(2L-x)$

$x = \dfrac{2aL}{1\,000} = \dfrac{aL}{500}$ [m]

したがって，正解は（2）となる。

問題2　長さ L [km] の 3 心ケーブルで二相短絡事故が発生した。故障点までの距離 x [km] を測定するために，図のようにケーブル端末を短絡してブリッジ回路を作り，抵抗 R_1, R_2 を調整したところ，$R_1/R_2 = a$ のとき検流計 G の振れが零となった。このときの x [km] を表す式として，正しいものを次の（1）～（5）のうちから一つ選べ。

（1）$\dfrac{2L}{a+1}$　（2）$\dfrac{L}{a+1}$　（3）$\dfrac{L}{a}$　（4）$\dfrac{2L}{a}$　（5）$\dfrac{L}{2a+1}$

解　答　問題図をブリッジ回路で表すと図 29-2-1 となる。ただし，ケーブルの抵抗値を r [Ω/km] とする。ブリッジの平衡条件より次式が成り立ち，x を求めることができる。

$R_1 xr = R_2(2Lr - xr)$

$R_1 x = R_2(2L - x)$

$x = \dfrac{2R_2 L}{R_1 + R_2} = \dfrac{2L}{R_1/R_2 + 1} = \dfrac{2L}{a+1}$ [m]

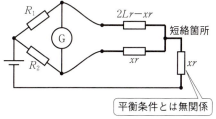

図 29-2-1

したがって，正解は(1)となる。

問題3 🔋🔋 現場でケーブルの絶縁劣化状況を診断する方法の一つとして， (ア) の高電圧を印加したときに流れる電流を測定する方法がある。この電流値は，充電電流と (イ) 及び (ウ) の合計で，絶縁物が吸湿や汚損により劣化すると， (ウ) が大きくなる。また，極端に絶縁が劣化すると，電流値が増大したり，キック電流が発生したりする。

上記の記述中の空白箇所(ア)，(イ)，及び(ウ)に当てはまる語句として，正しいものの組合せを次の(1)～(5)のうちから一つ選べ。

	(ア)	(イ)	(ウ)
(1)	交流	吸収電流	漏れ電流
(2)	直流	放電電流	吸収電流
(3)	パルス	放電電流	吸収電流
(4)	交流	漏れ電流	放電電流
(5)	直流	吸収電流	漏れ電流

....

解答 現場でケーブルの絶縁劣化状況を診断する方法の一つとして，直流の高電圧を印加したときに流れる電流を測定する方法がある。この電流値は，充電電流と吸収電流及び漏れ電流の合計で，絶縁物が吸湿や汚損により劣化すると，漏れ電流が大きくなる。したがって，正解は(5)となる。

問題4 🔋 地中電線路の絶縁劣化診断法として，関係ないものを次の(1)～(5)のうちから一つ選べ。

(1) 直流漏れ電流法
(2) 誘電正接法
(3) 絶縁抵抗法
(4) マーレーループ法
(5) 絶縁油中ガス分析法

(平成20年度)

....

解答 (4)はケーブルの地絡箇所までの距離を調べるものである。したがって，正解は(4)となる。

出題ランク ★★☆

30 配電線路

いよいよ電気が家に近づいてきたね。

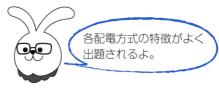
各配電方式の特徴がよく出題されるよ。

✓ 重要事項・公式チェック

1 架空配電線の主要設備

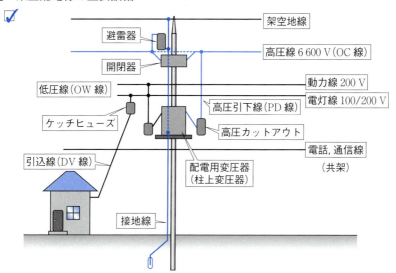

図1　架空配電線の主要設備（腕金類，がいしは省略）

2 高圧配電方式

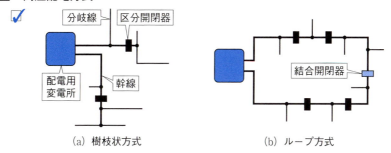

(a) 樹枝状方式　　　(b) ループ方式

図2　高圧配電系統の構成（概要）

＊区分開閉器は常時閉路，結合開閉器は一般に常時開路

3 低圧配電方式

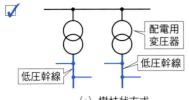
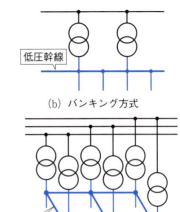

(a) 樹枝状方式　　(b) バンキング方式

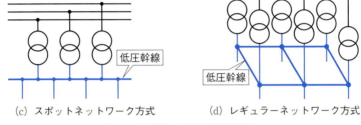

(c) スポットネットワーク方式　　(d) レギュラーネットワーク方式

図3　低圧配電方式の構成(概要)

高圧配電線の給電が複数あると信頼度が向上するし，低圧幹線が網状になれば，電圧降下や電力損失も減るね。

その通りだ！
ただし，付属設備が必要だが，それはあとで説明しよう。

4 配電線の電圧調整

① 変電所の送出電圧の調整
② 配電用変圧器のタップ調整
③ 電圧降下を補償する電圧調整機器の設置

例題チャレンジ！

例 題 配電方式に関する記述として，誤っているものを次の(1)〜(5)のうちから一つ選べ。

(1) スポットネットワーク方式では，高圧側配電線の1回線が停止しても他の回線の変圧器で配電できるような変圧器容量を選定する必要がある。

(2) バンキング方式では，2台以上の配電用変圧器の二次側を連系するので，電圧変動や電力損失が軽減される利点がある。

(3) バンキング方式では，低圧側で短絡事故が発生した場合に，配電用変圧器が次々に系統から遮断されるカスケーディングを起こすことがある。

(4) レギュラーネットワーク方式では，高圧側配電線の1回線が事故で停止すると，低圧側もすべて停電し，需要家に対して電力の供給支障を起こす。

(5) 高圧配電線路の樹枝状方式では，配電線路の末端において他の配電線路と開閉器で連系することがある。

ヒント 高圧側が複数の配電線から給電されている場合の利点，低圧側が連系されている場合の利点を考える。

- -

解 答 (1)は正しい。高圧側の配電線1回線の故障に対して他の回線でバックアップできるようにする。(2)は正しい。二次側連系により電圧変動や電力損失が軽減される。(3)は正しい。カスケーディングに対する保護対策が必要である。(4)は誤り。高圧側配電線の1回線が事故で停止しても，他の回線で配電が可能である。(5)は正しい。開閉器を閉じてループ方式として運用する場合もある。したがって，正解は(4)となる。

なるほど解説

1．架空配電線路の主要設備（図1参照）

（1） 支持物

一般に，鉄筋コンクリート柱が用いられる。山間部等の特殊な場所の場合には，鋼板組立柱や鉄塔が採用されることがある。

（2） がいし（図1では省略）

低圧がいしと高圧がいしがあり，目的に応じた種類がある。がいしは腕金で支持物に固定され，電線を支持する。

295

（3） 電線

電線には下記の絶縁電線が使用される（裸線は原則使用禁止）。

高圧	屋外用架橋ポリエチレン絶縁電線（OC 線）耐熱性
	屋外用ポリエチレン絶縁電線（OE 線）
	高圧引下用絶縁電線（PD 線）
低圧	屋外用ビニル絶縁電線（OW 線）
	引込用ビニル絶縁電線（DV 線）

電線材質には硬銅線が使用されるが，一部アルミ線も使われている。また，架空地線には鋼線の裸線が使用され接地される。

（4） 配電用変圧器

柱上変圧器とも呼ばれ，定格容量 50 kV·A 程度，一次側 6.6 kV，二次側 200 V の単相変圧器を V 結線して三相負荷に供給する場合が多い。単相負荷に対しては，1 相の変圧器の巻線中央から中性線を引出し，100 V/200 V 単相 3 線式で供給する V 結線三相 3 線式 + 単相 3 線式（単元 32「異容量 V 結線の計算」を参照）が採用されている。また，変圧器内部にはタップがあり，取付点の電圧に合わせて適切な変圧比となるようにタップを選定する。

（5） 開閉器

事故や作業の際に必要な部分だけ電線路から切り離すもので，区分開閉器と呼ばれる。事故電流を遮断する能力はない。また，事故時の災害防止のため，油入開閉器の架空電線路支持物への設置が禁止されている。操作は手動式と自動式がある。

（6） 高圧カットアウト

変圧器一次側に設けられたヒューズを内蔵した開閉器で，ヒューズは変圧器の過負荷時や故障時に動作するが，雷サージなどの短時間大電流には溶断しにくいタイムラグヒューズが採用される。

（7） ケッチヒューズ

低圧配電線の引込線などの分岐点に設け，負荷側で過負荷や短絡事故が生じたとき溶断し保護する。

電柱に付いている設備が大体わかったから，本物の電柱を観察してみようかな。

何事も本物に勝るものなし。でも，じっと見つめていると変に思われるからご用心。

注 意 図1は配電線の主要設備を集約して示したものであり，すべての支持物に図の設備があるとは限らない。

2．地中配電線の主要設備

電線にはケーブルを使用する（単元 27「地中電線路」を参照）。配電用設備としては，変圧器，開閉器，保護ヒューズを内蔵した変圧器塔（地上用変圧器を通称パッドマウント変圧器という）を敷地または歩道上に設けるが，設置が困難な場合は地下に変圧器マンホールを設ける。また，幹線から分岐線を取り出す箇所には，開閉器，断路器，ヒューズなどを収めた金属製の配電箱を設ける。

3．高圧配電方式

（1） 樹枝状方式

図2(a)に示す配電方式は樹枝状方式または放射状方式とも呼ばれ，幹線及び分岐線を樹枝状に延長して配電する方式である。幹線1箇所の故障で広域停電になるおそれがあり信頼性は低いが，①建設費が安く，②需要増加に対応しやすく，③故障時の保護が容易である。

（2） ループ方式

図2(b)に示す配電方式は，樹枝状方式の端末を結合開閉器で接続してループ状にしたもので，ループ方式と呼ばれる。この方式では，各需要家においてπ（パイ）引込み（法規編：単元 14「その他の電線路」（重要事項・公式チェック❸屋側電線路）を参照）が行われる場合がある。事故時に故障区間を分離すれば他の配電線から電力を供給でき信頼度が向上する。また，電圧変動や電力損失も小さくなる。しかし，保護方式が複雑となるので結合開閉器は常時開路状態にされる場合が多い。

4．低圧配電方式

（1） 樹枝状方式

図3(a)のように，配電用変圧器ごとに低圧線が独立している配電方式を樹枝状方式と呼ぶ。

（2） バンキング方式

図4のように，同一の高圧配電線に接続された複数の変圧器の二次側を，低圧幹線として連系した配電方式をバンキング方式と呼ぶ。低圧側が連系されているため，フリッカ，電圧降下及び電力

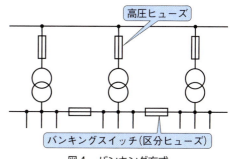

図4　バンキング方式

損失を低減できるとともに需要増加に対する融通性が向上し，変圧器容量を節減できる。しかし，低圧側に短絡事故が生じると短絡電流により高圧ヒューズが次々と溶断する**カスケーディング**が起こり，広域停電に至るおそれがあるため，**バンキングスイッチ**と高圧ヒューズの協調を図る対策が必要となる。

（3）スポットネットワーク方式

図5のように，変電所の同一母線から引き出された特別高圧または高圧配電線の複数回線（通常3回線）を経て受電し，各変圧器（ネットワーク変圧器ともいう）の低圧側を**ネットワークプロテクタ**を介して連系した方式を**スポットネットワーク方式**という。特定の需要家に供給するための方式であり，一次側の1回線が停電しても電力の供給が可能で信頼性が非常に高い。

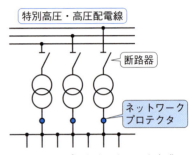

図5　スポットネットワーク方式

ネットワークプロテクタは，一次側の故障，停電時に，低圧側から電流が逆流すると開路し，復旧すると自動的に閉路する装置であり，遮断器，ヒューズ，電力方向リレーなどで構成されている。この方式では変圧器一次側の遮断器が省略できる（断路器のみ設置）ので，設備が簡単になる。低圧側の連系により，フリッカ，電圧降下及び電力損失が低減し，需要増加に対する融通性が向上する。しかし，低圧幹線（**ネットワーク母線**ともいう）が故障すると，全停電になるおそれがあるので，適切な保護が必要となる。

（4）レギュラーネットワーク方式

スポットネットワーク方式の二次側を網状（ネットワーク状）に連系したものを**レギュラーネットワーク方式**という。多数の需要家が密集する高負荷密度地域に採用される。ヒューズにより保護されているため，低圧幹線の事故により全停電になることはなく，極めて信頼度が高い。

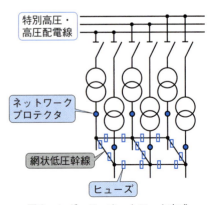

図6　レギュラーネットワーク方式

配電線の電圧調整はシビア

　負荷の状況により，高圧配電線の電圧は絶えず変動している。需要家の受電電圧は，接続される機器の性能や安全のために一定であることが望ましい。このため，標準電圧 100 V においては 101±6 V，200 V では 202±20 V 以内に維持することが電気事業法施行規則で定められている。電気事業者は法に基づき，日夜電圧維持に努力している。なお，配電電圧の調整は主に次のような方法で行われている。

① 　配電用変電所の送出電圧の調整

　負荷時電圧調整器や負荷時タップ切換変圧器により，重負荷時には送出電圧を高く，軽負荷時には低く調整する。

② 　配電用変圧器のタップ調整

　配電線の電圧降下は変電所からの距離で異なるので，配電用変圧器が設置される位置での電圧に適したタップを選定し，電圧を範囲内に維持する。

③ 　配電線路の電圧降下を補償

　必要に応じて配電線用自動電圧調整器，開閉器付き電力用コンデンサの設置や，昇圧器の設置，または，根本対策として電線の太線への張り替えなどを行う場合もある。

最近増えた太陽光発電設備は，ちょっと注意が必要だ。接続されている配電線の電圧を上昇させるからで，特に低需要時には顕著になる。

再生可能エネルギーの旗頭だから，技術的な問題をクリアして頑張ってほしいね。

実践・解き方コーナー

問題1 高圧架空電線を構成する機材とその特徴に関する記述として，誤っているものを次の(1)～(5)のうちから一つ選べ。

(1) 柱上変圧器は，鉄心に低損失材料の方向性けい素鋼板やアモルファス材を使用したものが実用化されている。

(2) 鋼板組立柱は，山間部や狭あい場所など搬入困難な場所などに使用されている。

(3) 電線は，一般に銅またはアルミが使用され，感電死傷事故防止の観点から，原則として絶縁電線である。

(4) 避雷器は，特性要素を内蔵した構造が一般的で，保護対象機器にできるだけ接近して取り付けると有効である。

(5) 区分開閉器は，一般に気中形，真空形があり，主に事故電流の遮断に使用されている。

(平成26年度)

解答 (1)は正しい。鉄損の小さな方向性けい素鋼帯による巻鉄心のものが多い。また，さらに低損失のアモルファスも使用されている。(2)は正しい。鋼板組立柱は管状の部材を現地で組み立てるため，運搬が容易である。(3)は正しい。電気設備技術基準第21条により，裸電線の使用は原則禁止されている。(4)は正しい。高圧架空電線路の避雷器は「直列ギャップ付き」が一般に採用されている。保護範囲は50～100 m 程度とされている。(5)は誤り。区分開閉器は事故電流の遮断を行うものではない。したがって，正解は(5)となる。

問題2 線路開閉器に関する記述として，誤っているものを次の(1)～(5)のうちから一つ選べ。

(1) 配電線路用の開閉器は，主に配電線路の事故時の事故区間を切り離すためと，作業時の作業区間を区分するために使用される。

(2) 柱上開閉器は，気中形と真空形が一般に使用されている。操作方法は，手動操作による手動式と，制御器による自動式がある。

(3) 高圧配電方式には放射状方式(樹枝状方式)，ループ方式(環状方式)などがある。ループ方式は結合開閉器を設置して線路を構成するので，放射状方式よりも建設費は高くなるものの，高い信頼度が得られるため負荷密度の高い地域に用いられる。

(4) 高圧カットアウトは，柱上変圧器の一次側の開閉器として使用される。その内蔵の高圧ヒューズは，変圧器の過負荷や内部短絡事故時，雷サージなどの短時間大電流の通過時に直ちに溶断する。

（5）　地中配電系統で使用するパッドマウント変圧器には，変圧器と共に開閉器など
の機器が収納されている。

(平成 22 年度)

解　答　（1）は正しい。事故電流の遮断用ではないことに注意。（2）は正しい。油入
開閉器は，電気設備技術基準第 36 条により，架空電路に設けることが禁止されている。
（3）は正しい。記述のとおり。（4）は誤り。雷サージなどの短時間大電流の通過時に直
ちに溶断しないような溶断特性を持つ。（5）は正しい。パッドマウント変圧器は変圧器
塔とも呼ばれる。したがって，正解は（4）となる。

問題3　スポットネットワーク方式及び低圧ネットワーク方式（レギュラーネッ
トワーク方式ともいう）の特徴に関する記述として，誤っているものを次の（1）～（5）
のうちから一つ選べ。
（1）　一般に複数回線の配電線により電力を供給するので，1 回線が停電しても電力
　　　供給を継続することができる。
（2）　低圧ネットワーク方式では，供給信頼度を高めるために低圧配電線を格子状に
　　　連系している。
（3）　スポットネットワーク方式は，負荷密度が極めて高い大都市中心の高層ビルな
　　　ど大口需要家への供給に適している。
（4）　一般的にネットワーク変圧器の一次側には断路器が設置され，二次側には保護
　　　装置（ネットワークプロテクタ）が設置される。
（5）　スポットネットワーク方式において，ネットワーク変圧器の二次側のネット
　　　ワーク母線で故障が発生したときでも受電が可能である。

(平成 27 年度)

解　答　（1）は正しい。このため信頼度が非常に高い。（2）は正しい。低圧側の格子
状母線の両端にはリミッタヒューズが設けられているので，低圧母線の事故で全停電に
なることはない。（3）は正しい。特定の大口需要家への配電を目的としている。（4）は
正しい。変圧器の一次側の遮断器は省略できる。（5）は誤り。ネットワーク変圧器の二
次側のネットワーク母線で故障が発生すると，全停電となるおそれがある。したがって，
正解は（5）となる。

問題4　配電線の電圧調整に関する記述として，誤っているものを次の（1）～
（5）のうちから一つ選べ。
（1）　配電線のこう長が長くて負荷の端子電圧が低くなる場合，配電線路に昇圧器を

30

配電線路

301

設置することは電圧調整に効果がある。

（2）　電力用コンデンサを配電線路に設置して，力率を改善することは電圧調整に効果がある。

（3）　変電所では，負荷時電圧調整器・負荷時タップ切換変圧器等を設置することにより電圧調整をしている。

（4）　配電線の電圧降下が大きい場合は，電線を太い電線に張り替えたり，隣接する配電線との開閉器操作により，配電系統を変更することは電圧調整に効果がある。

（5）　低圧配電線における電圧調整に関して，柱上変圧器のタップ値を変更することは効果があるが，柱上変圧器の設置点を変更することは効果がない。

（平成 23 年度）

解　答　（1）は正しい。こう長が長いため線路電圧降下が大きく，変圧器のタップ切換では対応できない場合などには有効である。（2）は正しい。無効電力で線路電圧降下を改善できるので，力率改善は有効である。（3）は正しい。記述のとおり。（4）は正しい。太線化は線路抵抗を減らすことで，また，配電系統の変更は線路電流の適正化により，電圧降下を低減できる。（5）は誤り。柱上変圧器の設置点をできる限り負荷の密集する箇所に設けることで電圧降下を小さくできるため，設置位置の選定は重要である。したがって，正解は（5）となる。

出題ランク ★ ★ ★

31 単相3線式の計算

家の引込線が3本なのは，単相3線式だからなのか！

普通の家電は100 V，電力の大きな家電は200 Vで使用できる。

✓ 重要事項・公式チェック

1 単相3線式のポイント

① 中性点にB種接地工事を施す ⇒ 両外線(電圧線)の対地電圧は100 V
② 負荷A，Bが平衡 ⇒ 中性線の電流は零，両外線の電流は等しい
③ 負荷A，Bが不平衡 ⇒ 中性線に電流が流れる
④ 中性線断線時 ⇒ 両負荷の電圧は負荷インピーダンスに比例

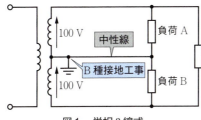

一般家庭への配電に使われている。

図1 単相3線式

2 バランサの働き

① バランサの巻線電圧は等しい(各巻線の巻数比が1)
② バランサの各巻線を流れる電流は等しい(変流比が1)
③ バランサには中性線電流を零にする電流が流れる
④ 両負荷の端子電圧は等しく両外線の電流も等しい

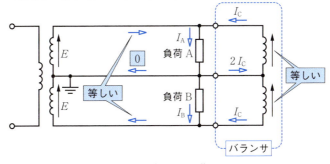

図2 バランサの動き

303

例題チャレンジ！

例　題　図3に示す単相3線式配電線の末端に，無誘導負荷(力率が1の負荷)が接続されている。次の(a)及び(b)の問に答えよ。ただし，各線の抵抗は0.2Ωとし，変圧器及びバランサのインピーダンスは無視する。

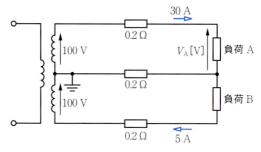

図3　負荷の端子電圧

（a）負荷Aの負荷電流が30A，負荷Bの負荷電流が5Aであるとき，負荷Aの端子電圧 V_A[V]の値として，最も近いものを次の(1)～(5)のうちから一つ選べ。

(1) 75　　(2) 84　　(3) 89　　(4) 95　　(5) 100

ヒント　無誘導負荷の回路なので，直流回路として考えてもよい。負荷の電圧は，線路電圧降下を計算することで求められる。

（b）次に，負荷に隣接してバランサを取り付けた。負荷電流に変化がないとき，負荷Aの端子電圧 V_A[V]の値として，最も近いものを次の(1)～(5)のうちから一つ選べ。

(1) 96.5　　(2) 97.5　　(3) 98.0　　(4) 98.5　　(5) 99.0

ヒント　バランサの作用により，バランサの巻線には中性線の電流を零にする電流が流れる。

解　答（a）各線の電流分布は図4となるので，V_A は，

　　$V_A = 100 - 6 - 5 = 89$[V]

となる。したがって，正解は(3)となる。

（b）バランサの巻線を流れる電流を I_C[A]とすると，各線の電流分布は図5となる。ここで，中性線の電流がバランサの作用で零になることから $25 - 2I_C = 0$ より $I_C = 12.5$[A]となり，負荷Aの端子電圧 V_A は，

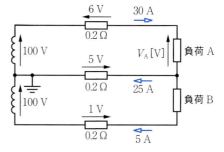

図4　線路電流

304

$V_A = 100 - 0.2 \times (30 - I_C)$
　　$= 100 - 0.2 \times (30 - 12.5)$
　　$= 96.5 [V]$

となる。したがって，正解は(1)となる。

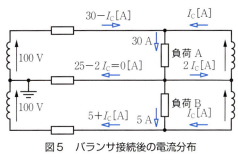

図5　バランサ接続後の電流分布

補足　負荷Bの端子電圧V_Bは，
$V_B = 100 - 0.2 \times (5 + I_C)$
　　$= 100 - 0.2 \times (5 + 12.5) = 96.5 [V]$

となりV_Aと一致する。

なるほど解説

1．単相3線式の概要

　単相3線式は，図1のように低圧巻線の中点(中性点)から中性線を引き出し，この中性線と両外側の電圧線を合わせた3線で，公称電圧 100 V/200 V で配電する方式であり，低圧配電線路に多く採用されている。変圧器の中性点は，電気設備技術基準の解釈第24条の規定により B種接地工事 を施す。このため，両外側の電圧線の対地電圧は 100 V である。

　本書では，負荷が無誘導性(力率1の抵抗負荷)の場合を扱う。このとき，線路の電圧降下は抵抗分のみを考えればよく，負荷電流，負荷電圧ともに電源電圧と同相となるので，直流回路の問題として扱うこともできる。

博士！簡単になるのはケッコウなことだけど，これだけで大丈夫？

電験三種の過去問分析では，これでOKだ。この分野は，電気回路(理論科目)でも出題されている。

2．単相3線式の線路電流，負荷電圧及び電力損失の計算

(1)　中性線を挟んだ両側の負荷が平衡している場合

　図6のように，負荷電流が共にI[A]の平衡負荷であれば，両外側の電線を流れる電流が等しいため，P点についてキルヒホッフの電流則を適用すると中性線電流I_nは零となる。

$I = I_n + I$　→　$I_n = 0 [A]$

また，負荷が平衡しているので，負荷インピーダンス（力率1を仮定しているので抵抗）は等しく，各負荷の端子電圧も等しくなる。この場合の計算は，同じ負荷が直列に接続された単相2線式回路と同じように計算できる。中性線の抵抗を $r_n[\Omega]$，両外側の電線の抵抗を $r[\Omega]$ とすると，負荷の端子電圧 V は次式で表される。

$$2E = 2rI + 2V \rightarrow V = E - rI \text{ [V]} \tag{1}$$

中性線には電流が流れないので電圧降下は生じず，P点の電位は零である。また，このときの線路の電力損失 P_L は次式となる。

$$P_L = rI^2 + 0 \times r_n + rI^2 = 2rI^2 \text{ [W]} \tag{2}$$

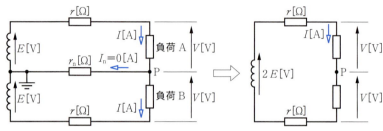

図6　平衡・無誘導負荷

（2）中性線を挟んだ両側の負荷が不平衡の場合

図7のように，負荷電流がそれぞれ $I_A[A]$，$I_B[A]$ の不平衡負荷では，P点についてキルヒホッフの電流則を適用すると，中性線電流 I_n は，

$$I_A = I_n + I_B$$
$$I_n = I_A - I_B \text{ [A]}$$

となるので，各負荷の端子電圧は次式となる。

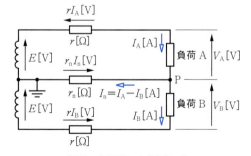

図7　負平衡・無誘導負荷

$$V_A = E - rI_A - r_n(I_A - I_B) \text{ [V]} \tag{3}$$
$$V_B = E - rI_B + r_n(I_A - I_B) \text{ [V]} \tag{4}$$

ここで $V_B - V_A$ を計算すると，

$$V_B - V_A = rI_A - rI_B + 2r_n(I_A - I_B) = r(I_A - I_B) + 2r_n(I_A - I_B)$$
$$= (r + 2r_n)(I_A - I_B)$$

となるので，$I_A > I_B$ のとき $V_B > V_A$ となり，負荷電流が小さい方の負荷端子電圧の方が高くなることがわかる。また，$I_A \gg I_B$ のような極端な不平衡状態では（４）式右辺の $-rI_B + r_n(I_A - I_B)$ が正となり，負荷Bの端子電圧 V_B が電源電圧 E よりも高くなる場合もある。

また，不平衡負荷における線路の電力損失 P_L は次式となる。

$$P_L = rI_A{}^2 + r_n(I_A - I_B)^2 + rI_B{}^2 \text{[W]} \tag{5}$$

3．中性線の断線による負荷電圧

不平衡負荷において中性線が断線すると，図8の回路となる。ただし，各負荷のインピーダンス（抵抗）を $R_A[\Omega]$，$R_B[\Omega]$ とし，線路抵抗は負荷抵抗に比べ無視できる大きさとする。各負荷の端子電圧は，負荷抵抗の分圧となるので次式で表される。

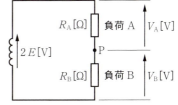

図8　断線時の回路と負荷電圧

$$V_A = \frac{R_A}{R_A + R_B} 2E, \quad V_B = \frac{R_B}{R_A + R_B} 2E$$

各負荷の定格電圧を V とすると，$I_A = V/R_A$，$I_B = V/R_B$ であるから，上式に代入して負荷電流の関係式で表すと，

$$V_A = \frac{I_B}{I_A + I_B} 2E, \quad V_B = \frac{I_A}{I_A + I_B} 2E$$

となる。もし，$I_A \gg I_B$ のような極端な不平衡状態では $I_A + I_B \fallingdotseq I_A$ より，中性線断線時には $V_A \fallingdotseq 0$，$V_B \fallingdotseq 2E$ となり，負荷Bの電圧が約2倍に上昇し危険な状態となる。このため，中性線にはヒューズを入れてはならないことが，電気設備技術基準の解釈第35条に記載されている。

4．バランサの役割と計算方法

バランサは，各負荷端に接続される巻線の巻数比が1の単巻変圧器である。これを図9のように不平衡負荷に接続すると，変圧器の性質により負荷の端子電圧を等しくし，中性線の電流を零にすることができる。

巻数比が1なので各負荷の端子電圧が強制的に等しくなり，$V_A = V_B = V\text{[V]}$ となる。このため，中性線には電流が流れず0Aとなるが，その代わりに負荷の不平衡電流はバランサを流れる。バランサの各巻線の電流は変流比が1なので等しく，各巻線の起磁力が打ち消し合う（変圧器の性質）必要から逆向き（一方は V_A と同じ向き，他方は V_B と逆向き）に流れるので，バランサの巻線電流を I_C とす

ると P 点におけるキルヒホッフの電流則より次式が成り立つ。

$$I_A = I_B + 2I_C \quad \rightarrow \quad I_C = \frac{I_A - I_B}{2} [\text{A}] \tag{6}$$

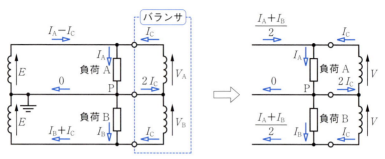

図9　バランサ取り付け後の電圧と電流

以上から，両外側の電圧線を流れる電流は，

$$I_A - I_C = I_A - \frac{I_A - I_B}{2} = \frac{I_A + I_B}{2} [\text{A}], \quad I_B + I_C = I_B + \frac{I_A - I_B}{2} = \frac{I_A + I_B}{2} [\text{A}]$$

となり等しくなる。

うまくできすぎだよ！これで，不平衡負荷もへっちゃらだね。

なのに，電験に出るってか？

まあ，理想的な状況にできるが，あまり使われていないのも事実なんだ。なにせ，費用がかかるからね。

まあ，そう言わず…。

豆知識

400 V 級配電と特別高圧配電

　配電の電気方式は，配電用変電所の主変圧器の二次側を Δ 結線，非接地とした高圧側公称電圧 3 300 V または 6 600 V の三相 3 線式，低圧側 100 V/200 V の単相 3 線式 +200 V 三相 3 線式が主として採用されている。一方で，配電用変圧器の二次側(低圧側)を Y 結線し，B 種接地工事を施した中性点から中性線を引き出し，公称電圧で線間電圧 400 V，対地電圧(対中性線電圧)230 V で配電する三相 4 線式も 1 部で採用されている(図 10 参照)。この方式は 400 V 級配電とも呼ば

れ，動力用として 400 V，照明用として 230 V で供給し，100 V 負荷に対しては変圧器で降圧する。この方式では，同じ容量の負荷の他の電気方式と比較すると，線電流を小さくできるので電力損失や電圧降下も低減でき，同じ電力損失なら電線量を節減できる。また，電動機容量を 500 kW 程度まで大型化できる。このような利点から，大規模な工場やビルの電灯動力共用の需要家への配電方式として採用される。

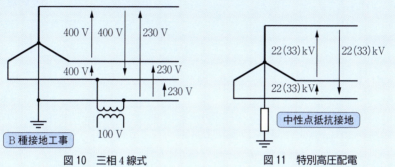

図10　三相4線式　　　図11　特別高圧配電

また，近年は新規開発地や長距離配電を必要とする地域に対して，配電電圧 22 kV または 33 kV の特別高圧を採用するようになってきた。このような**特別高圧配電**系統では，変圧器の二次側を Y 結線した中性点抵抗接地方式の三相3線式が一般である（図11 参照）。

実践・解き方コーナー

問題1　一次電圧 6 400 V，二次 210 V/105 V の柱上変圧器がある。図のような単相3線式配電線において三つの無誘導負荷が接続されている。負荷1の電流は 50 A，負荷2の電流は 60 A，負荷3の電流は 40 A である。L_1 と N 間の電圧 V_a[V]，L_2 と N 間の電圧 V_b[V]，及び変圧器の一次電流 I_1[A] の値の組合せとして，正しいものを次の(1)～(5)のうちから一つ選べ。ただし，変圧器から低圧負荷までの電線1線当たりの抵抗を 0.08 Ω とし，変圧器の励磁電流，インピーダンス，低圧配電線のリアクタンス，及び C 点から負荷側線路のインピーダンスは考えないものとする。

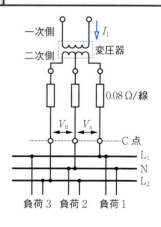

	V_a[V]	V_b[V]	I_1[A]
(1)	98.6	96.2	3.12
(2)	97.0	97.8	3.28
(3)	97.0	97.8	2.95
(4)	96.2	98.6	3.12
(5)	98.6	96.2	3.28

(平成 23 年度)

解 答 三つの負荷は無誘導性なので各負荷の電流は同相となり，単相3線式の両外側の電圧線と中性線の電流は負荷電流の和(差)で求められ図 31-1-1 となる。これより，V_a，V_b は，

$V_a = 105 - 0.08 \times 90 + 0.08 \times 10 = 98.6$ [V]

$V_b = 105 - 0.08 \times 10 - 0.08 \times 100 = 96.2$ [V]

となる。また，変圧器二次側の電力と一次側の電力は等しいので，

$6\,400 I_1 = 105 \times 90 + 105 \times 100 = 19\,950$

$I_1 \fallingdotseq 3.12$ [A]

となる。したがって，正解は(1)となる。

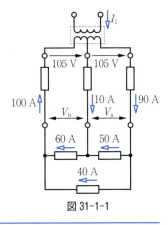

図 31-1-1

問題2 図のような単相3線式配電線路において，中性線がA点において断線した。このときのB-C間の電圧[V]の値として，最も近いものを次の(1)〜(5)のうちから一つ選べ。ただし，配電線の抵抗及びリアクタンスは無視できるものとする。

(1) 33 　(2) 67 　(3) 100
(4) 134 　(5) 154

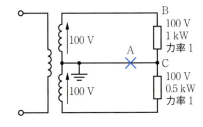

解 答 1 kW 負荷の抵抗を R_1，0.5 kW 負荷の抵抗を R_2 とすると，

$R_1 = \dfrac{100^2}{1\,000} = 10$ [Ω]，$R_2 = \dfrac{100^2}{500} = 20$ [Ω]

となる。中性線断線時は両負荷の直列接続に 200 V が加わるので，B-C 間の電圧 V は抵抗の分圧で計算でき，

$$V = \frac{R_1}{R_1+R_2} \times 200 = \frac{10}{10+20} \times 200 \fallingdotseq 66.7[\text{V}] \quad \rightarrow \quad 67\text{ V}$$

となる。したがって，正解は(2)となる。

問題3 図のように，電圧線及び中性線の抵抗がそれぞれ 0.1 Ω 及び 0.2 Ω の 100 V/200 V 単相3線式配電線路に，力率が100 % で電流がそれぞれ 60 A 及び 40 A の二つの負荷が接続されている。この配電線路にバランサを接続した場合について，次の(a)及び(b)の問に答えよ。ただし，負荷電流は一定とし，線路抵抗以外のインピーダンスは無視するものとする。

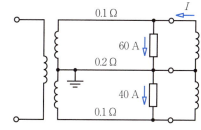

(a) 図に示すバランサに流れる電流 I[A]の値として，最も近いものを次の(1)〜(5)のうちから一つ選べ。
(1) 5　(2) 7　(3) 10　(4) 15　(5) 20

(b) バランサを接続したことによる線路損失の減少量[W]の値として，最も近いものを次の(1)〜(5)のうちから一つ選べ。
(1) 50　(2) 75　(3) 85　(4) 100　(5) 110

解答 (a) 図31-3-1において，P点からバランサに流れる電流を $2I$[A]とする。バランサの作用で中性線の電流は零となるので，P点におけるキルヒホッフの電流則より，

$$60 = 2I + 40$$

が成り立ち，

$$I = 10[\text{A}]$$

となる。したがって，正解は(3)となる。

(b) バランサの電流により，中性線の電流は零，両外側の電圧線の電流は等しく 50 A となる。このときの電力損失 P_L は，

$$P_\text{L} = 0.1 \times 50^2 + 0.1 \times 50^2 = 500[\text{W}]$$

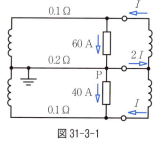

図31-3-1

一方，バランサ取り付け前の電力損失 P_L' は，中性線の電流が $60-40=20$[A]なので，

$$P_\text{L}' = 0.1 \times 60^2 + 0.1 \times 40^2 + 0.2 \times 20^2 = 600[\text{W}]$$

である。これより，バランサを接続したことによる線路損失の減少量 $P_\text{L}' - P_\text{L}$ は，

$$P_\text{L}' - P_\text{L} = 600 - 500 = 100[\text{W}]$$

となる。したがって，正解は(4)となる。

問題4 22(33) kV 配電系統に関する記述として，誤っているものを次の（1）～（5）のうちから一つ選べ。

（1） 6.6 kV の配電線に比べ電圧対策や供給力増強対策として有効なので，長距離配電の必要となる地域や，新規開発地域への供給に利用されることがある。

（2） 電気方式は，地絡電流抑制の観点から中性点を直接接地した三相3線式が一般である。

（3） 各種需要家への電力供給は，特別高圧需要家へは直接に，高圧需要家へは途中に設けた配電塔で 6.6 kV に降圧して高圧架空電線路を用いて，低圧需要家へはさらに柱上変圧器で 200～100 V に降圧して，行われる。

（4） 6.6 kV の配電線に比べ 33 kV の場合は，負荷が同じで配電線の線路定数も同じなら，電流は 1/5 となり，電力損失は 1/25 となる。電流が同じであれば，送電容量は 5 倍となる。

（5） 架空配電系統では保安上の観点から，特別高圧絶縁電線や架空ケーブルを使用する場合がある。

（平成 21 年度）

解 答 （1）は正しい。電圧が高いと線電流が少なくなるので電圧降下が小さくなり，同じ電力損失では大電力を供給できる。（2）は誤り。配電系統は通信線と接近して施設される場合が多いので，誘導障害を抑制するため地絡電流を抑制する必要がある。このために中性点抵抗接地方式を採用する。（3）は正しい。記述のとおり。（4）は正しい。線電流は 6.6/33＝1/5 となり，電力損失は線電流の 2 乗に比例するので $(1/5)^2＝1/25$ となる。電流が同じとき，電圧は 5 倍大きいので送電容量は 5 倍となる。（5）は正しい。配電系統は人，家屋に近接して施設されるため，必要に応じた保安対策が取られる。したがって，正解は（2）となる。

出題ランク ★☆☆

32 異容量 V 結線の計算

単相負荷と三相負荷両方を分担する共用変圧器は大変だね。

だから，2台の変圧器の容量が違う。共用の方が大きいことはわかるだろ？

✓ 重要事項・公式チェック

異容量 V 結線のポイント

① 共用変圧器の電流
$I_{共}=|\dot{I}_3+\dot{I}_1|=\sqrt{I_3{}^2+I_1{}^2+2I_3 I_1 \cos\phi}$ [A]
ただし，ϕ は $\dot{I}_3$ と $\dot{I}_1$ の位相差，$|\dot{I}_3|=I_3$，$|\dot{I}_1|=I_1$

$I_3=\dfrac{P_3}{\sqrt{3}\,V\cos\theta_3}$ [A]

$I_1=\dfrac{P_1}{V\cos\theta_1}$ [A]

② 共用変圧器の最小容量　$S_{n共}=VI_{共}$ [V·A]

③ 専用変圧器の最小容量　$S_{n専}=VI_3$ [V·A]

共用変圧器を流れる電流は，"単相負荷と三相負荷のベクトル和"となる。これが重要ポイントだ！

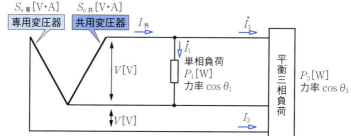

図1　異容量 V 結線の基本回路

例題チャレンジ！

例題 図2のように，V結線した変圧器の低圧側に30 kW，遅れ力率0.866の平衡三相負荷と，20 kW，力率1の単相負荷を接続した。次の(a)及び(b)の問に答えよ。ただし，相順をa，b，cとする。

(a) 専用変圧器の最小容量[kV·A]として，最も近いものを次の(1)～(5)のうちから一つ選べ。

(1) 20　　(2) 25　　(3) 30　　(4) 38　　(5) 50

(b) 共用変圧器の最小容量[kV·A]として，最も近いものを次の(1)～(5)のうちから一つ選べ。

(1) 25　　(2) 30　　(3) 35　　(4) 40　　(5) 45

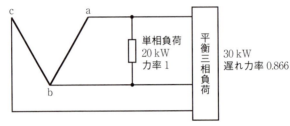

図2　異容量V結線による配電

ヒント 線間電圧をVとして専用変圧器を流れる電流I_3を計算すれば，専用変圧器の容量はVI_3となる。また，共用変圧器を流れる電流$\dot{I}_{共}$は，単相負荷と三相負荷の電流ベクトルのベクトル和となるので，それぞれの電流をベクトル図で表し計算する。共用変圧器の容量は$VI_{共}$となる。

解答 **(a)** 図3のように，線間電圧をV[V]とすると専用変圧器を流れる電流は，三相負荷の負荷電流I_3と等しい。

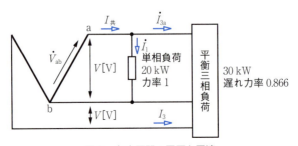

図3　各変圧器の電圧と電流

$$I_3 = \frac{30 \times 10^3}{\sqrt{3} \times V \times 0.866} \fallingdotseq \frac{20 \times 10^3}{V} [\text{A}]$$

なので，専用変圧器の最小容量 $S_{\text{n専}}$ は，

$$S_{\text{n専}} = VI_3 = V \times \frac{30 \times 10^3}{\sqrt{3} \times V \times 0.866} \fallingdotseq 20 \times 10^3 [\text{V}\cdot\text{A}] \quad \rightarrow \quad 20\,\text{kV}\cdot\text{A}$$

となる。したがって，正解は（1）となる。

（b） 各相の電圧ベクトルを $\dot{E}_a$，$\dot{E}_b$，$\dot{E}_c$，a–b 間の電圧ベクトルを $\dot{V}_{ab}$ として，単相負荷電流及び三相負荷電流(a 相)のベクトル $\dot{I}_1$，$\dot{I}_{3a}$ を描くと図4となる。

三相負荷の遅れ力率が 0.866 であることから，力率角は $\pi/6$（遅れ）なので，$\dot{I}_{3a}$ は $\dot{E}_a$ に対して $\pi/6$ だけ遅れ位相となる。一

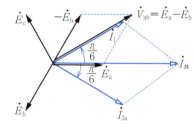

図4　ベクトル図

方，単相負荷は力率1なので，負荷電流 $\dot{I}_1$ は $\dot{V}_{ab}$ と同相になり，その大きさ I_1 は次式となる。

$$I_1 = \frac{20 \times 10^3}{V} [\text{A}]$$

共用変圧器を流れる電流ベクトル $\dot{I}_\text{共}$ は，$\dot{I}_{3a}$ と $\dot{I}_1$ のベクトル和になる。ベクトル図より，$\dot{I}_{3a}$ の大きさ $I_{3a} = I_3$ と $\dot{I}_1$ の大きさ I_1 は等しくその位相差は $\pi/3$ なので，$\dot{I}_\text{共}$ の大きさ $I_\text{共}$ は，

$$I_\text{共} = \sqrt{3}\,I_1 = \sqrt{3}\,I_{3a} = \frac{20\sqrt{3} \times 10^3}{V} [\text{A}]$$

となる。これより，共用変圧器の最小容量 $S_{\text{n共}}$ は，

$$S_{\text{n共}} = VI_\text{共} = V \times \frac{20\sqrt{3} \times 10^3}{V} = 20\sqrt{3} \times 10^3$$

$$\fallingdotseq 34.6 \times 10^3 [\text{V}\cdot\text{A}] \quad \rightarrow \quad 35\,\text{kV}\cdot\text{A}$$

となる。したがって，正解は（3）となる。

補足　$I_\text{共}$ は次のように計算してもよい。$I_3 = I_1 = I = \dfrac{20 \times 10^3}{V}$ より，

$$I_\text{共} = \sqrt{I_3{}^2 + I_1{}^2 + 2I_3 I_1 \cos\frac{\pi}{3}} = \sqrt{I^2 + I^2 + I^2} = \sqrt{3}\,I [\text{A}]$$

なるほど解説

1．異容量V結線

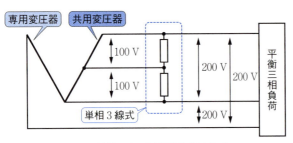

図5　V結線による電灯動力共用方式

　図5のように，三相結線の低圧側において200V三相負荷（動力）の他に，100V/200V単相3線式で単相負荷（電灯）へも電力を供給する方式を<u>電灯動力共用方式</u>という．三相結線がV結線の場合，一方の変圧器を電灯動力<u>共用変圧器</u>，他方の変圧器を動力<u>専用変圧器</u>などと呼んでいる．このとき，共用変圧器の容量は専用変圧器の容量よりも大きくなるため，この結線を<u>異容量V結線</u>と呼んでいる．

2．異容量V結線の変圧器容量の計算

（1）専用変圧器の最小容量

　図1において，線間電圧を$V[\text{V}]$とすると，専用変圧器の最小容量$S_{n専}$は電圧と電流の積で与えられる．専用変圧器を流れる電流は三相負荷の線電流I_3であり，三相負荷電力を$P_3[\text{W}]$，力率を$\cos\theta_3$とするとI_3は，

$$I_3 = \frac{P_3}{\sqrt{3}\,V\cos\theta_3}[\text{A}]$$

となるので，$S_{n専}$は次式で表される．

$$S_{n専} = VI_3 = \frac{P_3}{\sqrt{3}\cos\theta_3}[\text{V}\cdot\text{A}] \qquad (1)$$

（2）共用変圧器の最小容量

① 単相負荷の接続方法

　計算を簡単にするために，単相3線式の負荷は平衡負荷として図6のように線間の負荷にまとめて考えることとする．

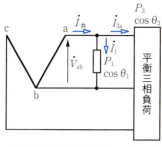
図6　進相側接続（相順 a, b, c）

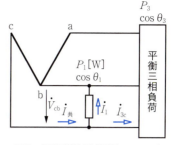
図7　遅相側接続（相順 a, b, c）

異容量 V 結線では単相負荷をどの相間に接続するかで 2 通りの接続方法がある。相順を a, b, c としたとき，図 6 のように a-b 相間に接続する方法を**進相側接続**といい，図 7 のように c-b 相間に接続する方法を**遅相側接続**という。

|注　意|　相順が逆（相順 a, c, b）では，図 6 が遅相側接続，図 7 が進相側接続となる。

② 進相側接続の場合

図 6 の回路において，a 相の三相負荷電流ベクトルを $\dot{I}_{3a}$，単相負荷の電流ベクトルを $\dot{I}_1$，a-b 相間の電圧ベクトルを $\dot{V}_{ab}$ とすると，ベクトル図は図 8（三相負荷，単相負荷が共に遅れ力率とした図）となる。

$\dot{I}_{3a}$ は a 相の相電圧 $\dot{E}_a$ に対して θ_3 だけ遅れる。$\dot{I}_1$ は $\dot{V}_{ab}$ に対して θ_1 だけ遅れるので，θ_3，θ_1 の遅れ角を正とすると，$\dot{I}_{3a}$ と $\dot{I}_1$ の位相差 ϕ は次式となる。

$$\phi = \pi/6 + \theta_3 - \theta_1 \quad (2)$$

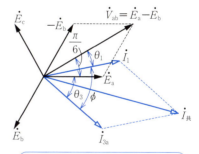

図8　進相側接続のベクトル図

$I_共$ は，平行四辺形の対角線の長さなので次式で計算できる。ただし，$|\dot{I}_{3a}| = I_{3a}$，$|\dot{I}_1| = I_1$ とする。

$$I_共 = \sqrt{I_{3a}^2 + I_1^2 + 2I_{3a}I_1\cos\phi} \ [\text{A}] \quad (3)$$

特に，I_{3a} と I_1 が同相なら $I_共 = I_{3a} + I_1$ となる。

$|\dot{V}_{ab}| = V$ なので，共用変圧器の最小容量 $S_{n共}$ は次式で表される。

$$S_{n共} = VI_共 = V\sqrt{I_{3a}^2 + I_1^2 + 2I_{3a}I_1\cos\phi} \ [\text{V}\cdot\text{A}] \quad (4)$$

③ 遅相側接続の場合

図7に示す遅相側接続におけるベクトル図を図9(三相負荷, 単相負荷が共に遅れ力率とした図)に示す。$\dot{I}_{3c}$ と $\dot{I}_1$ の位相差 ϕ' は次式となる。

$$\phi' = \pi/6 + \theta_1 - \theta_3 \qquad (5)$$

$|\dot{I}_{3c}| = I_{3c}$ とすると, $I_{共}$ 及び $S_{n共}$ は(3)式, (4)式同様に次式で計算できる。

$$I_{共} = \sqrt{I_{3c}^2 + I_1^2 + 2I_{3c}I_1 \cos\phi'} \; [\mathrm{A}] \qquad (6)$$

$$S_{n共} = VI_{共} = V\sqrt{I_{3c}^2 + I_1^2 + 2I_{3c}I_1 \cos\phi'} \; [\mathrm{V \cdot A}] \qquad (7)$$

④ 進相側接続と遅相側接続の違い

三相負荷の線電流と単相負荷の電流の大きさが一定の場合, ベクトル図より ϕ や ϕ' の大きさが大きい方が $I_{共}$ は小さくなり, 共用変圧器の容量が小さくて済む。

例として, 三相負荷(動力)と単相負荷(電灯)の遅れ力率角が $\theta_3 = \pi/6$, $\theta_1 = 0$ であるなら, 進相側接続の $\phi = \pi/3$ の方が遅相側接続の $\phi' = 0$ よりも大きいので, 進相側接続の方が共用変圧器の設備容量を低減でき, 電圧降下も小さくできるメリットがある。一方, 力率角が $\theta_3 = -\pi/6$(進み力率), $\theta_1 = 0$ の場合は, $\phi' = \pi/3$, $\phi = 0$ となるので, 遅相側接続の方が同様の理由でメリットがある。

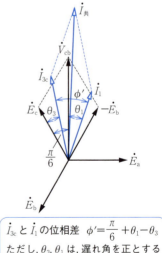

図9 遅相側接続

3. 異容量 V 結線における対地電圧

各相の対地電圧ベクトルは, 図10のベクトル図より a 相は $\dot{V}_{aN}$, b 相は $\dot{V}_{bN}$, c 相は $\dot{V}_{cN}$ なので, a 相, b 相の対地電圧は 100 V, c 相の対地電圧は $100\sqrt{3}$ V となる。

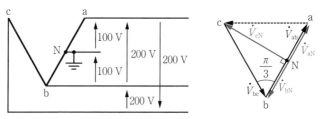

図10 異容量V結線と対地電圧のベクトル図

Δ 結線の電灯動力共用方式はこう計算する(参考)

同じ規格の単相変圧器3台をΔ結線した場合の電灯動力共用方式が、V結線の場合と異なる点は次のとおりである。

① 単相負荷(電流 $\dot{I}_1$)を変圧器Aと変圧器B-Cがインピーダンスに反比例して、図11のように2:1の比で分担する。

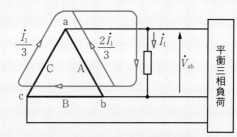

図11 Δ結線における単相負荷電流

② 三相負荷を各変圧器が1/3ずつ分担する。

変圧器Aの負荷分担が最も重いので、線間電圧 $V[\mathrm{V}]$($|\dot{V}_{ab}|=V$)、平衡三相負荷(電力 $P_3[\mathrm{W}]$、遅れ力率角 θ_3)と、単相負荷(電力 $P_1[\mathrm{W}]$、遅れ力率角 θ_1)を接続したときの変圧器Aを流れる電流を考えることにする。変圧器Aを流れる三相負荷と単相負荷の分担電流を、それぞれ I_{A3}(ベクトルを $\dot{I}_{A3}$)[A]、I_{A1}(ベクトルを $\dot{I}_{A1}$)[A]とすると、

$$I_{A3}=\frac{P_3/3}{V\cos\theta_3}[\mathrm{A}],\quad I_{A1}=\frac{2P_1/3}{V\cos\theta_1}[\mathrm{A}] \tag{8}$$

となる。

また、$\dot{V}_{ab}$ を基準とした電流ベクトル図(例として $\theta_3>\theta_1$ の場合)を図12に示す。これより、変圧器Aを流れる電流ベクトル $\dot{I}_A$ の大きさ I_A は平行四辺形の対角線の長さを求める式より、

$$I_A=\sqrt{I_{A3}^2+I_{A1}^2+2I_{A3}I_{A1}\cos(\theta_3-\theta_1)}[\mathrm{A}] \tag{9}$$

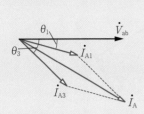

図12 電流のベクトル図

なぜ，$\dot{V}_{ab}$ と $\dot{I}_{A3}$ の位相差が負荷力率角 θ_3 になるのかな？

よい質問だ。線電流は，V_{ab} より $\pi/6$ 遅れた相電圧に対して θ_3 遅れる。Δ結線の相電流 I_{A3} は，線電流より $\pi/6$ 進む。図で考えてごらん。

となるので，両辺に V をかけ算すれば変圧器 A の最小容量 S_A を計算できる。

$$S_A = VI_A = V\sqrt{I_{A3}^2 + I_{A1}^2 + 2I_{A3}I_{A1}\cos(\theta_3 - \theta_1)} \text{ [V·A]} \qquad (10)$$

よく出題される例

単相負荷の力率が $1(\theta_1=0)$ の場合を考えよう。(9)式に(8)式($\theta_1=0$)を代入して，S_A，P_3，θ_3，P_1 の関係式を求めると次式を得る。

$$S_A = VI_A = V\sqrt{\left(\frac{P_3/3}{V\cos\theta_3}\right)^2 + \left(\frac{2P_1/3}{V}\right)^2 + 2\left(\frac{P_3/3}{V\cos\theta_3}\right)\left(\frac{2P_1/3}{V}\right)\cos\theta_3}$$

$$= \sqrt{\left(\frac{P_3}{3\cos\theta_3}\right)^2 + \left(\frac{2P_1}{3}\right)^2 + 2\left(\frac{P_3}{3}\right)\left(\frac{2P_1}{3}\right)} \text{ [V·A]} \qquad (11)$$

また，両辺を 2 乗して，公式 $1/\cos^2\theta = 1+\tan^2\theta$ を使い cos を tan で表すと次式を得る(この式は単相負荷の電力 P_1[W]を求める場合に便利)。

$$S_A^2 = \left(\frac{2P_1}{3} + \frac{P_3}{3}\right)^2 + \left(\frac{P_3}{3}\right)^2 \tan^2\theta_3 \qquad (12)$$

補足 (12)式の右辺 $2P_1/3 + P_3/3$ は変圧器 A が分担する単相負荷と三相負荷の有効電力の和であり，$(P_3/3)\tan\theta_3$ は変圧器 A が分担する三相負荷の無効電力である。変圧器 A の容量 S_A はこの皮相電力と等しいので，図13のように電力ベクトルで考えることができる。

Δ結線の電灯動力共用方式において，共用変圧器の定格容量が与えられ，単相負荷(力率1)の最大電力を求める問題では，電力ベクトルで考えるとわかりやすく，計算も簡単になる。

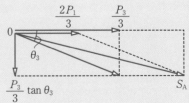

注意：数値はベクトルの大きさである。

図13 電力ベクトル

実践・解き方コーナー

問題1 2台の単相変圧器((定格)容量 75 kV·A の T_1 及び(定格)容量 50 kV·A の T_2)を V 結線に接続して，図のように三相平衡負荷 45 kW(力率角　進み $\pi/6$ [rad])と単相負荷 P (力率 1)に電力を供給している．次の(a)及び(b)の問に答えよ．ただし，相順は a, b, c とし，図示していないインピーダンスは無視するものとする．

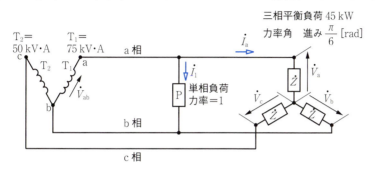

(a) 問題の図において，$\dot{V}_a$ を基準とし，$\dot{V}_{ab}$, $\dot{I}_a$, $\dot{I}_1$ の大きさと位相関係を表す図として，正しいものを次の(1)〜(5)のうちから一つ選べ．ただし，$|\dot{I}_a|>|\dot{I}_1|$ とし，$\dot{V}_a$, $\dot{V}_b$, $\dot{V}_c$ は相電圧のベクトルを表す．

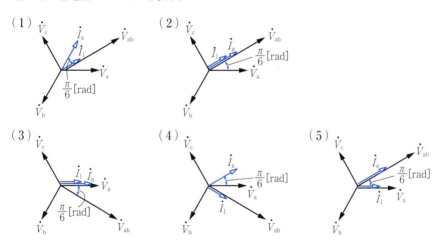

(b) 単相変圧器 T_1 が過負荷にならない範囲で，単相負荷 P(力率 1)がとりうる最大電力[kW]の値として，最も近いものを次の(1)〜(5)のうちから一つ選べ．
(1) 23　　(2) 36　　(3) 45　　(4) 49　　(5) 58

(平成19年度)

解　答　（a）相順が a, b, c なので, $\dot{V}_{ab}$ は $\dot{V}_a$ より位相が $\pi/6$ 進むため, 選択肢 (3), (4)は誤り。次に, 三相負荷は進み力率角 $\pi/6$ なので $\dot{I}_a$ は $\dot{V}_a$ に対して位相が $\pi/6$ 進み, 単相負荷は力率 1 なので $\dot{I}_1$ は $\dot{V}_{ab}$ と同相となり, (1), (5)は誤り。したがって, 正解は(2)となる。

（b）単相負荷の電力を P[kW], 線間電圧を V[V], $\dot{I}_a$ と $\dot{I}_1$ の大きさを I_a と I_1 とすると,

$$I_a = \frac{45 \times 10^3}{\sqrt{3}\, V \times \cos(\pi/6)} = \frac{30 \times 10^3}{V}\,[\mathrm{A}]$$

$$I_1 = \frac{P \times 10^3}{V}\,[\mathrm{A}]$$

となり, かつ, I_a と I_1 は同相なので, T_1 を流れる電流 I_{T1} は,

$$I_{T1} = I_a + I_1 = \frac{P \times 10^3 + 30 \times 10^3}{V}\,[\mathrm{A}]$$

となる。T_1 の容量は V と I_{T1} の積であり, これが 75 kV·A となればよいので次式が成り立ち P が計算できる。

$$V \times \frac{P \times 10^3 + 30 \times 10^3}{V} = 75 \times 10^3$$

$$P = 75 - 30 = 45\,[\mathrm{kW}]$$

したがって, 正解は(3)となる。

補　足　問題図の単相負荷は進相側接続であるから, $\dot{I}_a$ と $\dot{I}_1$ の位相差 ϕ は本文の (2)式より, $\phi = \pi/6 + \theta_3 - \theta_1 = \pi/6 + (-\pi/6) - 0 = 0$ となるので, 両電流は同相となることが確認できる。

問題2　図のように, 2 台の単相変圧器による電灯動力共用の三相 4 線式低圧配電線に, 平衡三相負荷 45 kW（遅れ力率角 30°）1 個及び単相負荷 10 kW（力率 =1）2 個が接続されている。これに供給するための共用変圧器及び専用変圧器の容量の値 [kV·A]は, それぞれいくら以上でなければならないか。値の組合せとして, 正しいものを次の(1)〜(5)のうちから一つ選べ。ただし, 相回転は a′-c′-b′ とする。

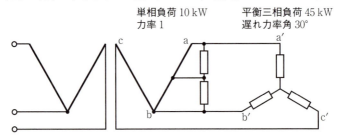

	共用変圧器の容量	専用変圧器の容量
（1）	20	30
（2）	30	20
（3）	40	20
（4）	20	40
（5）	50	30

（平成26年度）

解　答　単相負荷は平衡しているので，20 kW，力率1の負荷がa-b間に接続されていると考える。a相の三相負荷による電流ベクトル $\dot{I}_{3a}$ の大きさを I_{3a}，c相の三相負荷による電流ベクトル $\dot{I}_{3c}$ の大きさを I_{3c}，単相負荷の電流ベクトル $\dot{I}_1$ の大きさを I_1，各相電圧ベクトルを相順に $\dot{E}_a$，$\dot{E}_c$，$\dot{E}_b$ とする。また，a-b間の線間電圧ベクトル $\dot{V}_{ab}$ の大きさ（線間電圧）を $V[\mathrm{V}]$ とする。このとき I_{3a}，I_{3c} 及び I_1 は，

$$I_{3a}=I_{3c}=\frac{45\times10^3}{\sqrt{3}\,V\times\cos30°}=\frac{30\times10^3}{V}[\mathrm{A}]$$

$$I_1=\frac{20\times10^3}{V}[\mathrm{A}]$$

となるので，専用変圧器の容量 $S_専$ は，

$$S_専=VI_{3c}=V\times\frac{30\times10^3}{V}[\mathrm{V\cdot A}]=30[\mathrm{kV\cdot A}]$$

となる。

　次に，共用変圧器を流れる電流ベクトルを $\dot{I}_共$，大きさを $I_共$ とすると，各電流のベクトル図は図32-2-1となる（相順がa，c，bであることに注意）。図より $\dot{I}_{3a}$ と $\dot{I}_1$ は同相なので $I_共$ は，

$$I_共=I_{3a}+I_1=\frac{30\times10^3}{V}+\frac{20\times10^3}{V}=\frac{50\times10^3}{V}[\mathrm{A}]$$

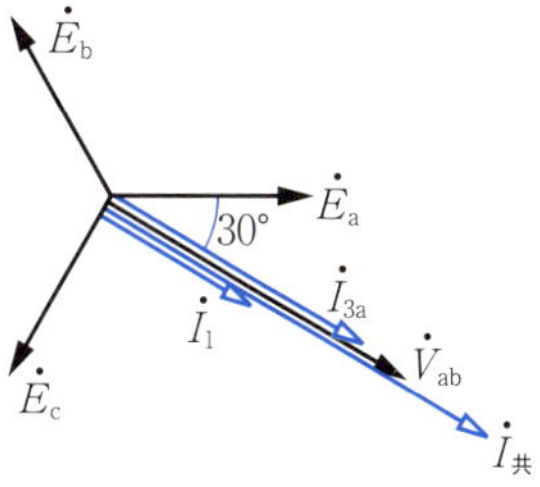

となり，共用変圧器の容量 $S_共$ は，

図32-2-1

$$S_共=VI_共=V\times\frac{50\times10^3}{V}=50\times10^3[\mathrm{V\cdot A}]=50[\mathrm{kV\cdot A}]$$

となる。したがって，正解は（5）となる。

補　足　問題図の単相負荷は遅相側接続であるから，$\dot{I}_{3a}$ と $\dot{I}_1$ の位相差 ϕ' は本文の（5）式より，$\phi'=\pi/6+\theta_1-\theta_3=\pi/6+0-\pi/6=0$ となるので，両電流は同相となることが確認できる。

323

問題3 定格容量 50 kV·A の同じ規格と特性を持つ単相変圧器 3 台を Δ 結線して，遅れ力率 0.8，100 kW の平衡三相負荷に電力を供給している。この状態で，変圧器 A と並列に力率 1 の単相負荷を接続して電力を供給する。変圧器 A を過負荷にすることなく，接続できる単相負荷の最大電力 [kW] の値として，最も近いものを次の (1) ～ (5) のうちから一つ選べ。

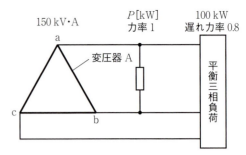

(1) 15　　(2) 20　　(3) 25　　(4) 30　　(5) 35

解　答　変圧器 A が分担する三相電力は $100/3$ kW（遅れ力率 0.8），単相電力は $2P/3$ [kW]（力率 1）なので，三相負荷の力率角を θ とすると電力のベクトル図は図 32-3-1 となる。$\tan\theta = \sin\theta/\cos\theta = 0.6/0.8 = 0.75$ なので三平方の定理より次式が成り立つ。

$$\left(\frac{2P}{3} + \frac{100}{3}\right)^2 + \left(\frac{100}{3} \times 0.75\right)^2 = 50^2$$

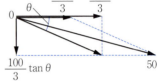

図 32-3-1

これより，

$$(2P+100)^2 + (100 \times 0.75)^2 = 150^2$$
$$2P + 100 = \sqrt{150^2 - (100 \times 0.75)^2} \fallingdotseq 130$$
$$P \fallingdotseq 15 \text{ [kW]}$$

となる。したがって，正解は (1) となる。

出題ランク ★★☆

33 電気材料の総まとめ

✓ 重要事項・公式チェック

1 導電材料
（1） 電線材料
- ✓ ① 硬銅　強度が大きいので架空電線用，パーセント導電率は 97 %
  - ② 軟銅　伸び可とう性に優れケーブルや巻線導体用
  - ③ 硬アルミニウム　軽量だがパーセント導電率は 61 %
  - ④ 耐熱アルミニウム合金　許容電流が大きくとれる

（2） 抵抗材料
- ✓ ① マンガニン　精密抵抗測定用
  - ② コンスタンタン　電流制御・調節用（大電流用は鋳鉄）
  - ③ ニクロム　1 000 ℃ 程度の発熱体（タングステンは 2 000 ℃）
  - ④ 炭化けい素抵抗材料　1 500 ℃ 程度の高温発熱体
  - ⑤ 炭素皮膜抵抗材料　電子部品の抵抗材料

2 絶縁材料
（1） 気体絶縁材料
- ✓ ① 空気　絶縁耐力は約 30 kV/cm（平等電界中）
  - ② 六ふっ化硫黄（SF_6）ガス　遮断器等に使用，温室効果ガス

（2） 液体絶縁材料
- ✓ 鉱油　絶縁耐力は約 50 kV/mm，冷却材を兼ねる場合もある

（3） 固体絶縁材料
- ✓ ① 架橋ポリエチレン，ビニル　電線やケーブルの絶縁体
  - ② フェノール樹脂，エポキシ樹脂　主に導体支持物
  - ③ ガラス，磁器　がいし，ブッシング

3 磁性材料

（1）高透磁率材料

 ① 鉄，鋼　機器の構造用材料などに使用

② 方向性けい素鋼帯　けい素約3％含有，磁路の鉄損低減

③ フェライト　抵抗率が高いので高周波の使用に適する

④ アモルファス(非晶質)　透磁率が高い，鉄損が小さい

（2）磁石材料

 ネオジム磁石　永久磁石では最強の磁力

例題チャレンジ！

例題1　電線の導体に関する記述として，誤っているものを次の(1)～(5)のうちから一つ選べ。

(1) 地中ケーブルの銅導体には，伸びや可とう性に優れる軟銅線が用いられる。

(2) 電線の導電材料としての金属には，資源量の多さや導電率の高さが求められる。

(3) 鋼心アルミより線は，鋼より線の周囲にアルミ線をより合わせたもので，外形は大きいが軽量で高い引張強度を持つ。

(4) 電気用アルミニウムの導電率は銅より低いが，電気抵抗と長さが同じ電線の場合，アルミニウム線の方が銅線より軽い。

(5) 硬銅線は軟銅線と比較して曲げにくく，電線の導体材料としてはあまり用いられることはない。

ヒント　電線材料は銅，アルミニウムが使用されるが，その特徴を生かした用途に使われる。

解　答　(1)は正しい。軟銅線は，硬銅線を焼きなましすることで得られる。(2)は正しい。最も導電率の高い銀は，埋蔵量が少なく高価で重いため電線材料には不適当である。(3)は正しい。アルミニウム線は軽量であるが銅に比べ機械的強度が小さいので，鋼心より線により強度を確保する。(4)は正しい。パーセント導電率は61％であるが，比重は銅の約30％なので軽量である。(5)は誤り。硬銅線は機械的強度が大きいので，架空電線材料として使われる。したがっ

て，正解は(5)となる。

> **例題2** 変圧器の絶縁油は，変圧器内部の絶縁及び ☐ (ア) ☐ のために使用され，現在，主に ☐ (イ) ☐ 系絶縁油が用いられている。
>
> 変圧器の絶縁油として最も重要な特性は ☐ (ウ) ☐ であり，これは絶縁油中の ☐ (エ) ☐ に大きく左右される。
>
> 上記の記述中の空白箇所(ア)，(イ)，(ウ)及び(エ)に当てはまる組合せとして，正しいものを次の(1)～(5)のうちから一つ選べ。

	(ア)	(イ)	(ウ)	(エ)
(1)	冷却	合成油	熱伝導度	二酸化炭素
(2)	冷却	鉱油	絶縁破壊電圧	水分
(3)	さび防止	合成油	熱伝導度	二酸化炭素
(4)	冷却	鉱油	熱伝導度	水分
(5)	さび防止	合成油	絶縁破壊電圧	水分

> **ヒント** 変圧器の絶縁油は冷却材としての役割も担っている。絶縁油の絶縁耐力に大きく影響するのが水分と酸化であり，劣化の要因となる。大型の変圧器では絶縁油の劣化防止にコンサベータが採用される。

> **解答** 変圧器の絶縁油は，変圧器内部の絶縁及び冷却のために使用され，現在，主に鉱油系絶縁油が用いられている。変圧器の絶縁油として，最も重要な特性は絶縁破壊電圧であり，これは絶縁油中の水分に大きく左右される。したがって，正解は(2)となる。

なるほど解説

1．導電材料

（1） 概要

物質の電気伝導度は，物質中のキャリアの量に左右される。金属は内部に自由電子を多く持つため，一般に電気伝導は良好である。電気伝導を表す指標に**導電率**がある。導電率は抵抗率の逆数で表され，導電率が大きい物質ほど電気をよく通す。

電線の導電率は，国際標準銅(20℃の抵抗率が$1/58\ \Omega\cdot mm^2/m$)の導電率を100％とした場合の比[%]で表す方法があり，これを**パーセント導電率**という。

33

電気材料の総まとめ

327

（2）　電線材料に要求される条件

①　導電率が大きい（電気抵抗が小さい）。

②　加工性，耐食性が優れ，接続が容易。

③　機械的，熱的強度が大きい。

④　安価で資源が豊富。

（3）　導電材料の種類と用途

①　銅

硬銅は電気銅を精錬したもので，パーセント導電率は 97 % である。硬銅より線は硬銅線をより合わせて可とう性を持たせたものであり，機械的強度を必要とする屋外の架空電線に使用される。また，耐熱性を高めた耐熱硬銅より線は，硬銅より線よりも許容電流を大きくとれる。電線以外では，回転機の整流子片などに使用される。

軟銅は硬銅を 500 ℃程度で焼きなましたもので，硬銅に比べ柔らかく伸びが大きく導電率もやや大きい。ケーブルや巻線の材料として使用される。

②　アルミニウムとその合金

主な用途は電線材料である。硬アルミより線は，硬アルミ線をより合わせたもので，硬銅より線に比べ比重が 30.4 % と軽いが，パーセント導電率は 61 % である。電線の長さと電気抵抗が同じであれば，電線断面積が硬銅線の 0.97/0.61≒1.59 倍となるので重量は 0.304×1.59≒0.483 倍，約半分となる。一方，銅に比べ機械的強度が弱く，異種金属との接続で腐食のおそれがある。

鋼心より線により機械的強度を高めた鋼心アルミより線（ACSR）は，超高圧の架空電線に広く使用されている（近年では 77 kV 以下の使用例もある）。また，耐熱性を高めた耐熱アルミニウム合金を用いたは鋼心耐熱アルミ合金より線（TACSR）は，硬アルミより線よりも許容電流を大きくとれるので，超高圧大容量の架空電線に使用されている。

（4）　抵抗材料

抵抗材料は，電力を熱や光として使用したり，電子部品として電子回路の構成材や，計測用，電流調整用部材などに使用される。

金属抵抗材料としては，精密測定用のマンガニン，電流制御用のコンスタンタン（電動機等の大電流用には鋳鉄，高周波電流制御用には金属薄膜抵抗が適する）が使用される。発熱体用としてはニクロム線（1 000 ℃程度）が一般に使用されるが，さらに高温で使用する場合はモリブデン，タングステンなどが使用される。

非金属抵抗材料としては，電子回路部品用の炭素皮膜抵抗材料，高温発熱体用の炭化けい素抵抗材料などがある。

2．絶縁材料

（1）概要

絶縁材料は導電率が極めて小さい物質であり，電気を流さないことで電気機器の機能を保つ重要な構成材料である。電気機器の耐用年数（寿命）は絶縁材料の寿命によって決まる場合が多い。

（2）絶縁材料に要求される条件

① 絶縁耐力が高く，絶縁抵抗が大きい。
② 誘電正接が小さく，誘電損（誘電体損）が少ない。
③ 耐熱性がり，熱伝導がよい（ただし，一般に熱伝導が良好な物質は電気伝導もよいという相反な性質を持つものが多い）。

（3）絶縁材料の劣化

絶縁劣化の要因として，使用温度による影響が大きいと考えられている。電気機器は自らの損失による発熱で温度上昇するため，機器に使用される絶縁材料はその種類に応じて最高連続使用温度が定められている。絶縁体は次表の耐熱クラスに分類される。

指定文字	Y	A	E	B	F	H	N	R
耐熱クラス[℃]	90	105	120	130	155	180	200	220

温度以外の劣化原因として，絶縁物表面の漏れ電流で起こるトラッキング劣化，絶縁物表面のアーク熱で起こるアーク劣化，絶縁物内部の空隙（ボイド）で起こる部分放電劣化，絶縁物内部に樹枝状の放電路が形成されるトリーイング劣化，外力によるひずみで起こる機械的劣化，紫外線や酸素（化学物質）などの周囲環境で起こる環境劣化がある。

絶縁体の性能が電気機器の寿命を決めるのか。それには使用温度が深く関わっているんだね。

異常温度上昇の元は，機器の過負荷による発熱だ。だから，無理しちゃいかんのだよ。長生きするにはね。

ただ，ゆる～く生きるには，何かを捨てなければならんがの。

（4） 主な絶縁材料の種類と用途

① 気体絶縁材料

空気は，絶縁耐力が平等電界中で 30 kV/cm 程度ある最も豊富に存在する良好な気体絶縁材料である。絶縁破壊しても自己回復する。絶縁耐力を高めるには，圧力を高めるか，または真空にする。

六ふっ化硫黄ガスは，絶縁性能が空気の 2 から 3 倍ある気体絶縁材料であり，約 3 気圧で絶縁油と同等になる。特に，アーク消弧能力が高いため遮断器に使用される他，ガス絶縁開閉装置(GIS)に用いられる。ただし，温室効果ガスなので取り扱いに注意を要する。

② 液体絶縁材料

鉱油は，絶縁耐力が 50 kV/mm 程度ある代表的な液体絶縁材料であり，絶縁油として変圧器油などに使用される。しかし，鉱油は空気中の水分や酸化により劣化するので，その対策が必要となる。

また，シリコーン油などの合成油も用いられる。

③ 固体絶縁材料

ポリエチレンやビニルは熱可塑性の固体絶縁材料であり，加工が容易なことから電線やケーブルの絶縁に使用される。

架橋ポリエチレンは架橋構造を持つポリエチレン材料であり，絶縁耐力が高い，誘電損が小さい，最高許容温度が大きい(許容電流が大きい)，耐衝撃性，耐摩耗性，耐薬品性に優れるなどの利点から，電力ケーブルの絶縁材料に用いられる。ただし，光による劣化や，材料中の水分による水トリー劣化を起こすので注意が必要である。

エポキシ樹脂やフェノール樹脂は熱硬化性の固体絶縁材料であり，導体支持物などに使用される。

ガラスや磁器は，耐熱性に優れ化学的に安定である。がいしやブッシングなどに使用される。

3．磁性材料

（1） 概要

磁性材料は，電気機器の磁心材料として用いられる高透磁率材料と，永久磁石の材料として用いられる高保磁力材料に分けられる。

（2） 磁性材料(磁心材料)に要求される条件

① 透磁率(比透磁率)が大きい(磁気抵抗が小さい)。

② 磁束密度が大きく保磁力が小さい(ヒステリシス損が小さい)。
③ 抵抗率が大きい(渦電流損が小さい)。
④ 機械的強度が大きく加工しやすい。

(3) 主な高透磁率材料の種類と用途

鋳鋼は，回転機の継鉄などの構造材料に使用される。ただし，軟鉄(純鉄，低炭素鋼)は電気抵抗が小さく，渦電流が大きくなるので，交流用途の鉄心材料には使われない。

けい素鋼は，鉄にけい素を3％程度含有して圧延したもので，鉄損を低減できるので回転機や交流用途の磁心材料として使用される。また，圧延方向に磁化をそろえて帯状にしたものが方向性けい素鋼帯であり，変圧器の巻鉄心などに使用される。

フェライトは，抵抗率が非常に高く渦電流損が無視できるため，高周波での使用に適する。

アモルファスは，非晶質を意味し，鉄(Fe)系の磁気材料では高透磁率，高抵抗率，低保磁力の特性を持ち，励磁電流や鉄損がけい素鋼板の1/3程度となる。また，機械的強度が大きく耐食性もあるが，一方で，硬く加工しにくく高価である。

(4) 主な磁石材料(高保磁力材料)

残留磁気，保磁力が大きく，衝撃や温度変化の影響を受けにくく経年変化が少ないものが適する。ネオジム磁石は，永久磁石では最強の磁力を持つ。

豆知識

頭脳も絶縁が大事

頭脳は，コンピュータの論理回路に似た脳細胞の集合体で構成された，複雑な回路網であることはよく知られている。その論理素子に相当する神経細胞(ニューロン)は図1のような形をしている。

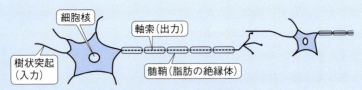

図1　ニューロンの概略

　樹状突起が入力で他のニューロンからの出力が接続され，細胞内で情報処理された後，出力線である軸索を電気信号が通り，次のニューロンに情報が伝えられる。特筆すべきは，軸索の周囲が髄鞘と呼ばれる脂質（絶縁体）の層で何重にも巻かれた構造を成し，あたかも絶縁電線の様相を呈していることである。この髄鞘は，イオン電流の漏えいを防ぎ，電気信号の伝導速度を上げる効果を持つ跳躍伝導（軸索のくびれをジャンプしながら伝わる仕組み）に寄与すると共に，他のニューロンの電気信号との混信防止の役目もある。

　ということは，仮に絶縁が劣化して漏電が増えたりすると…，「頭がわるくなる」だけでは済みそうもないことは素人でもわかる。脳の内部でも絶縁はこれほど重要である。

　人は時に「なんて自分は頭がわるいんだ」と思うことがある。しかし，それは大抵，興味関心の低さから脳みそを鍛えなかった結果であって，学習や運動をすれば必ず頭はよくなる。さあ，電験，気張っていきましょう。

実践・解き方コーナー

問題1　導電材料としてよく利用される銅に関する記述として，誤っているものを次の(1)～(5)のうちから一つ選べ。
(1)　電線の導体材料の銅は，電気銅を精錬したものが用いられる。
(2)　CVケーブルの電線の銅導体には，軟銅が一般に用いられる。
(3)　軟銅は，硬銅を300～600℃で焼きなますことにより得られる。
(4)　20℃において，最も抵抗率の低い金属は，銅である。
(5)　直流発電機の整流子片には，硬銅が一般に用いられる。

（平成24年度）

解　答　(1)は正しい。電気銅（粗銅）を電気分解して99.6％以上の純度に精製する。(2)は正しい。一般に，ケーブル電線には可とう性の優れる軟銅線が使われる。(3)は

正しい。焼きなましとは，硬銅線を加熱後，徐々に冷却させて軟化する熱処理のことである。（4）は誤り。最も抵抗率の低い金属は銀である。（5）は正しい。硬銅の方が変形しにくく耐摩耗性も高い。したがって，正解は（4）となる。

問題2 絶縁材料の特徴に関する記述として，誤っているものを次の（1）～（5）のうちから一つ選べ。

（1） 絶縁油は，温度や不純物などにより絶縁性能が影響を受ける。

（2） 固体絶縁材料は，温度変化による膨張や収縮による機械的ひずみが原因で劣化することがある。

（3） 六ふっ化硫黄（SF_6）ガスは，空気と比べて絶縁耐力が高いが，一方で地球温暖化に及ぼす影響が大きいという問題点がある。

（4） 液体絶縁材料は気体絶縁材料に比べて，圧力により絶縁耐力が大きく変化する。

（5） 一般に固体絶縁材料には，液体や気体の絶縁材料と比較して，絶縁耐力が高いものが多い。

(平成 25 年度)

解　答　（1）は正しい。水分や不純物がイオン化することで，絶縁抵抗が低下する。（2）は正しい。機械的ひずみも劣化の原因となる。（3）は正しい。六ふっ化硫黄（SF_6）ガスは，無毒，無臭で化学的に安定した物質であるが，温室効果ガスであり排出規制の対象となっている。その地球温暖化係数は CO_2 の約 24 000 倍である。（4）は誤り。気体絶縁材料は，圧力により絶縁耐力が大きく変化する。（5）は正しい。記述のとおり。したがって，正解は（4）となる。

問題3 固体絶縁体の劣化に関する記述として，誤っているものを次の（1）～（5）のうちから一つ選べ。

（1） 膨張，収縮による機械的な繰り返しひずみの発生が，劣化の原因となる場合がある。

（2） 固体絶縁体内部の微小空げきで高電圧印加時のボイド放電が発生すると，劣化の原因となる。

（3） 水分は，CV ケーブルの水トリー劣化の主原因である。

（4） 硫黄などの化学物質は，絶縁材料の変質を引き起こす。

（5） 部分放電劣化は，絶縁体外表面のみに発生する。

(平成 21 年度)

解 答 （1）は正しい。記述のとおり。（2）は正しい。微小空隙の部分で電界が乱れ局所的に高くなることで放電が起こる。（3）は正しい。水トリー劣化とは，CVケーブルの絶縁層（架橋ポリエチレン）内に侵入した微量の水分や異物を原因として，コロナ放電が繰り返されることで，時間経過に伴い絶縁体中に樹枝状に広がり絶縁層を侵食する現象である。（4）は正しい。化学変化により絶縁物を変質させることで劣化する。（5）は誤り。部分放電劣化は，絶縁物質内部のボイドで発生する。したがって，正解は（5）となる。

問題4 🔹🔹 変圧器鉄心に使用されている鉄心材料に関する記述として，誤っているものを次の（1）～（5）のうちから一つ選べ。

(1) 鉄心材料は，同じ体積であれば両面を絶縁加工した薄い材料を積層することで，ヒステリシス損はほとんど変わらないが，渦電流損を低減させることができる。

(2) 鉄心材料は，保磁力と飽和磁束密度がともに小さく，ヒステリシス損が小さい材料が選ばれる。

(3) 鉄心材料に使用されるけい素鋼材は，鉄にけい素を含有させて透磁率と抵抗率とを高めた材料である。

(4) 鉄心材料に使用されるアモルファス合金材は，非結晶構造であり，高硬度であるが，加工性に優れず，けい素鋼材と比較して高価である。

(5) 鉄心材料に使用されるアモルファス合金材は，けい素鋼材と比較して透磁率と抵抗率はともに高く，鉄損が少ない。

(平成27年度)

解 答 （1）は正しい。薄い材料のため，渦電流の流路が限られるので渦電流損は低減するが，体積，材質は同じなので，ヒステリシス損は変わらない。（2）は誤り。ヒステリシス損を小さくするため保磁力が小さい材料が必要であるが，変圧器鉄心は磁束密度が大きい材質である必要がある。（3）は正しい。特に，方向性けい素鋼帯は鉄損が小さい。（4）は正しい。アモルファス材は鉄心材料としては優れた特性を持つが，記述のような欠点もある。（5）は正しい。アモルファス材の優れた特性である。したがって，正解は（2）となる。

334

索　引

■ア行

アーク地絡　162
アークホーン　194
アーク劣化　329
アーチ式ダム　5
アーマロッド　195
圧力水頭　12
圧力水路　4
圧力容器　92
アボガドロ数　81
アモルファス　331
安全弁　51
安全率　204
安定度　248
案内羽根（ガイドベーン）　31
一次冷却材　93
位置水頭　12
異容量 V 結線　316
渦形室（ケーシング）　31
雨洗効果　194
ウラン 235　91
塩害　198
遠心水車　31
エンタルピー　70
円筒形（非突極形）　110
エントロピー　59
押込通風機　51
オフセット　196

■力行

加圧器　93
カーボンニュートラル　102
回線選択継電方式　176
回転界磁形　109
外部異常電圧　197
開閉過電圧（開閉サージ）　197
架橋ポリエチレン　330
架空地線　122，194
格納容器　92
核分裂　91

カスケーディング　298
ガス遮断器　121
ガス絶縁開閉装置（GIS）　124，330
ガスタービン発電　100
過絶縁　198
過電流継電方式　175
過電流方向継電器　177
過渡安定極限電力　249
過渡安定度　249
過熱器　50
過熱蒸気（乾き蒸気）　50，61
過熱度　62
ガバナフリー運転　116
カプラン水車　31
可変速駆動　42
火炉（燃焼室）　50
環境劣化　329
間欠アーク地絡　165
間接冷却　111
貫流ボイラ　51
機械的劣化　329
汽水分離器　93，102
逆フラッシオーバ　194
逆変換装置　144
ギャップレス形避雷器　122
キャビテーション　24，34
ギャロッピング　196
吸収電流　289
給水加熱器　53
給水ポンプ　53
凝縮（凝結）　53
強制循環ボイラ　51
共同溝式　269
許容引張荷重（許容張力）　204
距離継電方式　176
近接効果　271
金属抵抗材料　328
空気圧縮機　100
空気遮断器　121
空気抽出機　53
空気予熱器　51
区分開閉器　296

索　引

クロスフロー水車　32，102
クロスボンド方式　281
計器用変圧器(VT)　123
軽水炉　92
けい素鋼　331
ゲージ圧　12
結合開閉器　297
ケッチヒューズ　296
限時時間整定値(ダイヤル(時限)整定値，タイ
　　ムレバー，動作時間整定値)　174
限時特性　174
原子燃料(核燃料)　91
原子量　81
懸垂がいし　194
減速材　92
高圧カットアウト　296
高圧タービン　52
硬アルミより線　328
公称電圧　145
鋼心アルミより線(ACSR)　195，328
鋼心耐熱アルミ合金より線(TACSR)　195，
　　328
高速度再閉路方式　197
高調波フィルタ　144
交直変換装置　145
硬銅　328
高透磁率素材　330
硬銅より線　195，328
後備保護能力　175
鋼板組立柱　295
高保磁力材料　330
鉱油　330
交流送電方式　141
コジェネレーション　103
固体高分子形　103
コロナ振動　197
コロナ放電　195
コンバインドサイクル発電(複合サイクル発電)
　　100

■サ行

サージタンク　4
最高許容温度　272

最高電圧　145
最高連続使用温度　329
再循環ポンプ　94
再生サイクル　62
再生タービン　52
再熱器　50
再熱サイクル　62
再熱再生サイクル　62
再熱再生タービン　52
再熱タービン　52
サイリスタコンバータ　144
サブスパン振動　197
作用インダクタンス　184
作用静電容量　184
三相3線式　141
三相4線式　141，308
三相短絡電流　154
三相短絡容量　154
三相同期発電機　109
三巻線変圧器　120
シース損(シース回路損，シース渦電流損)
　　280
軸流水車　31
自己容量基準表示　132
自然循環ボイラ　50
持続性過電圧(短時間交流過電圧)　198
質量欠損　91
自動再閉路(三相再閉路，単相再閉路，多相再閉
　　路)　177
湿り蒸気　61
遮断器　121
遮蔽角　194
遮蔽材　92
斜流水車(デリア水車)　32
集中定数回路　228
充電容量　278
周波数変換所　120
重力式ダム　5
樹枝状方式(放射状方式)　297
取水口，取水ダム　4
瞬限時特性　174
順変換装置　144
純揚水式発電所の総合効率　44
蒸気加減弁　52

336

索　引

消弧　121
消弧リアクトル接地方式　164
使用水量(流量)　14
小水力発電　102
衝動水車　31
衝動タービン　52
蒸発管　50
商用周波過電圧　198
所内電力　74
所内率(所内比率)　74
真空遮断器　122
進相運転(低励磁運転)　114
進相側接続　317
進相コンデンサ(力率改善コンデンサ，電力用
　　コンデンサ)　120，123，257
水圧管路　4
水撃作用　4，34
水素冷却　110
吸出し管　31
水平張力　204
水力発電所の出力　14
水路式　4
スケール，スラッジ　54
スペーサ　195
スポットネットワーク方式　298
スリートジャンプ　196
制御角　144
制御材(制御棒)　92
制限電圧　122
静止形無効電力補償装置(SVC)　123
静電容量法　287
絶縁抵抗測定法　289
絶縁油の油中ガス分析法　289
絶縁劣化予知法　289
節炭器　50
接地形計器用変圧器　177
全水頭　13
線膨張係数　204
全揚程　43
線路定数　224
相間スペーサ　196
相差角　247
送電線路　141
送電端熱効率　74

送油風冷式　121
総落差　5
速度水頭　13
速度調定率　35，113
続流　122
損失落差(損失水頭)　5，13

■タ

ターニング装置　52
タービン効率　75
タービン室効率　72
タービン熱消費率　72
耐塩害がいし　198
耐熱アルミニウム合金　328
耐熱クラス　329
耐熱硬銅より線　328
タイムラグヒューズ　296
太陽光発電　101
脱気器　53
多導体方式　195
ダム式　4
ダム水路式　5
たるみ(弛度)　204
他励式サイリスタインバータ　144
炭化けい素抵抗材料　329
タングステン　328
単相2線式　141
単相3線式　141
炭素皮膜抵抗材料　329
単導体方式　195
断熱圧縮　61
断熱膨張　62
ダンパ　196
短絡比　111
短絡容量　145
断路器　122
遅相側接続　317
地熱発電　102
抽気　52，62
鋳鋼　331
チューブラ水車(円筒水車)　32
調整池式　6
調相設備　120

337

索　引

調速機（ガバナ）　35, 111
長幹がいし　194
潮流　120
超臨界圧　51
直撃雷　197
直接接地方式　163
直接冷却　111
直流高電圧法　289
直流送電方式　141
直列ギャップ　122
直列リアクトル　123, 261
貯水池式　6
地絡事故　162
地絡方向継電器　178
沈砂池　4
低圧タービン　52
低圧配電方式　297
ディーゼル発電　101
定格遮断電流　154
抵抗接地方式　163
抵抗損　279
定態安定極限電力　249
定態安定度　249
低濃縮ウラン　91
鉄機械　111
鉄筋コンクリート柱　295
鉄塔　295
デフレクタ　31
電圧降下率　226
電圧変動率　226
電機子反作用リアクタンス　111
電気集塵装置　51
電食　145
電灯動力共用方式　316
伝搬速度　288
電流整定値　174
電力ケーブル　268
等圧受熱　62
等圧放熱　62
銅機械　111
同期化電流　112
同期化力　112
同期速度　110
同期調相機　123

同期外れ（脱調）　248
同期発電機の自己励磁現象　279
動作時間　174
導水路　4
土冠　269
特性要素　122
特別高圧配電　309
突極形　110
トラッキング劣化　329
ドラム　50
トリーイング劣化　329
トリプレックス形 CV ケーブル（CVT ケーブル）　270

■ナ行

内燃力発電　101
内部異常電圧　197
流込み式　5
軟銅　328
ニードル弁　31
二重母線方式　123
二次冷却材　93
熱機関　60
熱交換器（蒸気発生器）　93
熱サイクル　60
熱サイクル効率　75
熱消費率　73
ネットワークプロテクタ　298
ネットワーク母線　298
熱力学の第 1 法則　59
熱力学の第 2 法則　59
ねん架　184
燃焼器　100
燃料遮断装置（マスターフェールトリップリレー）　51
燃料電池　103
ノズル　31

■ハ行

パーセント導電率　327
背圧タービン　52
排煙脱硝装置　52

338

索 引

排煙脱硫装置　52
バイオマス発電　102
配電線路　141
配電箱　297
配電用変圧器(柱上変圧器)　296
排熱回収ボイラ　100
パイプ形油圧ケーブル(POF)　270
パイロット継電方式(表示線式，搬送方式)
　　176
はずみ車効果　110
撥水性物質　198
発電端熱効率　73
発電電動機　42
パッドマウント変圧器　297
羽根(ランナベーン)　31
パルス法　288
パワーコンディショナ　101
バンキング方式　297
反限時特性　174
反射材　92
反動水車　31
反動タービン　52
ピーク負荷　7
比エンタルピー　71
比エントロピー　60
光による劣化　330
引込線　296
非金属抵抗材料　329
非常調速機　52
非常用予備電源　101
非接地方式　165
比速度　22
引張強さ　204
微風振動　196
百分率インピーダンス降下(百分率インピーダ
　　ンス，百分率短絡インピーダンス，％イン
　　ピーダンス)　131
標準電圧　145
表皮効果　271
表面復水器　53
表面漏れ距離　198
避雷器　122, 197
風車の出力係数　102
風力発電　101

フェライト　331
フェランチ現象(フェランチ効果)　278
負荷開閉器　122
不可逆変化　59
負荷時タップ切換変圧器　120
負荷時電圧調整器　120
復水器　53
復水タービン　52
復水ポンプ　53
物質量(モル)　81
沸点　62
不平等絶縁　197
部分放電測定　121
部分放電法　289
部分放電劣化　329
フラッシオーバ　194
プルサーマル計画　94
プロペラ水車　31
分散型電源　103
分子量　81
分布定数回路　228
分路リアクトル　120, 123, 257
平滑リアクトル　144
並行運転　111
ベース負荷　7
ヘッドタンク(上水槽)　4
ペルトン水車　31
ベルヌーイの定理　13
変圧器塔　297
変圧器の並行運転　134
変圧器マンホール　297
変位電流　289
変流器(CT)　123
ボイラ効率　71
方向性けい素鋼帯　331
放水路　4
ほう素濃度　93
放電コイル　123
飽和蒸気(湿り蒸気)　50
飽和水　60
保護継電器　120, 174
保護継電方式　175
補償リアクトル　167
母線　120

339

索 引

ポンプ水車　42

■マ行

マーレーループ法　286
埋設地線　194
巻鉄心　331
マンホール　269
水トリー劣化　330
密封油装置　111
密閉構造（全閉形）　110
ミドル負荷　7
無圧水路　4
無効電力供給装置　144
無負荷充電電流（充電電流）　277
モーメント　215
漏れ電流　289

■ヤ行

有効落差　5
誘電正接　279
誘電正接測定　121
誘電正接測定法　289
誘電損（誘電体損）　279
誘電損角　279
誘導雷　197
誘導障害　183
誘導発電機　32
油中ガス分析　121
揚水式　6
より合わせによる引張荷重の減少係数　218

■ラ行

雷サージ　197
ランキンサイクル　61
ランナ　22
力率改善　257
リミッタヒューズ　298
流況曲線　3
流出係数　3
理論水力　14
臨界圧　51

リン酸形　103
ループ式線路　239
ループ方式　297
冷却材　92
零相電流　123，166，186
零相変流器（ZCT）　123，177
レギュラーネットワーク方式　298
連鎖反応　91
連続の定理　14
六ふっ化硫黄（SF_6）ガス　121，330
ロックフィル式ダム　5

■英数字・記号

400 V 級配電　308
B 種接地工事　305
CV ケーブル　270
LNG（液化天然ガス）　84
MOX 燃料　94
NO_x，SO_x　83
OF ケーブル　270
$T\text{-}s$ 線図　60
T 形等価回路　228
% 同期インピーダンス降下　111
π 形等価回路　228

〈著者略歴〉

深 澤 一 幸 （ふかさわ　かずゆき）

1987年　第一種電気主任技術者試験合格
　　　　教育学修士

- 本書の内容に関する質問は，オーム社雑誌編集局「(書名を明記)」係宛，
  書状またはFAX（03-3293-6889），E-mail（zasshi@ohmsha.co.jp）にてお願いします．
  お受けできる質問は本書で紹介した内容に限らせていただきます．なお，電話での質
  問にはお答えできませんので，あらかじめご了承ください．
- 万一，落丁・乱丁の場合は，送料当社負担でお取替えいたします．当社販売課宛にお
  送りください．
- 本書の一部の複写複製を希望される場合は，本書扉裏を参照してください．
  [JCOPY]＜出版者著作権管理機構　委託出版物＞

電験三種なるほど電力

2019 年 9 月 13 日　　第 1 版第 1 刷発行

著　　者　深　澤　一　幸
発 行 者　村　上　和　夫
発 行 所　株式会社　オ ー ム 社
　　　　　郵便番号　101-8460
　　　　　東京都千代田区神田錦町3-1
　　　　　電 話　03(3233)0641(代表)
　　　　　URL　https://www.ohmsha.co.jp/

© 深澤一幸 2019

印刷・製本　三美印刷
ISBN978-4-274-50745-8　Printed in Japan

電力系統

電力系統を基礎から詳しく解説！

本書は，電力系統の構成と各要素の平常時・異常時特性，電力系統の平常時の需給，周波数や電圧の制御，事故発生時の保護と安定化対策など，電力系統全体と個別設備との関係を掴むことに配慮して解説しています。また，個々の専門書では省略しがちな基礎理論を，電気回路，力学（水力学，熱力学を含む），制御工学等関連分野をつないで丁寧に解説しています。

電力系統に関してバランスよく全体像を掴んで本格的に学ぶときの入門書，知っているつもりでいた全体像に疑問が湧いたときのバイブルとして活用していただけるものです。

■前田　隆文 著　　■A5判・360頁
■本体3 500円（税別）

主要目次

第1章 電力系統と需給
1.1 電力系統の構成と特徴
1.2 各種電源の発電原理と特徴
1.3 電力の需要と供給

第2章 電力系統の構成要素と特性
2.1 発電機の種類・構造と特性
2.2 負荷特性
2.3 流通設備の等価回路
2.4 流通設備の送電特性
2.5 電力系統の単位法表現

第3章 電力系統の異常電圧，誘導と対策
3.1 電力系統の異常電圧と抑制
3.2 誘導障害の防止

第4章 系統周波数・電圧特性と制御
4.1 系統周波数の変動特性と制御
4.2 系統電圧・無効電力の変動特性と制御

第5章 電力系統の事故現象と解析
5.1 系統事故現象の分類と解析手法
5.2 対称座標法の基礎
5.3 対称座標法による実践的解析

5.4 短絡事故現象の定性的傾向
5.5 地絡事故現象の定性的傾向
5.6 中性点接地方式

第6章 電力系統の保護
6.1 保護リレーの役割と基本原理
6.2 送電線の保護と再閉路
6.3 変圧器，母線等の保護

第7章 電力系統の同期安定性と直流連系
7.1 電力系統の同期安定性と解析
7.2 同期安定性対策の考え方と対策方法
7.3 交流系統の直流連系・分割

第8章 配電系統・設備と運用
8.1 配電系統
8.2 配電系統の設備と運用

第9章 電力品質と電力供給システムの将来
9.1 高調波・フリッカの発生と影響，障害防止
9.2 分散型電源の系統連系技術
9.3 スマートグリッド

Ohmsha

＊上記書籍の表示価格は，本体価格です．別途消費税が加算されます．
＊本体価格の変更，品切れが生じる場合もございますので，ご了承下さい．
＊書店に商品がない場合または直接ご注文の場合は下記宛てにご連絡下さい．
TEL：03-3233-0643／FAX：03-3233-3440